생명공학 인사이트

비전공자를 위한
생명공학 입문서

생명공학 인사이트

비전공자를 위한
생명공학 입문서

초판 발행 2025년 8월 8일

지은이 이진성
펴낸이 류원식
펴낸곳 교문사

편집팀장 성혜진 | **책임진행** 김성남 | **디자인** 신나리 | **본문편집** 김도희

주소 10881, 경기도 파주시 문발로 116
대표전화 031-955-6111 | **팩스** 031-955-0955
홈페이지 www.gyomoon.com | **이메일** genie@gyomoon.com
등록번호 1968.10.28. 제406-2006-000035호

ISBN 978-89-363-2375-2 (93470)
정가 28,000원

생명공학 인사이트

비전공자를 위한
생명공학 입문서

이진성 지음

BIOTECH INSIGHT

교문사

머리말

생명공학은 이제 더 이상 일부 과학자들의 실험실 안에서만 다루는 분야가 아니다.

우리가 매일 사용하는 식품, 약품, 화장품부터 환경과 에너지에 이르기까지 생명공학은 이미 우리 일상 속 깊숙이 자리 잡고 있으며, 그 영향력은 앞으로 더욱 확대될 것이다. 이 책은 그러한 생명공학의 세계를 처음 접하는 비전공자들이 보다 쉽게 이해할 수 있도록 기획한 생명공학 입문서이다.

책의 첫 장에서는 생명공학과 바이오산업의 정의와 범위를 소개하고, DNA와 단백질 합성, 유전자 재조합, PCR 기술, 인간 유전체 연구 등 생명현상의 근간을 이루는 핵심 원리를 풀어냈다. 이어 미생물 생명공학, 면역과 백신, 바이오의약품, 암 생물학, 합성생물학 등 현대 생명공학의 최전선에서 활약하고 있는 응용 분야들을 구체적 사례와 함께 다루었다. 나아가 이들 기술의 법적 보호와 적용에 반드시 살펴봐야 할 특허 제도와 산업 규제까지 폭넓게 조망함으로써, 생명공학을 단지 연구실에서 끝나는 과학으로서가 아니라 그것이 실제 산업과 사회 전반에 미치는 영향까지 이해할 수 있도록 했다.

이 책이 독자 여러분께 전하고자 한 가장 중요한 메시지는 명확하다. 생명공학은 미래를 선도할 핵심 기술이며, 누구나 그 기초 개념과 흐름을 이해함으로써 앞으로 다가올 바이오헬스케어, 바이오경제 시대를 준비할 수 있다는 것이다. 세포와 DNA의 언어를 읽고, 생명의 구조를 이해하며, 이를 바탕으로 인간의 건강과 삶의 질을 개선하는 이 과학은 단순한 기술이 아니라 인류의 삶을 보다 지속가능하게 만드는 지식의 집합체이다.

본 서가 세상에 나오기까지 도움을 주신 교문사의 류제동·류원식 두 분의 공동대표님께 가장 먼저 감사의 말씀을 드리고 싶다. 또한 원고의 기획 단계부터 교정, 디자인, 편집까지 애정을 담아 세심하게 작업해 주신 성혜진 편집팀장과 김성남 책임진행, 신나리 디자이너팀장, 김도희 디자이너께 깊은 감사의 인사를 드린다.

비전공자에게도 생명공학이 흥미로운 탐험의 대상이 될 수 있다는 믿음으로 시작한 이 책이 독자 여러분 각자의 미래에 작은 이정표가 되기를 바란다. 과학을 향한 첫걸음이 두렵지 않도록 이 책이 그 여정의 든든한 동반자가 되어 주기를 기대한다. 생명공학은 생명을 이해하고, 생명을 설계하며, 생명을 확장해 나가는 여정이다. 그 여정의 시작에 이 책이 함께하길 바란다.

끝으로 더 많은 질문을 하고, 더 깊이 탐구하며, 생명공학의 가능성을 스스로 확장해 나가길 바란다. 지금 이 순간에도 생명공학의 발전은 멈추지 않고 있다.

2025년 급격한 기후 위기 속, 광교에서

저자, 이진성

차례

3장 단백질 합성과 돌연변이

4장 재조합 DNA 기술과 PCR

5장 인간유전체계획과 유전체학

6장 미생물 생명공학

7장 면역과 백신

9장 암 생물학

10장 합성생물학

11장 생명공학과 특허

BIOTECHNOLOGY

1. 생명공학이란
2. 바이오산업이란
3. 바이오경제란
4. 바이오산업의 분류
5. 국내외 바이오산업 현황
6. 생명공학: 다양한 분야가 결합된 응용과학

1

생명공학과 바이오산업

생명공학과
바이오산업

상하지 않는 사과나 감자를 먹어 봤거나, 단클론 항체로 질병치료를 받아 봤거나, 배아줄기세포에서 자란 조직을 이식받아 봤거나, '녹아웃knock-out' 마우스를 본 적이 있는가? GMO 작물 유래의 옥수수 칩을 먹어 본 적이 있는가? 독감 예방주사를 맞은 적이 있는가? 인슐린 주사가 필요한 당뇨병을 가진 사람이 당신 주변에 있는가? 항생제를 사용해 박테리아 감염을 치료받아 본 적이 있는가? 밀가루를 발효시켜서 빵을 만들어 본 적이 있는가? 전부는 아니더라도 하나쯤은 경험해 보았을 것이다[그림 1.1].

생명공학은 뭐라고 정의할 수 있을까? 생명공학을 전혀 모른다면, 흰색의 실험복을 입은 진지한 과학자들이 실험실에서 정교하게 생물을 복

[그림 1.1] 생명공학기술이 적용된 제품

제하는 모습을 떠올릴 수 있다.

생명공학이 동물과 식물의 사냥과 채집을 의미하지는 않지만, 가축으로 사용하기 위한 양이나 소 같은 동물의 길들이기는 생명공학의 전형적인 예다. 우리 조상들은 빵, 치즈, 요구르트, 맥주나 와인 같은 알코올 음료를 만들기 위해 미생물을 이용한 발효기술을 사용했으며, 이는 오늘날에도 계속된다. 발효 중에 일부 효모(*Saccharomyces cerevisiae*)는 당을 분해하여 에너지를 합성하며, 이 과정에서 알코올이라는 부산물을 생성한다. 빵 반죽을 만들 때, 반죽을 부풀게 하기 위해서 효모를 넣어 준다. 발효 과정 중에 효모가 밀가루를 호흡의 기질로 사용하면서 생성된 이산화탄소가 반죽을 부풀게 하고, 정도가 심하면 반죽에 구멍이 생기기도 한다

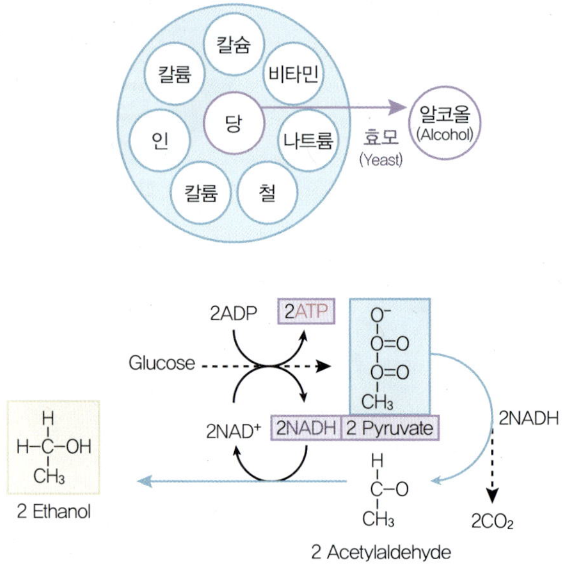

[그림 1.2] 효모를 이용한 제빵 발효의 원리

[그림 1.2]. 효모에 의해 생성된 알코올은 빵을 제조하는 과정 중에 증발하여 없어진다.

선택적 육종selective inbreeding은 생명공학을 이용한 방법으로, 식품 목적으로 사용되는 작물과 가축 생산을 개선하는 데 사용되어 왔다[그림 1.3]. 우수한 특성을 가진 유기체를 의도적으로 짝을 이루게 해서 동일한 특성을 가진 자손을 생산한다. 예를 들어, 맛있고 영양가도 높으며 병충해에 강한 벼는 농민들에게 가장 선호되는 품종일 것이다[그림 1.4]. 현대에는 여러 세대에 걸쳐 상추, 딸기, 양배추 및 바나나 같은 야생종의 식물을 육종하여 인간이 소비할 수 있는 품종으로 개발한다. 즉, 우수한 특성을 가진 식물과 동물을 선택함으로써 그들의 유전적인 잠재력을 인간

[그림 1.3] 선택적 육종의 예

[그림 1.4] 선택적 육종의 원리

의 이익을 위해 이용하는 것이다.

생명공학이란

생명공학이란 생명과학의 한 분야로서 생명체 및 그 기능을 이용하여 필요한 물질이나 생명체를 만들어 내는 기술이라고 정의할 수 있다[그림 1.5]. '생명공학'이라는 용어는 1917년 미국의 농업기술자인 에레키Karl Ereky에 의하여 처음으로 사용되었는데, 그는 이 용어를 생명체의 도움으로 원료로부터 최종 산물을 얻는 모든 작업의 의미로 사용하였다. 가축이나 작물의 품종개량이나 술과 빵을 만드는 양조나 제빵산업, 김치, 치즈, 요구르트 등을 만드는 발효산업 모두 생명공학의 한 범주이다.

[그림 1.5] 생명과학과 생명공학의 정의

유럽생명공학연합European Federation of Biotechnology, EFB에서는 생명공학을 산물과 서비스를 위한 개체, 세포, 세포의 일부분 및 분자들과 자연과학의 통합으로 간주한다. EFB의 정의는 전통적 생명공학과 현대적 생명공학에 모두 적용된다. 전통적 생명공학은 앞서 예로 들었던 빵 제조, 선택적 육종이 많은 식품의 생산에 수 세기 동안 이용되었던 재래식 혹은 전통적인 기술을 말하는 것이며, 현대적 생명공학은 전통적 생명공학 공정에 현대적 기술을 적용하여 발전시킨 재조합 DNA나 세포융합기술 등 유전공학기술을 포함한다. 2004년 OECD(경제협력개발기구)는 생명공학을 지식, 재화 및 서비스의 생산 또는 제공을 목적으로 생물이나 미생물을 변형시키는 과정에서 생물체 및 생물체 일부, 산물 및 산물과 관련된 모델에 적용하는 기술로 정의하였다.

생물공학기술의 획기적인 발전의 기폭제가 된 것 중 하나는 1973년 미국의 코헨Stanley Cohen 등이 발명한 유전자 재조합 기술이다. 시험관에서 서로 다른 DNA를 결합(연결)시켜 만든 재조합 DNA를 대장균과 같은 숙주세포에 도입하는 기술인 유전자 재조합 기술은, 세계 최초로 제넨텍Genentech이 대장균에서 인간의 인슐린 생산과 같이 유용한 물질을 대량으로 생산하게 해 준 하나의 시발점이 되었다. 이 기술은 이후 생명공학기술 중 하나인 유전공학genetic engineering이라는 새로운 용어를 만들어 냈다.

바이오산업이란

바이오산업bioindustry이란 생명공학기술을 바탕으로 생물체의 기능 및 정보를 활용하여 인류에게 유용한 물질 또는 서비스를 상업적으로 생산하는 모든 관련산업을 가리킨다. 바이오산업이라는 용어는 1993년 미국에서 산업 차원으로서 바이오 관련산업을 지칭하는 용어로 공식적으로 사용하면서 널리 알려졌다.

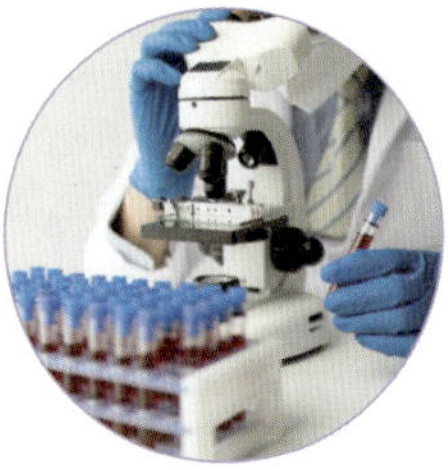

● 레드바이오
의약바이오

의약품 및 치료제 생산을 위한 생명공학 응용

● 그린바이오
농업·식품바이오

식물 유기체 및 식물세포를 사용한 식품, 생체 재료, 에너지 생산 또는 변형 기술

○ 화이트바이오
산업바이오

바이오 에너지와 관련된 부분

[그림 1.6] 색을 통한 바이오산업(기술) 분류

유럽바이오산업연합EuropaBio은 바이오산업의 범위를 색으로 구분하는 분류기준을 적용해 레드바이오red biotechnology, 그린바이오green biotechnology, 화이트바이오white biotechnology, 생명공학과 정보통신기술Information & Communication Technology, ICT이 결합된 융합바이오 등으로 나눈다[그림 1.6].

바이오산업은 생명공학기술과 관련된 모든 분야의 산업을 가리킨다. 따라서 생명공학의 발전은 기초학문과 응용분야에서뿐만 아니라 제약산업, 식품산업, 화장품산업, 의료산업, 농림축산산업, 에너지산업, 환경산업에서 이루어진다. 또한 바이오산업은 생명공학기술을 이용한 산업적 유용물질의 생산 등을 가리키기도 하는데, 생명공학기술에 사용되는 장

[표 1.1] 색을 통한 바이오산업(기술) 분류

분류	분야	주요 내용
레드바이오	보건·의료	• **바이오 의약**: 세포치료제, 항체치료제 등 바이오 기반 의약품 • **헬스케어**: 바이오 정보와 IT 기술을 융합한 의료제품·서비스
그린바이오	농업·식품·자원	• **맞춤형 혁신식품**: 식품부문에 바이오기술을 접목한 차세대 대체식품, 고령화 친화 제품, 메디푸드, 포스트바이오틱스 등 • **생명자원**: 종자, 농림·해양 소재, 미생물 등 생명자원·소재 • **식물공장**: 환경조건을 제어하고 조직·세포배양 등 바이오기술을 활용하는 농작물 생산시스템
화이트바이오	화학·에너지	• **바이오연료**: 바이오 알코올·디젤 등 바이오매스 기반 연료 • **바이오리파이너리**: 바이오 소재·연료 추출·가공 등을 바탕으로 바이오 화학제품 등을 생산하는 공정 • **바이오플라스틱**: 바이오매스 기반의 고분자 플라스틱

출처: 바이오산업 혁신 정책방향 및 핵심과제, 기획재정부(관계부처합동), 2020.01.

치나 기구 관련산업도 포함된다.

바이오경제란

바이오경제bio-economy는 생명공학의 발전에 따라 신제품 보급이나 서비스 향상을 통하여 인류에 편익을 가져다주는 다양한 경제활동을 포괄한다. 바이오경제에는 협의적 개념과 광의적 개념이 존재한다.

협의적 바이오경제는 기술의 발달로 기존에 화석연료를 사용하던 것을 바이오자원(바이오매스)으로 대체하는 것을 의미한다. 예를 들면 석유를 원료로 하여 생산하던 의약품, 화학제품, 소재, 연료를 곡물, 목재, 식물성 기름 등의 바이오자원으로 대체하여 생산하는 것이다.

한편, 광의적 바이오경제란 지속 가능한 바이오자원의 생산, 관리 및 활용과 바이오 공정을 사용하는 산업 및 경제 분야, 관련 서비스 및 전

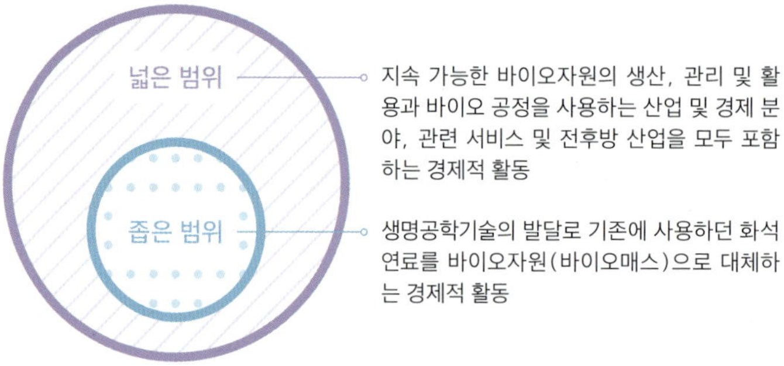

[그림 1.7] 좁은 범위와 넓은 범위의 바이오경제

후방 산업을 모두 포함하는 개념으로 농업, 식품, 어업 등을 포함하는 것은 물론이고, 관련 정책이나 법제, 교육 및 사회활동까지 망라한다[그림 1.7]. OECD는 '바이오경제 2030The Bioeconomy to 2030: Designing a Policy Agenda'을 통해 2030년 전후에 IT 혁명을 넘어서는 바이오경제시대가 도래할 것으로 예측했다.

바이오경제시대를 이끈 주요 환경변화 중에서 바이오경제가 대응해야 하는 가장 중요한 환경변화는 범세계적인 고령화, 확대되고 있는 에너지·자원 및 환경문제로 압축할 수 있다. 이때 레드바이오산업을 활용하여 건강 수명을 연장할 수 있으며, 개인 및 그룹 맞춤형 예방과 치료를 통해 효율적인 의료소비가 가능해질 것이다. 또한 화이트바이오산업을 통해 석유자원에 대한 의존도를 낮추고 환경문제 해결에 기여할 수 있으며, 그린바이오산업을 통해 식량과 자원문제를 새로운 방법으로 해결해 나갈 수 있을 것으로 기대된다.

바이오산업의 분류

2008년에 제정되어 2016년에 개정한 우리나라 국가기술표준원의 바이오산업 분류코드(KS J 1009)에 의하면 바이오산업은 바이오의약산업, 바이오화학·에너지산업, 바이오식품산업, 바이오환경산업, 바이오의료기기산업, 바이오장비 및 기기산업, 바이오자원산업, 바이오서비스산업 등 8개의 대분류와 51개의 중분류로 세분된다.

[표 1.2] 우리나라의 바이오산업 분류

코드	산업 분류명	영문명
1	바이오의약산업	Biopharmaceutical Industry
1010	바이오항생제	Bio-antibiotics
1020	바이오저분자량의약품	Biologically manufactured low molecular medicine
1030	백신	Vaccines
1040	호르몬제	Hormones
1050	치료용항체 및 사이토카인제제	Therapeutic antibodies and cytokines
1060	혈액제제	Blood products
1070	세포기반치료제	Cell-based therapeutics
1080	유전자의약품	Gene therapeutics
1090	바이오진단의약품	Biological diagnostic products
1100	효소 및 생균의약품	Enzyme and live bacteria medicine
1110	바이오소재 의약품	Biomaterial-based medicine
1120	동물용 바이오의약품	Veterinary biopharmaceuticals
1000	기타 바이오의약품	Other veterinary biopharmaceuticals
2	바이오화학 · 에너지산업	Biochemical and Bioenergy Industry
2010	바이오고분자제품	Biopolymers
2020	산업용 효소 및 시약류	Industrial enzymes and reagents
2030	연구·실험용 효소 및 시약류	Enzymes and reagents for research
2040	바이오화장품 및 생활화학제품	Biocosmetics and home & personal care chemicals
2050	바이오농약 및 비료	Biological agrochemicals and fertilizers
2060	바이오연료	Biofuel
2000	기타 바이오화학·에너지제품	Other biochemicals and bioenergy

(계속)

[표 1.2] (계속)

코드	산업 분류명	영문명
3	바이오식품산업	Biofood Industry
3010	건강기능식품	Functional health foods
3020	식품용 미생물 및 효소	Food-grade microorganisms & enzymes
3030	식품첨가물	Food additives
3040	발효식품	Fermented foods
3050	사료첨가제	Feed additives
3000	기타 바이오식품	Other biofoods
4	바이오환경산업	Bioenvironmental Industry
4010	환경처리용 생물제제 및 시스템	Biological treatment agents and systems
4020	생물 고정화 소재 및 설비	Materials and equipments for bio immobilization
4030	환경처리, 자원재활용 제제 및 시스템	Bioenvironmental agents and systems for treatment and recycle
4040	환경오염 측정기구 및 진단, 서비스	Measuring apparatus and service for environmental pollution and assessment
4000	기타 바이오환경제품 및 서비스	Other bioenvironmental products and services
5	바이오의료기기산업	Biomedical Equipment Industry
5010	바이오센서	Biosensors
5020	체외진단	In-vitro diagnostics
5030	바이오센서/마커 장착 의료기기	Medical devices using biosensors and/or biomarkers
5000	기타 바이오의료기기	Other biomedical equipment
6	바이오장비 및 기기산업	Bioinstrument and Bioequipment Industry
6010	유전자/단백질/펩타이드 분석·합성·생산 기기	Gene/protein/peptide analysis, synthesis and manufacturing instruments

(계속)

[표 1.2] (계속)

코드	산업 분류명	영문명
6020	세포 분석·배양 장비	Cell analysis and cultivation equipments
6030	다기능 및 기타 분석기기	Multi-functional and other bioanalysis instruments
6040	연구 및 생산장비	R&D and manufacturing equipments
6050	공정용 부품	Bioprocess equipment parts
6000	기타 바이오장비 및 기기	Other bioinstruments and bioequipments
7	**바이오자원산업**	**Bioresource Industry**
7010	종자 및 묘목	Seeds and seedlings
7020	유전자변형 생물체	Genetically Modified Organisms for use as food, feed or processing
7000	기타 바이오자원	Other bioresources
8	**바이오서비스산업**	**Bioservice Industry**
8010	바이오 위탁생산·대행 서비스	Bio consignment production & procuration services
8020	바이오 진단·분석 서비스	Bio diagnostic and analytical service
8030	임상·비임상 연구개발 서비스	R&D services
8040	기타 연구개발 서비스	Other R&D services
8050	가공 및 처리·보관 서비스	Processing treatment & warehousing services
8000	기타 바이오서비스업	Other bioservices

출처: 국내 바이오산업실태조사 결과보고서, 산업통상자원부, 한국바이오협회, 2018년 기준

또한 국내 바이오산업의 범위를 설정하고 생명공학기술 이용실태를 분석하기 위한 목적으로 국가표준 KS J 1009(바이오산업 분류코드)의 부속서 형태로 생명공학기술 분류코드를 마련하였다. 생명공학기술 분류코

1 **바이오산업의 범위 명확화** 생명공학기술을 연구개발, 제조(생산), 서비스 단계에 이용하는 기업을 규정	3 **경제구조, 산업구조, 타 산업과의 관계 등을 분석하는 기반 마련**
2 **바이오산업 관련 통계작성 및 표준화된 근거 제시**	4 **글로벌 바이오산업 분류체계와의 연계성 확보** 국제 간 바이오산업 통계 비교, 분석 기반 마련

[그림 1.8] 생명공학산업의 분류 목적

드는 대분류 13개, 중분류 68개로 구성되었으며, 중분류 항목에는 각각 목록정의list-based definition를 두어 기술의 정의와 범위를 설명하는데 이는 산업 및 연구개발 현장에서 사용되는 기술명 위주로 되어 있다.

[표 1.3] 생명공학기술 분류코드

대분류	정의
유전공학기술 (Genetic engineering)	유전자를 조작하거나 이식함으로써 대상 생물체의 유전 형질을 바꾸어 주는 기술
단백질공학기술 (Protein engineering)	단백질의 구조와 기능을 분석하고 특정 단백질을 설계, 창출하거나 응용하는 기술
기타 거대분자공학기술 (Other macromolecule engineering)	탄수화물, 지질 등의 거대 생체구성물질의 구조와 기능을 분석하고, 이를 변형하거나 활용하여 유용한 소재를 개발하는 기술
치료용 세포 및 조직 가공기술 (Therapeutic cell and tissue engineering)	유용한 유전자 형질을 발현할 수 있는 새로운 세포를 만들어 이를 활용하거나 인공생체조직 또는 기관을 제조하여 생체기능의 유지, 향상, 복원에 활용되는 기술
시스템생물학기술과 생명정보학기술 (System biology and bioinformatics)	생물체의 구성요소와 상호작용의 분석 및 통합을 통해 총체적 특성을 연구하는 기술과 생물체 유래 정보를 가공, 처리하여 유용한 정보를 획득·활용하는 기술

(계속)

[표 1.3] (계속)

대분류	정의
대사공학기술 (Metabolic engineering)	대사경로 및 대사조절체계를 분석 변형하여 목적대사산물의 생산을 증대하거나 새로운 대사산물을 생산하는 기술
생물공정기술 (Bioprocess)	유용한 물질이나 제품을 생산하기 위해 생물체 또는 생물체 유래물질을 이용하는 배양, 생물변환, 회수·정제 등의 공정기술
생물자원 생산 및 이용기술 (Bioresource production and utilization)	동식물, 미생물 등의 생물자원을 효율적으로 생산, 보전하고 이들로부터 획득된 물질을 분리 또는 가공하여 유용한 제품을 생산하는 기술
환경생명공학 및 바이오에너지기술 (Environmental biotechnology and bioenergy technology)	오염의 측정, 처리, 복원 등 환경 분야와 바이오에너지 분야에 응용되는 생명공학기술
나노바이오기술 (Nanobiotechnology)	나노기술과 생명공학기술을 융합하여 생물 분자를 나노 크기에서 제어, 응용하는 기술
생물전자공학기술 (Bioelectronics engineering)	생물체 또는 생물체 유래물질의 검출기능을 기반으로 한 바이오소자를 구성, 생산, 활용하는 기술
생물안전성 및 효능평가기술 (Biosafety and efficacy evaluation)	생명공학기술 또는 그 기술을 활용한 생산물로부터 유래하는 잠재적 위해성이나 생물학적 효능을 평가하는 기술
기타 생명공학기술 (Other biotechnology)	위의 분류에 해당되지 않는 기타 생명공학기술

출처: 국내 바이오산업실태조사 결과보고서, 산업통상자원부, 한국바이오협회, 2018년 기준

한편, 바이오산업의 국제표준산업분류는 아직 이루어지지 않았는데, OECD의 경우 2009년 기준으로 산업(white), 건강(red), 1차 산업(농업 및 식품, green), 3개의 주요 산업으로 분류하다가, 2018년에 바이오기술에 대한 분류를 구체적으로 제시하였다. 크게 건강human health, 수의건강veterinary health, 해양marine, 농업agriculture, 식음료 가공food and beverages processing, 천연 자원natural resources, 환경environment, 산업 공정industrial processing, 생명정보학bioinformations, 비특이적 적용non-specific application, 기타로 분류하였다.

국내외 바이오산업 현황

세계 바이오 시장은 2019년 약 6,266.8억 달러 규모였으며, 연평균 약 15.83%씩 성장하여 2025년에는 1조 5,134.6억 달러 규모가 형성될 전망이다. 인도 및 중국과 같은 국가의 경우, 정부 정책과 약물 규제 경로의 현대화, 임상 연구 표준화, 보험금 급여 상환 정책 개선, 제품 승인 프로세스 가속화 등에 따라 바이오 시장이 크게 성장하고 있다.

주요 글로벌 제약사 매출 1위는 Abbvie(애브비)로 2015년(11위), 2016년(9위), 2017년(9위), 2018년(6위)까지 약 4년 동안 5위권 밖에서 머물다가 2019년 매출 1위에 랭크되었으며 10위 내에는 Johnson & Johnson(존슨앤존슨), Novartis(노바티스), Roche(로슈), Pfizer(화이자) 등이 있다[표 1.4].

[표 1.4] 주요 글로벌 제약사 매출 Top 10

순위	업체명	매출액(백만 달러)
1	Abbvie(애브비)	55,100
2	Johnson & Johnson(존슨앤존슨)	53,800
3	Novartis(노바티스)	51,300
4	Roche(로슈)	46,900
5	Pfizer(화이자)	46,800
6	Merck & Co(머크)	43,400

(계속)

[표 1.4] (계속)

순위	업체명	매출액(백만 달러)
7	Sanofi(사노피)	40,900
8	Glaxo Smith Kline(글락소 스미스 클라인)	39,600
9	Bristol-Myers Squibb(브리스톨-마이어스 스큅)	36,700
10	Eli Lilly(일라이 릴리)	31,300

출처: 2020 식품의약품통계연보, 식품의약품안전처, 2020.12.

국내의 경우 한국바이오협회와 한국바이오경제연구센터가 발표한 국내 바이오산업 실태조사 심층분석 통계에 따르면 최근 10년간 바이오산업 분야 매출은 2010년 5조 7,878억 원에서 2019년 12조 3,235억 원으로 연평균 성장률 8.8%로 증가한 것으로 나타난다. 분야별로는 서비스(22.9%), 화학·에너지(17.1%), 의료기기(14.8%), 의약(7.4%), 식품/자원(5.2%), 장비 및 기기(3.9%) 순으로 증가세를 보인 반면에 환경 분야(6.9%)는 감소세를 나타내고 있다. 2010년 대비 2019년 분야별 구성비는 화학·에너지(7.3%), 서비스(6.7%), 의료기기(3%) 분야가 높아진 반면 식품(10.6%), 의약(4.1%), 환경(1.4%), 자원(0.5%), 장비 및 기기(0.4%) 분야는 낮아진 것으로 나타났다.

최근 10년간(2010~2019) 분야별 연평균 증감률을 적용한 향후 6년(2020~2025)의 바이오산업 매출 규모는 2019년 12조 3,235억 원에서 2025년 22조 9,698억 원으로 확대될 전망이며, 의약 2조 2,691억 원, 화학·에너지 2조 9,209억 원, 장비 및 기기 276억 원, 서비스 3조 772억 원, 기타 분야 2조 3,581억 원 등 추가 매출이 발생할 것으로 예측되었다. 분야별 구성비는 2025년까지 기타 분야를 제외하고 화학·에너지(20.8%) 및 서비스(18.7%) 분야에서 점진적으로 증가하지만, 의약 분야가 28.3%로 가장 높은 비중을 차지할 것으로 예상되었다.

한편, 생명공학연구원에서는 생명공학정책연구센터를 통해 매년 바이오 미래유망기술을 발굴하고 있으며, 바이오 전 분야를 선도하는 관점에서 플랫폼platform, 레드red, 그린green, 화이트white 바이오 분야별 10대 바이오 미래유망기술을 선정하였다.

플랫폼 바이오(Platform Bio)

- **생물 유래 화학다양성 확보 기술**Chemical diversity in nature 심해와 같이 극한 환경에서 살아가는 생물과 그 안에 함께 있는 마이크로바이옴이 생산하는 물질을 확보하는 기술로서, 그간 인류가 접근하기 힘들었던 극한 환경 속 생물로부터 화학다양성 확보를 통해 발굴한 새로운 천연물질을 신개념 항생제 등 신약 및 혁신 바이오소재 개발에 활용
- **개인 맞춤형 체외 면역시스템***In vitro* personalization immune system 개인 맞춤형 오가노이드에 면역세포 공배양 등을 통해 체외에서 개인의 면역체계를 모사하는 기술로서, 개인별 면역 특성이 반영된 체외 시스템을 통해 면역반응의 기초연구부터 개인 맞춤형 치료제 개발, 효과적인 백신 개발에 기여
- **인공지능 기반 단백질 모델링**AI based protein modeling 분자물리학적 접근방법과 딥러닝 인공지능을 활용하여 단백질 구조뿐만 아니라 세포 내 단백질 작용을 예측하는 기술로서, 단백질 간의 네트워크 규명을 통해 그간 알지 못했던 생명현상을 밝히고, 신속한 약물표적 발굴을 통해 신약개발의 생산성 향상

레드바이오(Red Bio)

- **합성 면역**Synthetic immunity 유전적으로 면역회로를 합성하여 면역세포

의 활성을 높이거나 면역물질 생성을 조절하는 기술로서, 기존 면역세포 치료의 효능을 극대화하고, 사이토카인 방출 증후군과 같은 부작용에 대한 한계를 극복하여 감염병, 암 및 다양한 질환 치료제 개발에 활용

- **단일세포 교정기술**Single cell repairing 유전자 교정기술 등을 활용하여 단일세포 수준에서 질병을 치료하는 기술로서, 조직을 치료대상으로 할 경우 발생하는 유전자전달, 면역반응, 낮은 교정효율, 세포 이질성 문제를 극복, 효율적이고 안전한 치료 가능
- **나노백신/나노항체**Nanovaccine/nanobody 나노구조체 표면에 다량, 다종의 항원을 노출시키거나 기존 항체보다 작고 효과적인 치료제를 제작하는 기술로서, 크기가 작아 안정성, 용해도가 높고, 제조하기 용이하며, 조직 침투력이 높아 기존의 백신/항체치료제 타깃이 되지 못하는 틈새 치료 영역에 적용 가능

그린바이오(Green Bio)

- **세포배양 축산 기술**Cellular agriculture 팬데믹 등으로 공급문제가 발생할 수 있는 축산업을 대체하기 위해 세포배양 기반으로 육류나 우유를 제조하는 기술로서, 지속 가능한 녹색축산을 실현하고, 전통 축산업에서 발생하는 환경문제 완화 및 증가하는 축산물 수요에 대응
- **식물 마이크로바이옴 엔지니어링**Plant microbiome engineering 식물 공생 미생물체, 병원성 미생물체 분석으로 식물 마이크로바이옴 기능 조절을 통해 작물 성장을 돕거나 멸종위기 보호종을 보전하는 기술로서, 우수한 성장성 및 병충해에 강한 식물 자원을 생산, 유지하는 기술의 한계를 극복하여 생명현상 연구뿐만 아니라 품종개량 등에 활용

화이트바이오(White Bio)

- **친환경 고분자 생산 미생물**Eco-friendly polymer producing microbe 일회용품 및 미세플라스틱 문제를 해결하기 위하여 미생물로부터 완전 친환경 고분자 재료를 생산하는 기술로서, 친환경 소재 산업 고도화를 통한 탄소발자국carbon footprint 저감 및 난분해 플라스틱 유래 환경오염 문제 해결에 기여
- **빅데이터 기반 생태건강성 평가 기술**Ecological health assessment using bio big data 바이오 빅데이터(특허, 미생물 군집구조)를 포함한 환경, 생태 데이터를 통합하여 생태계의 건강성을 평가하는 기술로서, 미생물총micro flora의 오믹스를 이용한 평가기법은 샘플링이 간단하고, 이후 빅데이터 분석 공정도 상당히 표준화되어 있어 보다 객관적이고 정확하며 세밀한 평가 가능

생명공학: 다양한 분야가 결합된 응용과학

생명공학을 공부하면서 직면하게 될 많은 어려움 중 하나는 서로 다른 과학 분야의 복잡한 정보를 종합하는 것이다. 철학, 윤리학, 그리고 경제학과 같은 분야뿐만 아니라 생물학, 화학, 수학, 컴퓨터과학 및 공학을 고려하지 않고 생명공학에 대해 이야기하는 것은 불가능하다. 왜냐하면 생명공학은 광범위한 학제간 분야이기 때문이다.

[그림 1.9]와 [그림 1.10]은 생명공학에 기여하는 많은 분야를 개략적으로 보여준다. [그림 1.9]에서 나무의 뿌리는 일차적으로 식물생리학, 유

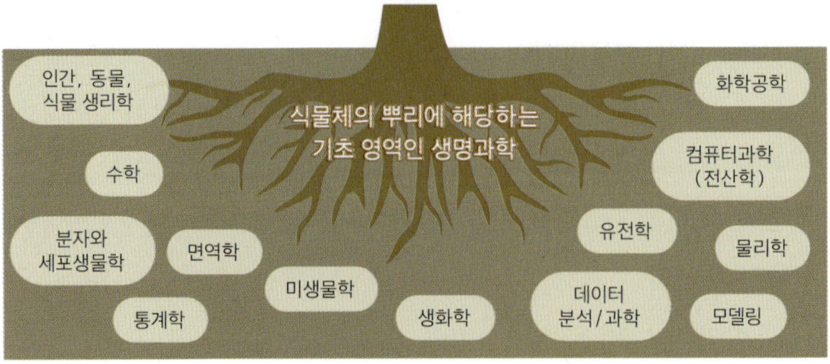

[그림 1.9] 나무로 비유하면 뿌리에 해당되는 생명과학

[그림 1.10] 나무로 비유하면 줄기, 열매, 과일에 해당되는 생명공학

전학, 생화학, 컴퓨터과학 등의 기초과학 영역에 해당한다. 기초과학은 다른 분야와 결합하여 전부는 아니지만 생명공학 응용의 핵심인 나무의 줄기를 형성한다. 나무의 줄기, 열매, 과일처럼 생명공학 응용은 우리의 생활환경을 가치 있게, 그리고 편리하게 돕는 제품이나 프로세스로 거듭난다.

생명공학의 학제간 특성의 단순화된 예는 다음과 같이 요약될 수 있다. 기초과학 수준에서 대학, 대학교, 정부 기관 또는 공공 또는 민간 회사에서 미생물학 연구를 수행하는 과학자들은 질병 치료제로서의 가능성을 보여주는 박테리아의 유전자 또는 유전자 산물을 발견할 수 있다. 이때 생화학, 분자 및 유전학적 분석 기법이 이 유전자의 역할을 결정하는 데 사용된다. 이 과정은 또한 컴퓨터기술(과학)을 정교한 방법으로 사용하여 유전자의 서열을 연구하고 유전자에 의해 생성된 단백질 구조를 분석하는 데 응용된다. 현재 이러한 컴퓨터과학을 생명공학에 적용하는 과학을 생명정보학bioinformatics이라고 한다. 일단 기초 연구가 이 유전자에 대한 상세한 이해에 도달하면, 그 유전자는 약물 개발, 농업 생물공학, 환경 및 수산 응용을 포함한 다양한 방식으로 사용될 수 있다[그림 1.10].

이 책을 통해 생명공학의 다양한 분야를 살펴봄으로써 생명공학을 보다 쉽게 이해할 수 있을 것이다. 물론 이 시점에서는 생명공학이 많은 분야의 기술을 요구하는 과학이라는 것을 중요 개념으로만 이해하도록 하자.

BIOTECHNOLOGY

1. 원핵세포와 진핵세포
2. 핵산 그리고 DNA
3. 염색체의 구조
4. 핵형분석
5. DNA의 복제
6. 분자생물학의 중심원리

2

생명의 분자, DNA

생명의 분자,
DNA

원핵세포와 진핵세포

세포는 모든 생물의 구조적, 기능적인 단위이다. 세균과 같은 생물들은 단세포로 구성되는 데 반해서 사람은 200가지 이상의 다양한 유형과 기능을 갖는 여러 종류의 세포를 포함한 약 75조 개의 세포로 구성된다. 세포는 아주 작은 세균부터 발가락 근육에서 척수까지 약 1 m 이상 걸쳐 있는 사람의 신경세포에 이르기까지 그 크기와 복잡성이 상당히 다양하다. 하지만 사실상 모든 세포는 유전물질로서 데옥시리보 핵산Deoxyribonucleic Acid, DNA을 공통적으로 갖고 있다.

세포는 기능을 결정하는 특수화된 구조를 가진 복잡한 독립체이다. 일반적으로 세포는 외부를 둘러싸는 단백질과 지질의 이중막 구조로 이루어진 원형질(세포)막plasma membrane, 핵과 원형질막 사이에 존재하는 내부 구성물인 세포질cytoplasm, 특수한 기능을 수행하는 세포 내 구조물인 '작은 기관'이라는 의미의 세포소기관organelle으로 구성된다. 이 책 전체에서 식물과 동물 세포가 생명공학에 얼마나 중요한지와 세균, 효모 및 기타 미생물과 관련된 많은 생명공학 응용분야에 대해 살펴볼 것이다. 세균에는 식물과 동물 세포에서 DNA를 함유하는 세포소기관인 핵nucleus이 없기 때문에 '핵이 생기기 전'이라는 그리스어에서 유래한 원핵세포prokaryotic cell 또는 간단히 원핵생물prokaryotes이라 일컫는다. 원핵생물에는 박테리아(진정세균)와 남세균, 남조류, 그리고 진핵생물의 일부 특성을 갖고 있는 원시세균인 고세균 도메인이 포함된다.

박테리아는 비교적 단순한 구조를 갖는다. 박테리아의 외부 경계는 세포를 보호하는 단단한 세포벽에 의해 둘러싸인 원형질막이다. 단백질 합성에 사용되는 리보솜ribosome을 제외하면 박테리아는 세포소기관을 거의 갖고 있지 않다. 세포질의 경우 일반적으로 단일 원형 분자의 형태인 DNA는 원형질막에 부착되어 있는데, 이러한 영역을 핵양체nucleolus라고 부른다. 일부 박테리아는 운동에 필요한 소위 '편모'라고 하는 꼬리와 유사한 구조를 가지고 있다.

식물과 동물 세포는 막으로 둘러싸인 핵과 많은 세포소기관을 포함하기 때문에 '진정한 핵'이라는 그리스어에서 유래한 진핵세포eukaryotic cell이다. 진핵생물에는 곰팡이와 대부분의 조류를 포함하는 단세포 생물인 원생생물이 포함된다. 원형질막은 유동적이고 매우 역동적이며 지질, 단백질 및 탄수화물로 구성된 복잡한 이중막이다. 이 막은 세포 부착, 세포 간 의사소통 및 세포 모양에 필수적인 역할을 수행하고 분자를 세포 내외부로 수송하는 데 필수적이다. 또 원형질막에는 세포에 유입되거나 유출되는 분자들을 조절하는 복잡한 수송 경로와 관련한 많은 단백질이 있어서 선택적 투과성 막으로서의 중요한 역할을 한다. 예를 들어, 인슐린과 같은 호르몬들은 '분비'라는 과정을 통해 세포로부터 방출될 수 있으며, 포도당과 같은 다른 분자들은 세포로 유입되어 미토콘드리아mitochondria에서 소위 아데노신 삼인산Adenosine Triphosphate, ATP이라는 분자 형태의 에너지로 전환될 수 있다. 막은 또한 많은 세포소기관을 둘러싸거나 구성한다.

진핵생물의 세포는 세포질cytosol, 다양한 영양성분, 젤과 유사한 액체, 그리고 많은 세포소기관으로 구성된다. 원핵생물의 세포질은 세포질액으로 구성되지만 세포소기관을 거의 포함하지 않는다. 세포소기관은 화학 반응과 세포 과정이 일어나는 부분으로, 세포가 수천 개의 복잡한 반응을 수행할 수 있게 한다. 각각의 세포소기관은 특정 생화학 반응을 담당한다. 예를 들어, 리소좀은 외부 물질과 노화된 세포소기관을 분해하고, 소포체와 골지체 같은 세포소기관은 단백질, 지질 및 탄수화물(당)을 합성한다. 이처럼 세포 내 다양한 반응들을 세포소기관별로 구분함으로써 세포는 간섭 없이, 동시에 정교하게 조정된 방식으로 다양한 반응을 수행할 수 있다.

핵산 그리고 DNA

핵은 DNA를 함유하고 있다. 이 세포소기관은 핵막nuclear envelope이라는 이중막으로 둘러싸인 구형 구조이고, 진핵세포에서 가장 큰 구조물이다. 약 180 cm 정도의 DNA가 사람의 모든 세포 내 핵 안에 코일 형태로 들어가 있으며 이들 DNA를 모두 연결하게 되면 지구에서 태양까지 500번 왕복할 수 있는 길이이다. 진핵세포의 DNA는 대부분 핵 안에 있지만 미토콘드리아와 엽록체도 작은 원형의 DNA를 가지고 있다.

1869년, 스위스 생물학자인 미셰르Friedrich Miescher는 핵에서 세포성 물질을 발견하였는데, 이것을 '뉴클레인nuclein'이라고 명명하였다. 미셰르는 백혈구로부터 뉴클레인을 분리하였고, 이것이 단백질을 분해하는 효소인 프로테아제protease에 분해되지 않는다는 사실을 발견하였다. 이 발견은 뉴클레인이 단백질로만 이루어진 것은 아니라는 점을 암시한다. 후속 연구에 의해 이 물질은 산성의 특성을 가지고 있음이 밝혀져 '핵산nucleic acid'이라는 용어로 재명명되었다. DNA와 리보핵산Ribonucleic Acid, RNA은 핵산의 두 가지 주요 형태이다. 생화학자들은 핵산의 여러 가지 성분을 규명하는 데 집중했고, 다른 한쪽에서는 DNA가 세포의 유전물질이라는 것을 증명하기 위한 실험을 수행하였다.

[그림 2.1] 뉴클레오티드의 구성요소

DNA가 유전물질임을 뒷받침하는 증거가 발표되는 동안에도 DNA의 구조는 중요한 질문이었다. 샤가프Erwin Chargaff는 다양한 종으로부터 DNA를 분리함으로써 이와 같은 질문에 몇 가지 통찰력을 제공하였다. 여러 다른 종으로부터 DNA의 화학적 분석으로 아데닌adenine이라고 하는 염기의 비율이 타이민thymine이라고 하는 염기의 비율과 거의 같고, 시토신cytosine과 구아닌guanine 염기의 비율이 거의 같다는 것을 발견하였다. 이는 아데닌, 타이민, 시토신, 구아닌이 DNA의 구조를 이루는 성분이라는 것을 제시하는 가치 있는 발견이었다. 이러한 염기들은 다음에 살펴볼 DNA의 필수 구성요소이기 때문에 기억해야 할 중요한 원리이다.

DNA의 기본 구성물질은 뉴클레오티드nucleotide이다. 각각의 뉴클레오티드는 5개의 탄소로 구성된 데옥시리보스로 불리는 펜토오스 당pentose, 5-탄당, 인산 분자, 질소성 염기nitrogenous base로 구성된다[그림 2.1].

질소성 염기는 뉴클레오티드에서 교체가 가능한 성분이다. 각각의 뉴클레오티드는 아데닌(A), 타이민(T), 구아닌(G), 시토신(C) 중에서 1개의 염기를 가지며, 간단히 A, T, G, C로 부른다.

DNA의 구성물질인 당은 데옥시리보스로 불리는데, 이것은 RNA의

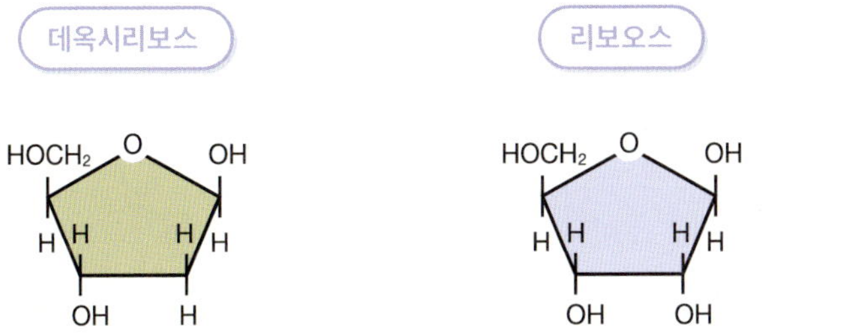

[그림 2.2] 핵산을 구성하는 두 종류의 당

리보오스 당과 비교해서 이들의 2번 탄소(2′)에 산소가 없기 때문이다[그림 2.2]. 염기는 당의 1번 탄소(1′)에 결합하고 인산기는 당의 5번 탄소(5′)에 결합한다. 염기의 구조적 특성으로 아데닌과 구아닌은 퓨린 형태의 염기라 하는 반면 시토신, 타이민, 그리고 유라실은 피리미딘 염기라 한다[그림 2.3, 2.4].

뉴클레오티드는 DNA의 구성성분이다. 하지만 이와 같은 구조가 어떻게 배열되어 DNA 분자를 형성하는 것일까? 많은 과학자들이 이와 같은 질문에 대한 답을 찾고 있던 와중에 영국 케임브리지 대학교의 캐번디시 연구소에서 근무하던 왓슨James Watson과 크릭Francis Crick에 의해서 DNA 구조가 밝혀졌다. 런던 대학교의 화학자인 프랭클린Rosalind Franklin과 윌킨스Maurice Wilkins는 X선 결정법을 이용하여 왓슨과 크릭에게 DNA 구조에 대한 매우 귀중한 데이터를 제공해 주었다. 프랭클린과 윌킨스는 DNA 결정체에 X선을 조사함으로써 DNA 구조가 나선형임을 알 수 있는 DNA 모델을 제시하였다[그림 2.5].

1953년 4월 25일, 왓슨과 크릭은 저명한 학술지인 《네이처》에 '핵산

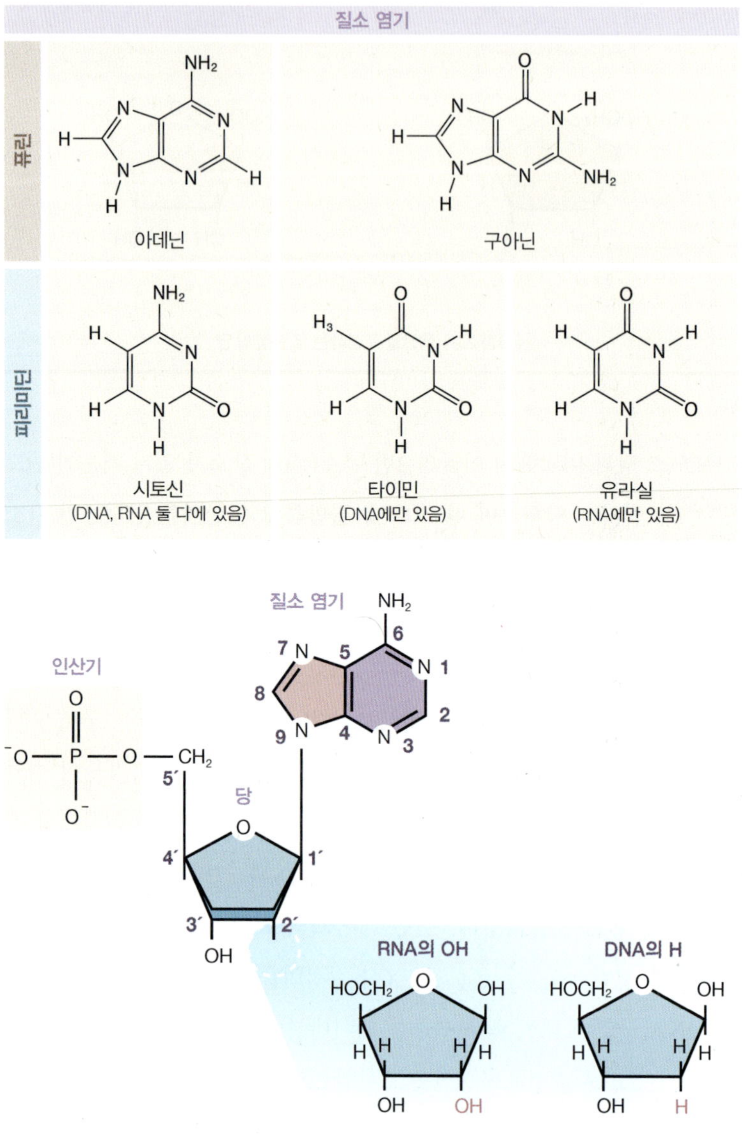

[그림 2.3] DNA와 RNA의 뉴클레오티드 소단위

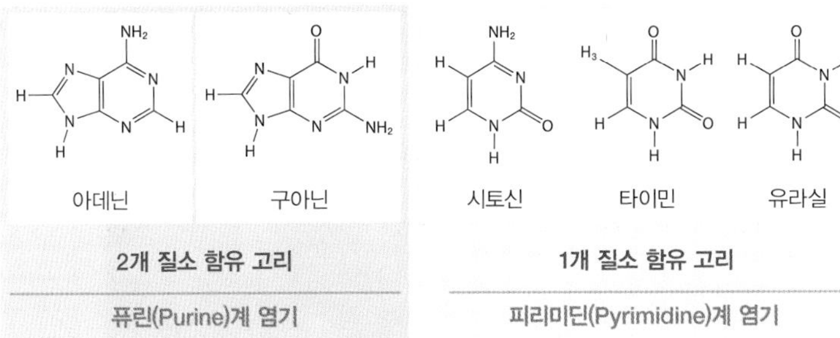

[그림 2.4] 뉴클레오티드를 구성하는 다섯 종류의 염기

의 분자구조: 데옥시리보스 핵산의 구조'라는 논문을 발표하였다. 이 논문의 첫 구절에 "우리는 데옥시리보스 핵산D.N.A.이라는 염에 대한 구조를 제안한다. 이 구조는 생물학적으로 상당히 흥미로운 관심을 이끄는 새로운 특성을 갖고 있다."라고 밝히고 있다. 이 문장은 DNA의 중요성

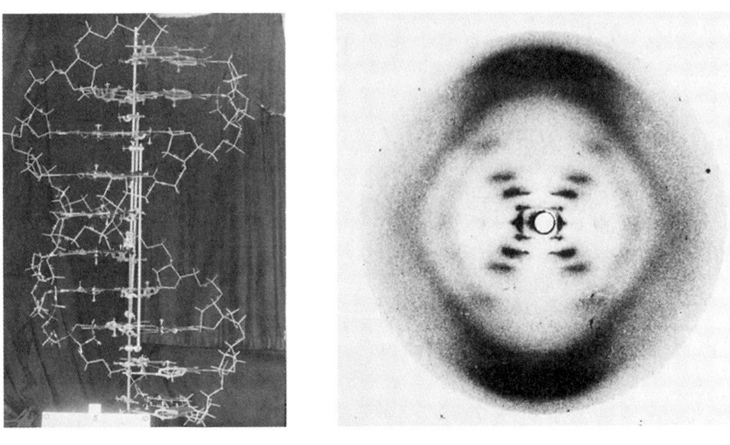

[그림 2.5] 왓슨과 크릭의 DNA 구조 모델과 프랭클린과 윌킨스가 찍은 DNA의 X선 회절 사진
출처: Cold Spring Harbor Laboratory Library and Archive, James D. Watson Collection.

[그림 2.6] 1962년 노벨상 수상자 사진. 왼쪽부터 윌킨스, 퍼루츠, 크릭, 스타인벡, 왓슨, 켄드루
출처: achievement.org

과 지난 72년에 걸쳐 우리가 배운 DNA의 구조를 고려해 보면 현재까지 출판된 과학 논문 중에서 가장 절제된 표현 중 하나일 것이다. 이런 역사적인 발견은 1962년 왓슨, 크릭, 그리고 윌킨스가 노벨생리의학상을 수상함으로써 인정받게 되었다[그림 2.6].

왓슨과 크릭은 뉴클레오티드가 긴 DNA 가닥을 형성하고, 각 DNA 분자가 서로 결합되어 서로의 주위를 감싸면서 이중나선을 형성하는 2개의 가닥으로 구성되어 있다고 발표하였다. 하나의 DNA 가닥은 뉴클레오티드들이 서로 연결된 줄과 같은 형태로서 각 뉴클레오티드의 인산기와 인접한 뉴클레오티드의 당이 인산디에스터 결합phosphodiester bond에 의하여 서로 결합되어 있다. 각 DNA 가닥에 있는 염기의 순서는 매우 다양하다. 예를 들면 C를 포함하는 뉴클레오티드는 A, T, G 또는 C를 포함하는 다른 뉴클레오티드와 연결될 수 있다[그림 2.7].

각각의 뉴클레오티드 가닥은 극성polarity, 즉 각각의 가닥은 5′말단5′

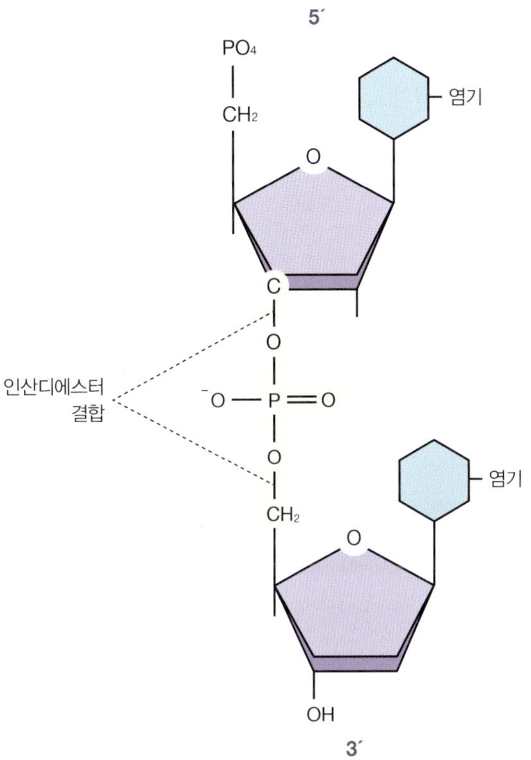

[그림 2.7] 인산디에스터 결합

end과 3′말단3′ end을 갖는다. 이와 같은 극성은 데옥시리보스 당의 탄소 번호를 의미한다. DNA 가닥의 5′말단에서 5번 탄소에 있는 인산기는 다른 뉴클레오티드와 결합하지 않지만 3번 탄소는 인산디에스터 결합에 관여한다. 3′말단에서 5번 탄소의 인산기는 다른 뉴클레오티드와 결합하지만 3번 탄소는 다른 뉴클레오티드와 연결되지 못한다. 이와 같은 뉴클레오티드의 구조가 사소하게 보일지도 모르겠지만 DNA의 극성은 DNA 복제나 실험실에서의 일상적인 DNA 조작에 매우 중요하다.

$$A = T,\ G = C$$

퓨린계 염기(A + G) = **피리미딘계** 염기(T(U) + C)

$$\frac{A+G}{T+C} = 1$$

[그림 2.8] 샤가프의 법칙

왓슨과 크릭은 DNA 분자가 2개의 상호 연결된 가닥으로 구성되어 오른손 방향 이중나선right-handed double helix 구조를 형성한다고 제시하였다. 이것은 생물학 역사에서 가장 유명한 발견일 것이다. 두 가닥은 반대편 가닥의 상보적인 염기쌍complementary base pair 사이의 수소결합에 의해서 결합된다. 아데닌은 항상 타이민과 결합하고 구아닌은 시토신과만 결합한다. 이 모델을 통해서 샤가프의 법칙Chargaff's rules을 쉽게 이해할 수 있다[그림 2.8].

1950년대 초 샤가프는 각종 생물에 의하여 조정된 DNA의 디옥시뉴클레오티드 조성을 상세하게 연구하였는데, 생물종에 따라 고유의 차가 있으나 일반적으로 다음과 같은 규칙성을 나타내는 것을 발견하였다. 즉, 염기인 아데닌(A)과 타이민(T)의 함량이 항상 같고, 구아닌(G)과 시토신(C)의 함량이 항상 같다는 사실이다. 따라서 A + G = C + T라는 관계가 성립되며, 이는 DNA에서 퓨린 염기와 피리미딘 염기가 등량으로 존재한다는 것을 나타내는 것이다. 이와 같은 DNA 조성에 대한 규칙성을 발견자의 이름을 따서 '샤가프의 법칙'이라고 한다. 이 발견은 후에 왓슨과 크릭이 DNA의 이중나선 구조의 모델을 발견하는 데 중요한 실마리가 되었다.

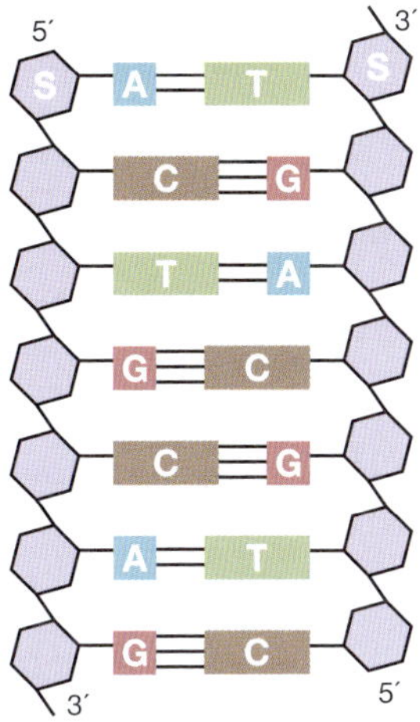

[그림 2.9] DNA의 이중가닥은 역평행이다.

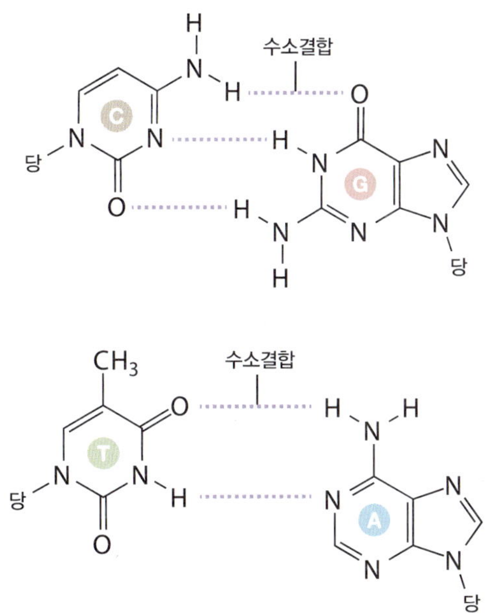

[그림 2.10] 염기 사이의 결합을 통한 DNA 가닥의 연결

이중가닥을 구성하는 두 가닥의 뉴클레오티드는 역평행antiparallel인데, 이것은 각 가닥의 극성이 서로 반대이기 때문이다. 이와 같은 방향성은 각 가닥이 정렬되기 위한 상보적인 염기쌍을 유지하게 하는 수소결합이 필수적임을 보여준다[그림 2.9, 2.10].

이중나선은 일종의 오른쪽으로 꼬인 사다리와 닮았다. 사다리의 각 발판은 상보적인 염기쌍으로 구성되어 있으며, 사다리의 측면은 DNA의 '골격backbone'을 형성하는 당과 인산 분자로 구성되어 있다.

염색체의 구조

인간의 모든 세포에 존재하는 30억 염기쌍의 DNA는 세포분열 시 균등하게 분열되어야 한다. 그러지 않는다면, 그로 인한 DNA의 소실은 치명적인 결과를 가져온다. 다행히, 세포들은 효과적으로 분열하고, DNA는 염색체chromosome로 포장되어 있기 때문에, DNA 분열에 있어 이러한 실수는 매우 드물게 일어난다.

세포 내에서 DNA는 비교적 풀린 상태로 존재한다. 이것은 DNA의 이중나선 구조가 풀어져 있는 것이 아니라, DNA가 약간 느슨하게 배열되어 있고, 단단히 감겨 있는 염색체로 완전히 포장되어 있지 않음을 의미한다. 세포가 분열하지 않을 때, 핵 안의 DNA는 히스톤histone이라 불리는 DNA 결합단백질과 복잡하지만 규칙적으로 결합된 상태로 존재하는 매듭 모양의 크로마틴chromatin을 형성한다.

세포분열이 일어나는 동안 크로마틴은 단단한 형태의 섬유질을 형성하기 위하여 서로 감겨, 결국 DNA, 히스톤 단백질, 기타 많은 단백질들

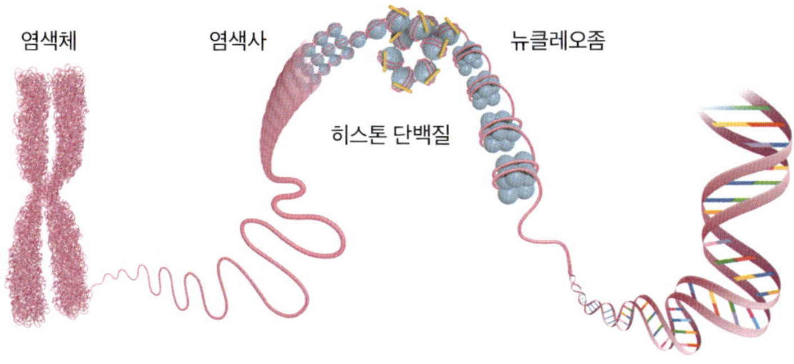

[그림 2.11] 히스톤 단백질에 포장되어 세포의 핵 속에 응축되어 있는 DNA

이 고도하게 꼬아지고 단단한 응축된 염색체를 형성한다. 인간의 세포 1개에 존재하는 DNA의 길이는 약 2 m 정도로, 직경이 약 1 mm인 핵 속에 포장되어 있는 것을 고려한다면 DNA를 염색체로 압축한다는 것은 매우 놀라운 일이다.

염색체의 크기와 수는 생물종마다 다양하게 나타난다. 대부분의 박테리아는 수천 개의 유전자를 포함하는 수십만 개의 염기쌍으로 이루어진 1개의 원형 염색체를 가지고 있다. 진핵생물은 전형적으로 하나 이상의 염색체 쌍을 갖고 있으며, 선형이다. 대부분의 인간 세포는 각각 23개의 염색체가 두 세트(쌍)로 구성된, 총 46개의 염색체를 가지고 있다. '수정'이라고 하는 과정을 거쳐, 어머니로부터 23개의 염색체(모계 염색체, maternal chromosome)를, 그리고 아버지로부터 23개의 염색체(부계 염색체, paternal chromosome)를 부여받았다. 이러한 염색체 쌍을 상동 쌍homologous pairs이라고 한다. 염색체 1번부터 22번까지는 상염색체autosomes라 하고, X와 Y 염색체로 구성된 23번째 염색체 쌍은 성염색체sex chromosome라 한다.

성세포 또는 배우자gamete로 불리는 인간의 난자와 정자는 염색체의

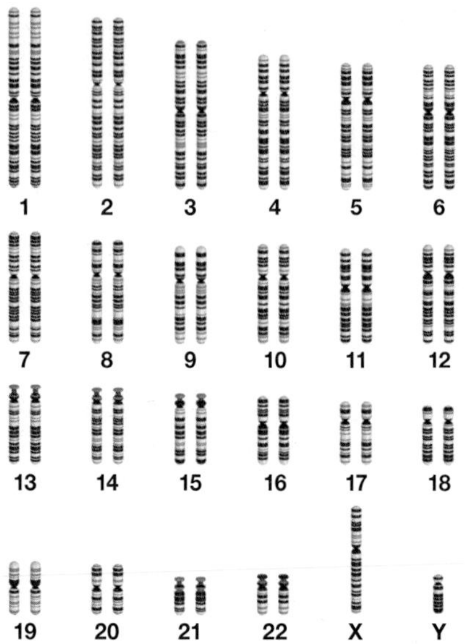

[그림 2.12] 사람의 46개 염색체

반수haploid number, n로 나타내는 23개 염색체 단일 세트를 갖는다. 피부세포, 근육세포, 그리고 간세포와 같은 신체의 다른 모든 세포는 체세포로 알려져 있다. 대부분 생물체의 체세포는 두 세트의 염색체를 가지고 있으며, 이를 이배체diploid number, $2n$ 염색체라 한다. 앞서 말했듯이, 인간은 46개의 염색체를 가지고 있다. 정상 남성의 체세포는 22쌍의 상염색체와 X와 Y 염색체를 가지고 있는 반면, 정상 여성의 경우 22쌍의 상염색체와 2개의 X 염색체를 가지고 있다.

성염색체는 이들 염색체가 성적 형질(특성)을 결정하고 생식기관의 발달에 영향을 미치는 유전자를 갖고 있다. 반면에 상염색체는 주로 눈의 색 또는 피부색, 머리카락의 형태와 같이 성과 관련되지 않은 신체적 특성에 영향을 끼치는 유전자를 포함한다. X와 Y 염색체에는 여성과 남성의 성적 특성에 영향을 끼치는 유전자가 위치해 있다. 물론 다른 상염색체에도 여성과 남성의 성적 특성과 관련된 유전자들이 존재한다.

대부분 진핵생물의 염색체에서는 몇 가지 특성들이 공통적으로 나타난다. 진핵생물의 각 염색체는 자매 염색분체sister chromatid라 불리는 2개의 얇은 막대모양 구조로 이루어져 있다. 자매 염색분체들은 DNA 합성과정에서 복제되어 완벽히 같은 복제형태이다. 세포분열 시 각 자매 염색분체가 분리되어 새롭게 형성된 세포는 본래 세포와 동일한 양의 DNA를 갖게 된다. 진핵생물의 염색체는 각각 하나의 중심체centromere를 가지며, 이 중심체는 2개의 자매 염색분체를 서로 연결하는 DNA와 단백질이 얽힌 염색체의 잘록한 부분이다. 이는 또한 단백질이 함유된 세포 소기관인 미세소관microtubule이 부착되는 장소이다. 미세소관은 세포분열 시 염색체를 이동시키고, 자매 염색분체를 분리하는 데 중요한 역할을 한다.

중심체는 각 자매 염색분체의 긴 팔long arm과 짧은 팔short arm의 경계이다. 긴 팔은 장완q-arm, 짧은 팔은 단완p-arm이라 한다. 각 염색체의 팔은 말단소립telomere이라 불리는 부분으로 끝난다. 말단소립은 핵막에 염색체를 부착하기 위한 중요한 기능을 하는 고도로 보존된 반복되는 뉴클레오티드 서열이다. 말단소립은 매우 중요한 연구 주제로, 말단소립 길이의 변화는 세포 노화과정 및 특정 유형의 암 발생에도 관여한다고 알려져 있다.

핵형분석

염색체 구조와 이상abnormality을 분석하는 것을 세포유전학cytogenetics 또는 세포유전학 분석이라고 한다. 염색체 수와 염색체 구조의 기본 지식을 습득하기 위한 일반적인 세포유전학적 방법은 핵형karyotype을 분석하는 것이다. 핵형분석을 위해서는 세포를 현미경 슬라이드에 펴지도록 한 후 염색체의 노출 및 염색을 위해 화학물질을 처리해야 한다. 예를 들어, 김사Giemsa염색이라 불리는 DNA에 결합하는 염료 처리를 하는 G-밴딩 방법은 염색체에 밝고 어두운 밴드를 번갈아 나타나게 한다. 염색된 각 염색체는 다른 염색체와 구분하는 데 사용할 수 있는 독특하고 재현 가능한 밴딩 패턴을 보여 준다. 염색체들은 그들의 염색 패턴과 크기에 따라 정렬하고 짝 지을 수 있다. 인간의 경우 1번 염색체가 가장 크며, 22번 염색체가 가장 작다. 최근에는 스펙트럼 핵형분석spectral karyotyping 방법, 즉 특정 탐침(probe, 염색체 특정 위치에 결합이 가능한 단일가닥의 짧은 DNA 또는

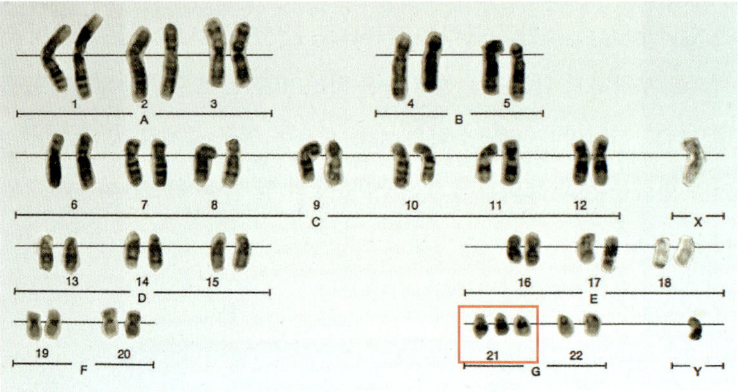

[그림 2.13] 21번 염색체가 3개인 다운 증후군

RNA 단편)과 이를 염색체에 착색시키는 기술을 사용한다. 이는 전통적인 핵형보다 염색체 구조에 대한 더 자세한 분석이 가능하여 염색체 구조 및 수의 이상과 같은 인간 유전질환 상태를 쉽게 식별할 수 있게 한다.

DNA의 복제

세포가 분열할 때, 새롭게 만들어진 세포는 복제된 같은 양의 DNA를 갖고 있어야 한다. 체세포는 유사분열 또는 체세포분열mitosis에 의하여 2개의 세포로 분열되는데, 분열을 통하여 본래 세포(모세포)와 동일하게 복제된 DNA를 포함하는 각각의 딸세포가 만들어진다. 예를 들어, 인간의 피부세포는 각 23쌍의 염색체를 갖는 2개의 딸세포로 분열한다. 배우자gametes는 감수분열meiosis에 의해 형성되는데, 이 경우 모세포가 분열하여 4개의 딸세포를 형성하고, 이들이 각각 정자 또는 난자 세포가 된다. 감수분열 동안 딸세포의 염색체 수는 반으로 줄어 반수가 되므로 정자나 난자 세포는 23개로 구성된 염색체 세트를 갖는다. 유성생식을 통하여 접합자zygote라 불리는 수정란이 탄생하고, 체세포분열에 의해 분열되어 결국 완전한 인간이 되는 접합자는 46개의 염색체를 갖는다.

체세포분열 또는 감수분열에 의한 세포분열이 일어나기 전에, DNA는 세포 내에서 복제되어야만 한다. DNA 복제는 반보존적 복제semiconservative replication라고 불리는 과정에 의해 일어난다. 복제가 시작되기 전에, 이중나선 구조의 2개의 상보가닥들이 단일가닥으로 나뉘어야 한다. 나뉜 2개의 가닥들은 복제될 새로운 가닥을 위한 주형templates으로 작용한다. 이 과정이 끝나면, 2개의 새로운 이중나선 구조가 형성된다.

각각의 나선들은 본래 DNA(부계) 가닥 하나와 새롭게 합성된 가닥 하나를 포함하기 때문에 '반보존적'이라고 한다.

DNA 복제는 다양한 단백질이 관여하여 여러 단계를 거쳐서 일어난다. 원핵생물은 단일 원형의 염색체를 가지고 있기 때문에 DNA 복제 과정이 진핵생물과 다소 다르다. DNA의 복제는 뉴클레오티드로 구성된 2개의 가닥을 분리하는 효소인 DNA 헬리케이즈DNA helicase에 의하여 시작되는데, 이 효소는 상보적인 염기쌍 사이의 수소결합을 파괴하여 DNA를 말 그대로 '압축풀기unzipping'를 한다. 분리된 가닥들은 복제분기점replication fork을 형성한다. 헬리케이즈가 DNA를 풀게 되면 단일가닥 결합 단백질single-strand binding protein들이 각 가닥에 부착되어 DNA를 복제하는 동안 분리된 DNA 가닥의 뉴클레오티드가 다시 염기쌍을 형성하거나 이중나선 구조를 형성하는 것을 방지한다. 이중나선 DNA 가닥의 분리는 복제원점origins of replication이라 불리는 영역에서 일어난다. 박테리아(원핵생물)의 염색체는 하나의 복제원점을 가지고 있다. 진핵생물의 경우 DNA의 크기가 세균보다 상대적으로 훨씬 크기 때문에 여러 개의 복제원점을 가지고 있다. 다수의 복제원점에서 시작되는 DNA 복제는 진핵생물의 염색체들을 신속하게 복제할 수 있도록 해 준다.

DNA 복제의 다음 단계는 약 10~15 뉴클레오티드 길이를 갖는 RNA 단편을 추가하는 것이다. 이 염기서열을 RNA 시발체 또는 프라이머primer라 하고, 프리메이즈[primase, 진핵생물에서는 DNA 중합효소 α(알파)]라 불리는 효소에 의하여 합성된다. 프라이머는 새로운 DNA 가닥을 합성하는 주요 효소인 DNA 중합효소DNA polymerase의 결합부위 역할을 하기 때문에, DNA의 복제를 개시한다. DNA를 복제하는 데는 여러 유형의 DNA 중합효소가 필요하다. 박테리아에서 DNA 중합효소 III[진핵생물에서는 DNA 중합효소 δ(델타)]는 각각의 DNA 단일가닥에 결합하여 이 가닥을

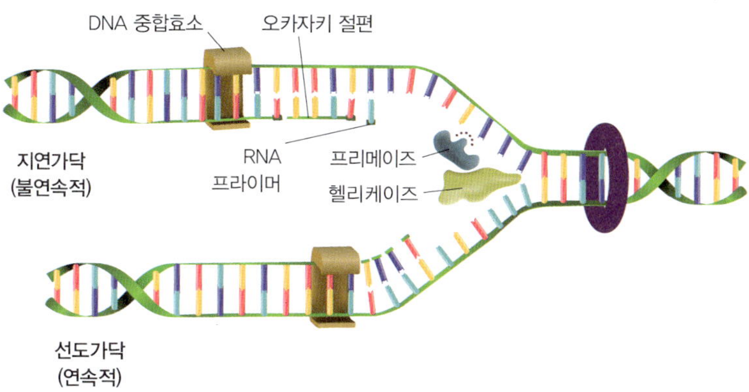

[그림 2.14] DNA 복제 과정 중 지연가닥의 합성

따라 움직이며, 이 DNA 가닥을 주형으로 해서 새로운 DNA 가닥을 합성한다. 이 과정에서 DNA 중합효소는 세포 내에 존재하는 뉴클레오티드를 사용하여 DNA의 상보가닥들을 합성한다. DNA 중합효소는 항상 5′(탄소)에서 3′(탄소) 방향으로만 진행하여 새로운 가닥들을 합성한다. 기존의 뉴클레오티드 당과 새로운 뉴클레오티드의 인산기 사이에 인산디에스터 결합을 형성하여 새로 합성되는 가닥의 3′ 말단에 뉴클레오티드가 추가된다.

DNA 중합효소는 5′에서 3′ 방향으로만 진행할 수 있기 때문에, 선도가닥leading strand에서 일어나는 복제는 연속적으로 진행되는 반면에 반대편 가닥인 지연가닥lagging strand의 복제는 DNA 중합효소가 복제분기점이 열리기를 기다려야 하기 때문에 불연속적으로 일어난다. 지연가닥에서는 DNA 중합효소가 복제분기점을 빠져나오면서 오카자키 단편[Okazaki fragment, 이러한 단편을 발견한 과학자인 두 오카자키(Reiji와 Tuneko Okazaki)의 이름을 따서 명명됨]이라는 짧은 단편의 DNA가 합성된다. 지연

가닥의 인산디에스터 골격에 빈 자리가 없도록 하기 위해 오카자키 단편 사이의 공유결합을 DNA 연결효소ligase가 생성한다. 마지막으로, RNA 프라이머가 제거되고, 이 빈 자리는 DNA 중합효소에 의하여 채워진다 [그림 2.14].

분자생물학의 중심원리

유전정보genetic information는 DNA에 의해 암호화되어 저장되며, DNA 복제replication에 의해 다음 세대로 전달된다. 또한 전사transcription라는 과정을 통해 DNA에 있던 유전정보는 RNA로 옮겨가고 다시 번역translation의 과정에서 만들어진 단백질protein에 의해 유전정보가 실체화되어 몸속에서 기능을 하게 된다. 이처럼 유전정보는 DNA에서 RNA, 단백질로 전환되면서 생명활동을 유지시키는 데 필수적인 유전정보의 흐름을 형성하는데, 이러한 흐름의 기본적인 원리를 분자생물학의 중심원리central dogma라고 한다[그림 2.15].

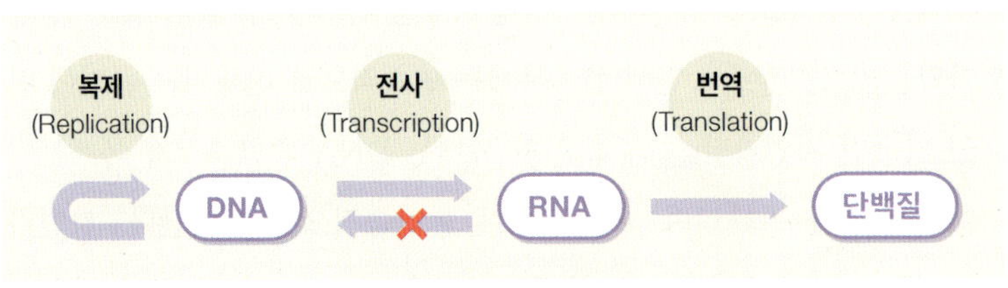

[그림 2.15] 전통적인 분자생물학의 중심원리

중심원리의 핵심에는 이미 발현된 단백질의 유전정보가 거꾸로 DNA로는 옮겨가지 않는다는 의미가 담겨 있다. 1953년에 염색체 DNA가 RNA 합성의 주형으로 이용되고 이 RNA가 세포질로 이동하여 단백질의 아미노산 서열을 결정짓는다는 가설이 제안되었다. 이러한 가설은 그 후 많은 연구에 의하여 점차 지지를 받았는데, 그 결과 1958년에 프랜시스 크릭이 이와 같은 유전정보의 흐름의 원리를 중심원리central dogma라고 지칭하며, 새로운 개념을 제안하였다.

이후 분자생물학의 발전에 따라 생명체 내의 다양한 유전정보의 흐름들이 알려졌다. 일례로 후천성면역결핍증Acquired Immune Deficiency Syndrome, AIDS을 일으키는 인간면역결핍바이러스Human Immunodeficiency Virus, HIV의 경우, 이 바이러스가 가진 역전사효소에 의해 RNA에서 DNA로 유전정보가 전달되는 과정이 1983년에 세계 최초로 밝혀졌다.

BIOTECHNOLOGY

1. 전사(유전정보의 복제)
2. 다른 형태의 RNA가 전사를 통해 합성된다
3. 유전자가 mRNA로 가공되는 과정
4. 단백질의 합성
5. 유전암호
6. 리보솜과 tRNA 분자
7. 단백질로 해독되는 과정
8. 유전자 발현 조절의 기본적 특성
9. 유전자 발현의 조절
10. 전사인자는 DNA에 결합하는 단백질의 부류이다
11. 유전자 발현 조절에 대한 새로운 발견, 마이크로 RNAs
12. 돌연변이
13. 돌연변이는 유전되거나 후천적으로 발생될 수 있다
14. 돌연변이는 유전적 질병에 영향을 끼치기도 한다

3

단백질 합성과 돌연변이

단백질 합성과
돌연변이

유전자는 단백질 합성에 관여하여 세포의 다양한 기능과 역할을 조절한다. 세포에서 단백질은 세포막과 세포질의 중요한 요소로서 세포 구조 유지, 효소로서 세포 내 필수적인 생화학 반응 수행, 호르몬과 같이 세포가 서로 통신할 수 있도록 해 주는 역할을 한다. 또한 호르몬, 수송 단백질과 같은 분자에 결합하여 세포 내외로의 출입을 조절하는 수용체 및 항체 단백질과 함께 외부에서 몸 안으로 침입한 이물질(항원)을 인지하고 파괴시키는 일 등의 매우 다양한 역할과 기능을 수행한다.

단백질이 없다면 세포는 자신의 물질대사 그리고 생리·생화학적 역할을 다할 수 없다. 그렇다면 어떻게 DNA는 단백질을 생성할까? 사실상 DNA는 직접적으로 단백질을 생성하지 못한다. 단백질을 생성하기 위해서 유전자들은 전령 RNAmessenger RNA, mRNA라 불리는 핵산 분자로 복사된다. RNA 합성은 DNA에서 RNA로 유전자들을 복사하는 것으로 전사transcription라고 한다. 결국 유전자의 정확한 사본인 mRNA 분자들은 해독translation이라는 과정을 거쳐 단백질을 만들기 위한 암호화된 정보를 가지고 있는 셈이다.

2장에서 보았던 것처럼, RNA 분자가 단일가닥인 것을 제외하고는 RNA의 화학적 조성은 DNA와 유사하며, RNA를 구성하는 염기들 또한 DNA와 유사하다. 다만 RNA는 타이민(T) 대신에 유라실(U)이라 불리는 염기를 가지고 있다. 또한 RNA는 리보오스ribose라 불리는 5탄당pentose을 가지고 있는데, 이것은 DNA에 있는 데옥시리보스와는 약간 다른 구조를 가지고 있다.

전사와 해독의 차이를 쉽게 이해하기 위해서, 번역이 한 언어를 다른 언어로 옮기는 과정인 것처럼 해독은 유전자 암호를 RNA로부터 단백질로 바꿔 주는 과정으로 이해하면 좋다. mRNA의 합성과 단백질의 합성을 통하여 DNA는 세포의 특성과 기능을 조절한다. 전사와 해독 과정은

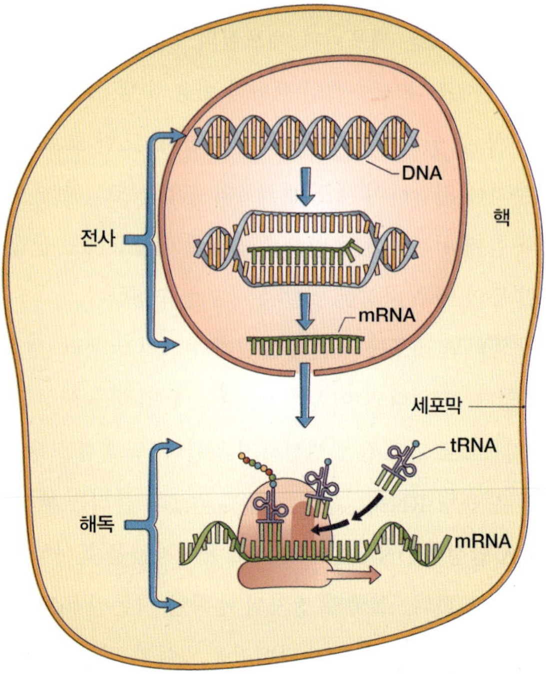

[그림 3.1] 전령 RNA는 DNA를 주형하고 전사되며 tRNA와 공조하여 단백질 합성에 참여한다.

세포 내 유전정보의 흐름을 조절하여 세포의 활동과 특성을 조절한다.

전사(유전정보의 복제)

어떻게 DNA가 RNA를 만들기 위한 주형으로 사용될까? RNA 중합효소RNA polymerase는 전사 과정에 있어 중요한 효소이다. 세포의 핵 내부에서 RNA 중합효소는 DNA 나선 구조를 풀고, 그 후 DNA의 한 가닥을

RNA로 복제한다. 전체 DNA 분자가 복제되는 DNA 복제 과정과는 달리, 전사는 단지 유전자를 포함한 염색체의 일부분에서만 일어난다.

그렇다면 RNA 중합효소는 어디에서 전사가 시작되는지 어떻게 알 수 있는 걸까? 유전자 대부분의 앞쪽에 인접해 있는 특정한 부분인 프로모터promoter는 RNA 중합효소가 결합하기 위한 특정한 뉴클레오티드 서열이 존재하는 DNA 서열을 말한다. 이 장에서 더 자세히 논의하겠지만, 전사인자transcription factor라 불리는 단백질은 RNA 중합효소가 프로모터를 발견하고 DNA에 결합하는 것을 도와주는 기능을 한다. 또한 인핸서enhancer라 불리는 단백질이 아닌 특정한 DNA 서열도 DNA 속에 담긴 유전정보를 RNA로 전사하는 데에 중요한 기능을 담당한다.

RNA 중합효소가 프로모터에 결합한 후, 이로부터 DNA의 두 가닥은 단일가닥으로 풀리기 시작한다. 단, 주형가닥[template strand, 반대 가닥은 암호가닥(coding strand)]은 RNA 중합효소에 의하여 복제된다. 이때 프로모터에 의해 어떤 DNA 가닥이 전사될지 결정된다. 결정이 나면, RNA 중합효소는 DNA 중합효소가 DNA를 복제하듯이, 리보뉴클레오티드 사이에서 인산이에스터 결합에 의한 상보가닥을 복제하기 위하여 DNA 주형

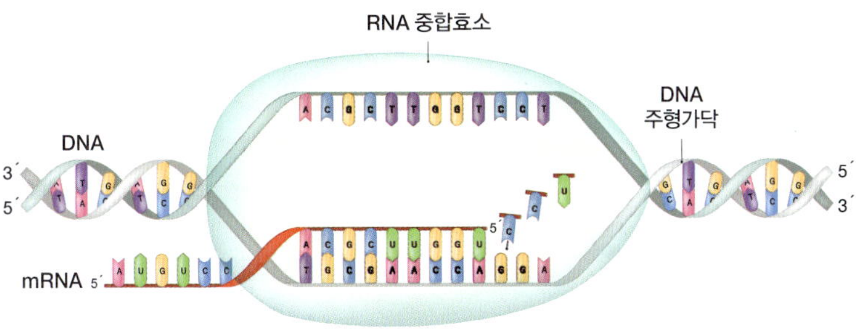

[그림 3.2] mRNA를 포함한 모든 RNA는 DNA 주형가닥을 따라 5′에서 3′ 방향으로 합성된다.

가닥을 따라 5′에서 3′ 방향으로 RNA를 합성하기 시작한다. RNA 중합효소가 유전자의 말단에 도착하면, 종결서열과 마주치게 된다.

결과적으로, RNA 중합효소와 새롭게 합성된 RNA는 DNA 분자로부터 떨어져 나온다. 세포분열 시 한 번씩만 복제되던 DNA 복제와는 달리, 전사되는 동안 다양한 mRNA 복사물들이 각각의 유전자로부터 합성(전사)된다. 때때로 세포들은 하나의 유전자로부터 몇천 개의 mRNA 복사물을 전사한다.

다른 형태의 RNA가 전사를 통해 합성된다

많은 유전자들이 RNA로 복제되는 과정에서 mRNA가 만들어진다는 것을 알았다. 이 전사 과정을 통해 두 가지 다른 종류의 RNA인 전달 RNA(transfer RNA, tRNA)와 리보솜 RNA(ribosomal RNA, rRNA)가 합성된다. 또한 다양한 RNA 중합효소도 각각의 유전자로부터 전사된 RNA에 의해 합성된다. 오직 mRNA만이 단백질을 합성하기 위한 암호를 운반하지만, tRNA나 rRNA 또한 단백질 합성에 빠져서는 안 될 중요한 요소들이다.

최근 과학자들은 마이크로 RNA(miRNA)라 불리는 여러 종류의 새로운 비단백질 암호화 RNA 분자를 발견하였다. miRNA는 유전자 발현을 조절하는 데 있어 중요한 역할을 하는 약 20~25 뉴클레오티드 서열의 작은 RNA 분자로, 현재 각광받고 있는 주요 연구 대상이다. 이 장의 뒷부분에서 miRNA의 역할에 대해 간단히 논의할 것이다.

[표 3.1] RNA의 종류와 기능

구분	기능
rRNA (리보솜 RNA, ribosomal RNA)	리보솜을 구성하는 RNA
mRNA (전령 RNA, messenger RNA)	DNA의 유전정보를 옮겨 적은 일종의 청사진 역할을 한다. 이를 기본으로 하여 리보솜에서 단백질을 합성한다.
tRNA (전달 RNA, transfer RNA)	mRNA의 코돈에 대응하는 안티코돈을 가지고 있으며, 꼬리 쪽에는 안티코돈과 대응하는 아미노산을 연결해 주는 효소가 있다. 즉, tRNA의 안티코돈에 대응하는 아미노산을 달고 있다.
miRNA (마이크로 RNA, micro RNA)	생물의 유전자 발현을 제어하는 역할을 하는 작은 RNA로, mRNA와 상보적으로 결합하여 세포 내 유전자 발현과정에서 중추적인 조절인자로 작용한다.
snRNA (소형 핵 RNA, small nuclear RNA)	핵 안에서 RNA를 스플라이싱한다.
snoRNA (소형 인 RNA, small nucleolar RNA)	핵 안에서 RNA의 변형을 일으킨다.
aRNA (안티센스 RNA, antisense RNA)	RNA에서 리보솜으로의 번역을 조절한다.
siRNA (소형 방해 RNA, small interfering RNA)	RNA 방해를 유발한다. 특정 단백질의 생산을 억제함으로써 유전자 발현을 방해한다.

유전자가 mRNA로 가공되는 과정

진핵세포에 있어서 유전자에서 복사된 초기 mRNA를 1차 전사체primary transcript, pre-mRNA라 한다. 이 mRNA는 성숙되지 않아 완전히 그 역할을 다하지 못한다. 따라서 1차 전사체는 단백질 합성을 위한 일련의 가공과정을 거치게 되는데, 이것을 mRNA 가공이라 한다. 일련의 가공과정으로 RNA 이어맞추기splicing 과정이 관련된다. 처음 전사에 대한 상세한 과정이 알려진 후, 생명공학자들은 인트론intron이라 불리는 단백질 정보를 갖고 있지 않은 DNA 서열에 의하여 유전자들이 분리되어 존재하는 것에 매우 놀라워하였다. 인트론은 RNA 염기서열 혹은 유전자 서열 중 단백질 정보를 암호화하고 있는 염기서열인 엑손exon들 사이에 산재해 있는 단백질 정보를 암호화하고 있지 않은 부분을 말한다.

mRNA가 단백질을 만들기 위하여 사용되기 전에 엑손들의 이어맞추기 과정이 필요하다. 쉽게 설명하면, 인트론을 완성된 문장 안에 무작위로 삽입된 글자라 한다면 인트론은 문장이 논리적일 수 있도록 삭제되어야 하는 요소가 된다. 이어맞추기 과정 중에 인트론들은 1차 전사체에서

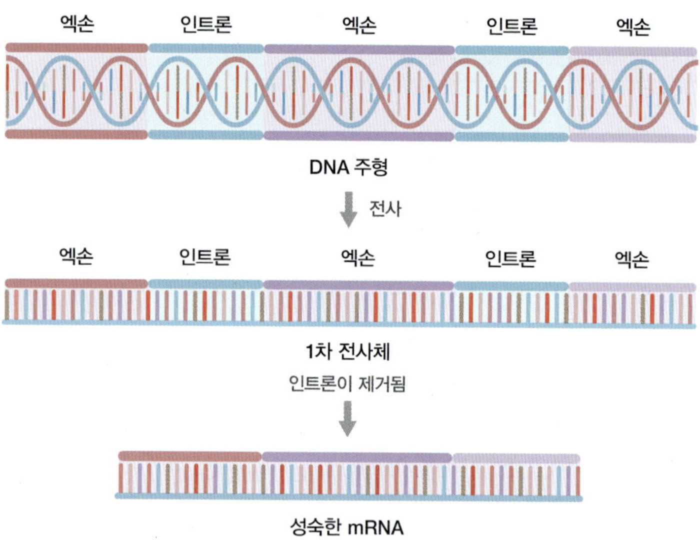

[그림 3.3] RNA 이어맞추기. mRNA에 있는 인트론을 제거하고 엑손들만이 연결된다.

제거되고, 인접한 엑손들은 인트론이 없는 완전히 기능성을 띤 mRNA 분자를 형성하기 위하여 서로 연결되어야 한다[그림 3.3].

RNA 이어맞추기는 궁극적으로 단일 유전자로부터 만들어질 수 있는 단백질의 종류와 다양성을 확장시키는 데 중요한 역할을 한다. 유전자가 처음으로 발견되었을 때, 생명공학자들은 1개의 유전자는 단지 하나의 단백질만을 생산한다고 생각하였다. 하지만 RNA 이어맞추기라는 과정이 발견됨에 따라 1개의 유전자가 몇 개의 엑손을 포함하게 되면 1개의 단백질이 아닌 다양한 단백질을 합성할 수 있다는 사실을 알게 되었다.

선택적 이어맞추기alternative splicing는 DNA로부터 단백질이 만들어지는 과정에서 1차적으로 DNA가 복제되어 만들어진 pre-mRNA 내의 인트론이 제거되고 엑손끼리 연결되는 과정으로, 결과적으로 하나의 유전자로부터 다양한 mRNA가 만들어질 수 있다. 즉, 하나의 유전자로부터 다양한 크기와 다수의 mRNA들을 만들 수 있다. 각각의 mRNA는 기능

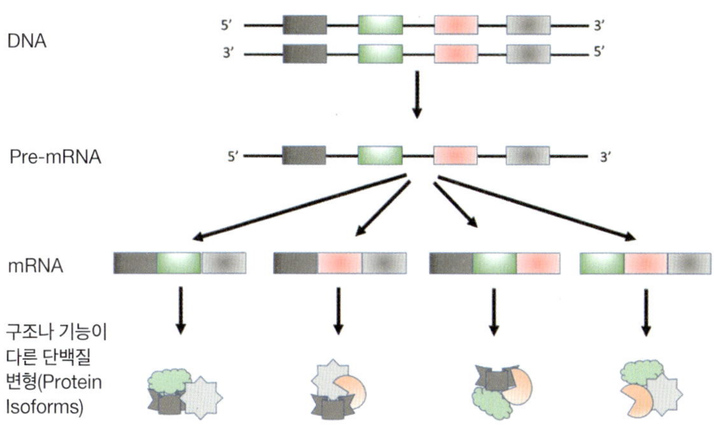

[그림 3.4] 선택적 이어맞추기를 통해 다양한 mRNA를 만들 수 있다.

적인 단백질을 생산하는 데 사용된다. 선택적 이어맞추기는 동일한 유전자 서열로부터 다양한 단백질을 생산할 수 있게 한다. 예를 들어, 항체를 생산하는 특정한 유전자들은 선택적 이어맞추기 과정을 통하여 다양한 항체 단백질을 합성한다. 신경전달 유전자에서도 유사한 선택적 이어맞추기가 일어난다. 생명공학자들은 본래 인간 세포에서 만들어지는 단백질 수에 근거하여 인간의 유전체가 약 10만 개의 유전자를 포함한다고 믿었다. 하지만 인간의 유전체가 단지 약 2만 개의 유전자를 가지고 있다는 데에 놀라움을 금치 못했다. 이런 유전자 수와 단백질 수에서의 많은 차이는 인간의 많은 유전자가 다양한 방법의 선택적 이어맞추기에 의하여 나타나는 데서 비롯된다. 아마도 이어맞추기에 관련된 유전자는 인간 유전자의 약 60%에 해당될 것으로 추정된다.

다른 형태의 mRNA 가공과정은 메틸 그룹을 갖고 있는 구아닌 염기

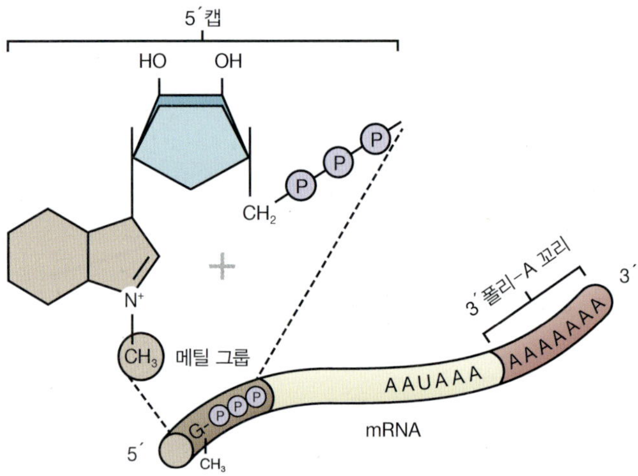

[그림 3.5] mRNA의 5′capping과 3′폴리-A tailing은 대표적인 전사 후 변형이다.

가 부가되는 mRNA의 5′말단부위에서 일어난다. 5′캡cap이라고 알려진 이 구조는 해독translation 과정 중 mRNA 분자의 5′말단부위가 리보솜을 인지하는 데 있어 중요한 역할을 제공한다. 마지막으로, 아데닐산중합반응polyadenylation이라는 과정이 있는데, 이것은 약 100~300개의 아데닌(A) 염기가 mRNA의 3′말단부위에 수십 개 이상 결합하여 poly(A) 꼬리tail를 합성하는 것이다. 이 꼬리는 세포질에 존재하는 RNA를 분해하는 효소들로부터 mRNA를 보호하여 해독의 안정성을 높여 주는 기능을 한다. 이러한 과정은 전사가 일어난 후에 일어나는 변형이라고 하여 '전사 후 변형post-translational modificatin'이라고 한다.

단백질의 합성

유전자의 궁극적인 기능은 단백질을 생산하는 것이다. 앞에서 RNA가 전사과정을 통하여 합성되는 것을 배웠다. 여기서는 아미노산으로부터 단백질을 합성하기 위하여 mRNA에 암호화된 유전정보를 어떻게 해독하는지 볼 것이다. 해독은 다양한 종류의 RNA 분자들이 관여하는 다단계의 과정으로 세포의 세포질에서 일어난다. [표 3.2]에 요약한 세 종류의 주요 RNA 기능을 이해한다면, 해독 과정을 더욱더 쉽게 이해할 수 있을 것이다.

[표 3.2] 단백질 합성에 관여하는 RNA 삼총사

구분	특성
전령 RNA (messenger RNA, mRNA)	유전자의 정확한 사본. DNA에 암호화된 단백질을 생산하기 위해 핵 속의 DNA로부터 단백질이 만들어지는 장소인 세포질로 유전정보를 전달하는 '전령자(messenger)'의 역할을 하는 RNA. 전령 RNA의 크기는 약 1,000개의 뉴클레오티드부터 수천 개까지 다양하다.
리보솜 RNA (ribosomal RNA, rRNA)	짧은 단일가닥 분자로, 크기는 약 1,500~4,700개의 뉴클레오티드 정도이다. rRNA는 단백질의 합성과정에 필수적인 리보솜의 구성요소이다. 리보솜은 해독과정 동안 mRNA를 인지하고 결합하여 단백질을 합성하는 장소이다.
전달 RNA (transfer RNA, tRNA)	단백질 합성과정 중 리보솜으로 아미노산을 수송하는 분자이다. tRNA 분자들의 크기는 약 75~90개의 뉴클레오티드이다.

유전암호

mRNA에 포함된 유전정보를 풀어 내는 유전암호genetic code는 무엇인가? 리보솜은 mRNA가 가지고 있는 암호를 읽어 단백질을 합성하는 장소이다. 즉, 수많은 아미노산들의 조합인 단백질을 생산한다. 공유결합에 의해 만들어진 아미노산 간의 결합을 폴리펩티드polypeptide라 한다. 단백질은 하나의 폴리펩티드 사슬chain로 구성되어 있는 것도 있고, 3차원의 복잡한 구조를 형성하기 위하여 겹쳐지고 꼬인 1개 이상의 폴리펩티드 사슬로 구성되어 있는 것도 있다. 단백질은 20종류의 아미노산 조합들로 구성되지만, mRNA 분자는 오직 4개의 염기로만 구성된다. 그럼 이 암호는 어떻게 작용하는 것일까? 어떤 정보가 세포에게 단백질을 구성하는데 있어 필요한 아미노산을 해독하라고 지시하는 것일까? 만약 mRNA가 4개의 뉴클레오티드 조합으로만 구성되어 있다면, 어떻게 mRNA가 20

개의 서로 다른 아미노산을 위한 유전자 암호 정보를 제공할 수 있을까?

이에 대한 해답은 유전암호에 달려 있다. 이것은 실질적으로 모든 생물들에 의하여 사용되는 유전학의 공통된 언어와도 같다. 암호는 코돈codon이라 불리는 3개의 뉴클레오티드를 하나의 세트(단위)로 하여 mRNA 서열에 담겨 있다. 각각의 코돈(세트)은 하나의 아미노산을 암호화한다. 예를 들어, 코돈 UAC는 아미노산 티로신tyrosine을 위한 암호이고, 코돈 UGC는 시스테인cysteine을 위한 암호이다. 각각의 코돈이 각각의 아미노산을 암호화할지라도, 유전암호에는 융통성이라는 것이 존재한다. 4개의 가능한 염기배열에 의하여 3개의 뉴클레오티드 코돈들로 구성되는 유전암호의 모든 가능한 이론적인 조합은 64개(4^3)이다. 하지만 아미노산 수는 20개뿐이기 때문에 대부분의 아미노산들은 하나 이상의 코돈으로 암호화될 수 있다. 예를 들어, 아미노산 리신lysine은 AAA 및 AAG에 의해 암호화된다. 이와 같이 코돈의 중복 사용은 해독의 효율성을 증가시킨다. 몇몇 코돈들은 다른 것들보다 더 많은 빈도로 mRNA에 존재하는데, 이는 몇몇 영어 단어들이 같은 의미를 갖는다고 하더라도 선호되는 단어가 더 많이 쓰이는 이치와 같다.

유전암호들 중에는 리보솜에서 유전암호의 해독과 시작을 알려 주는 특정 코돈이 포함되어 있다. AUG는 개시코돈initiation codon으로서 아미노산 메티오닌methionine을 위한 암호인데, mRNA의 해독과정의 시작 신호와 같은 역할을 한다. 결과적으로, 많은 단백질의 합성을 위한 해독과정에서 첫 아미노산은 메티오닌이다. 종결코돈stop codon은 말 그대로 해독을 종결한다. UGA는 많은 mRNA상에서 종결코돈으로 사용되지만, UAA 및 UAG 또한 종결코돈으로 사용된다. 종결코돈은 특정의 아미노산을 암호화하지 않고, 단순히 해독과정에서 종결 신호로서의 역할만 수행한다.

유전암호는 거의 모든 생물에서 공통적으로 적용된다. 따라서 유전암호는 인간을 비롯하여 사람, 원숭이, 식물, 지렁이, 파리, 독수리 등 대부분의 생물에서 사용된다. 물론 특정한 종들의 유전암호에 미묘한 차이점이 존재하기도 하지만 기본적인 생물학적 기능과 특성은 거의 유사하다.

유전암호는 생물체에서 공통적으로 적용되기 때문에, 생명공학자들은 재조합 DNA 기술recombinant DNA technology과 같은 첨단기술을 이용하여 인슐린 유전자를 박테리아에 삽입시켜 인간 인슐린 호르몬을 합성하는 데 성공하기도 했다(미국 제넨텍사의 대장균에서의 인간 인슐린 합성 성공). 또한 유전암호의 보편적인 공통적 특성은 연구자들이 손쉽게 유전자를 복제할 수 있게 해 준다는 점이다. 쥐의 유전자를 복제하여 인간의 유전체에 유사한 유전자가 존재하는지의 여부를 확인할 수도 있다. 서로 다른 종들에서 공통된 유전암호를 사용하는 접근방법은 질병과 관련된 인간의 유전자를 식별하는 데 널리 사용되고 있다.

리보솜과 tRNA 분자

리보솜은 소단위체 혹은 서브유닛subunit이라 불리는 단백질과 rRNA로 구성된 매우 복잡한 구조로 되어 있다. 각각의 리보솜은 크고 작은 2개의 소단위체를 가지고 있다. 이러한 소단위체들은 tRNA가 부착되는 A 부위A site와 P 부위P site, tRNA가 리보솜에서 분리되어 떨어져 나가기 위한 E 부위E site로 구성된다[그림 3.6]. tRNA의 크기는 약 100여 개의 뉴클레오티드 정도로 구성된 작은 핵산 분자이다. tRNA는 복잡한 방법으로 접혀 있으며 몇몇의 뉴클레오티드들은 서로 염기쌍을 형성한다. 2차원

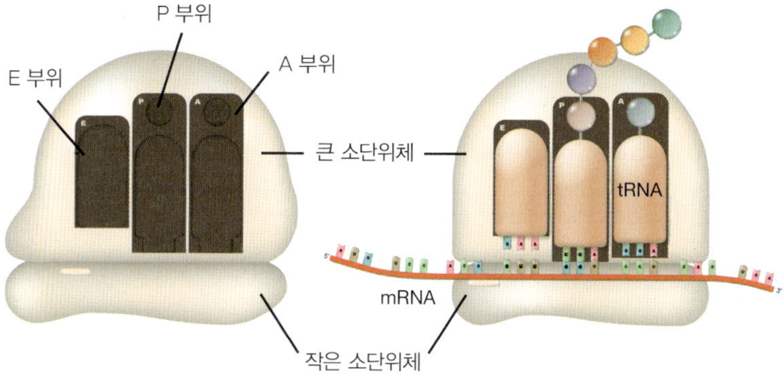

[그림 3.6] 리보솜은 크고 작은 소단위체 2개로 구성된다.

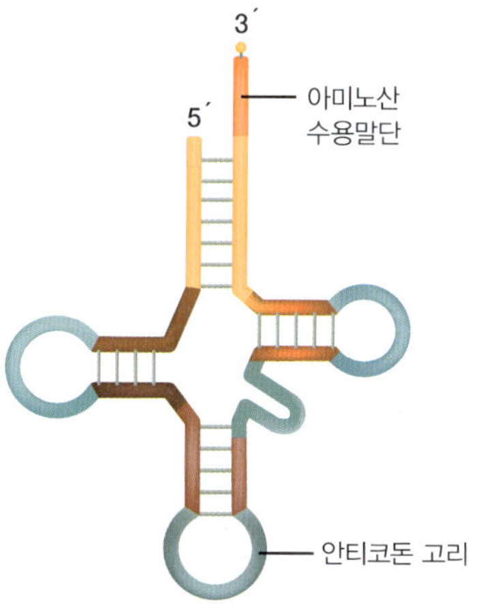

[그림 3.7] tRNA의 구조.
tRNA의 2차원적 구조는 마치 클로버잎과 유사한 형태를 가진다.

적으로 tRNA는 클로버 모양을 띠는데, 그 이유는 tRNA 분자의 여러 곳에서 부분적으로 염기쌍이 형성되기 때문이다[그림 3.7].

각각의 tRNA 말단에는 아미노산이 결합하는 위치가 존재한다. 아미노아실 tRNA 합성효소aminoacyl tRNA synthetase라 불리는 세포질에 존재하는 20여 종의 효소들은 각각의 tRNA 분자에 하나의 아미노산을 부착시켜 아미노아실aminoacyl 또는 활성화된charged tRNA로 전환시키는 역할을 한다. 아미노아실 tRNA 분자들은 리보솜으로 그들의 아미노산을 이동시키고, 리보솜의 A 부위에 결합한다.

각 tRNA 분자에는 안티코돈anticodon이라 불리는 3개의 뉴클레오티드 서열이 있다. 서로 다른 아미노산은 서로 다른 안티코돈 서열을 가지고 있다. 이 안티코돈들은 mRNA의 코돈들과 서로 상보적인 염기쌍을 형성할 수 있도록 배열되어 있다.

단백질로 해독되는 과정

진핵세포와 원핵세포의 해독과정에는 몇 가지 중요한 차이점이 존재한다. 여기서는 진핵세포의 세 가지 주요 단계인 개시initiation, 신장elongation, 종결translation의 기본적인 과정에 대해 학습할 것이다.

해독의 시작을 개시라 한다. 개시 과정에서는 리보솜의 작은 서브유닛small ribosomal subunit이 mRNA의 5′캡cap을 인지하여 mRNA 분자의 5′ 말단에 부착된다. 개시인자initiation factor라고 하는 다른 단백질들도 이 작은 서브유닛으로 mRNA를 인도하는 것을 돕는 데 사용된다. 작은 리보솜 서브유닛은 mRNA를 따라 개시코돈인 AUG를 만날 때까지 이동하며, 개시 tRNA에 의해 tRNA가 정확히 맞추어질 때까지 기다린다. tRNA는 아미노산 메티오닌methionine과 결합되어 있고(대부분의 단백질은 이 아미노산으로 시작하는 경우가 많다), 안티코돈으로 UAC를 가지고 있다.

UAC 안티코돈은 상보적인 염기쌍에 의하여 개시코돈과 결합하고 이후 큰 리보솜 서브유닛large ribosomal subunit이 작은 서브유닛, 개시인자들, mRNA, 개시 tRNA로 이루어진 복합체와 결합한다. 모든 요소들이 다 결합하게 되면 리보솜은 단백질을 합성하기 위한 해독을 개시한다.

해독의 다음 과정을 신장이라 하는데, 그 이유는 이 단계에서 부가적인 tRNA들이 리보솜으로 한 번에 하나씩 들어감에 따라 폴리펩티드 사슬이 신장되기 때문이다. 두 번째 코돈에 멈춘 리보솜은 두 번째 tRNA가 A 부위로 들어오기를 기다린다. 예를 들어 두 번째 코돈은 UUC이고, 이것은 아미노산 페닐알라닌phenylalanine, Phe을 암호화한다. Phe-tRNA는 리보솜의 A 부위로 들어와 안티코돈인 AAG 코돈과 염기쌍을 형성한다. 2개의 tRNA가 리보솜에 부착된 후, 펩티딜 전이효소peptidyl transferase가 tRNA에 부착된 아미노산 사이에서 펩타이드 결합을 형성시키는 촉매작용을 수행한다. 펩타이드 결합은 폴리펩티드 사슬을 형성하기 위한 아미노산 사이의 화학결합이다.

아미노산들이 서로 결합된 후, 메티오닌이 부착되지 않은 개시 tRNA는, E 부위에 잠시 머물러 있다가 리보솜으로부터 떨어져 나오게 된다. 떨어져 나온 비어 있는 tRNA들은 세포질에서 다시 재활용된다. 새로운 아미노산들은 tRNA에 부착되어 해독을 위해 다시 사용된다. 새로 만들어진 폴리펩티드는 A 부위의 tRNA에 부착되어 있는 상태로 남아 있다. 전좌translocation라고 하는 이 단계에서 리보솜의 움직임에 따라 tRNA와 생성 중인 단백질들은 P 부위로 옮겨지게 된다. 이때 생성 중인 폴리펩티드 사슬에 부착된 tRNA를 펩티딜peptidyl tRNA라 한다. 리보솜의 A 부위가 세 번째 코돈 위치에 있으면, 이것은 트립토판을 암호화하는 UGG 서열을 인식하고 리보솜은 A 부위에 이 코돈에 맞는 아미노아실 tRNA가 들어오기를 기다린다. 이 주기cycle는 생성 중인 단백질에 다음 아미노

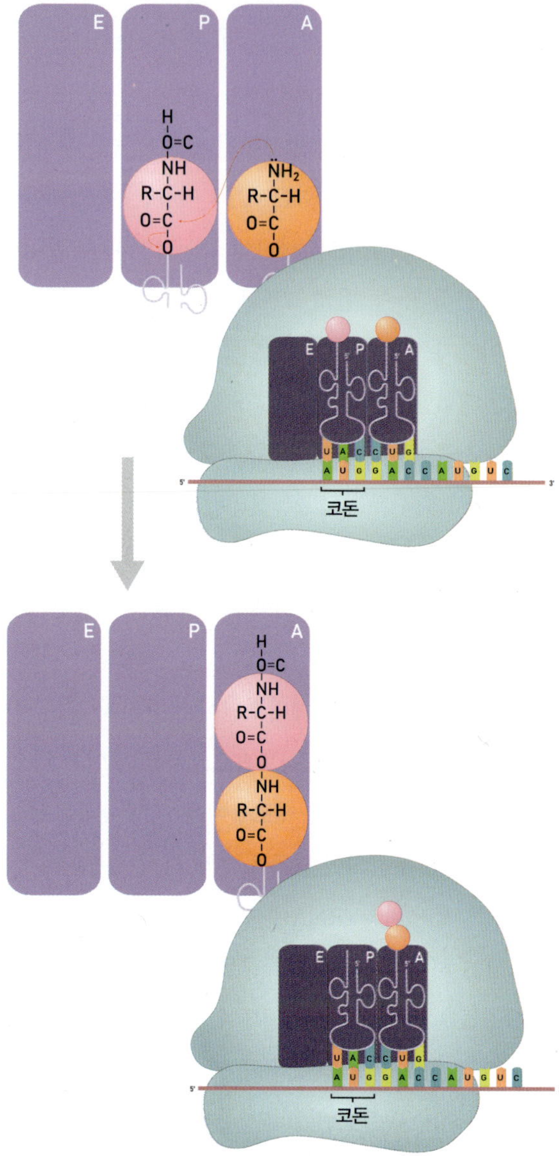

[그림 3.8] 단백질 합성의 개관

산인 트립토판이 부착되는 것을 포함하며, 리보솜이 mRNA를 따라 움직이는 것과 같이 반복하게 된다. 신장 주기는 리보솜이 UGA와 같은 종결코돈을 만날 때까지 계속해서 단백질 합성을 진행한다.

해독의 세 번째 과정은 종결이다. 종결코돈은 아미노산을 지정하기 위한 암호가 관여하지 않는다. 방출인자releasing factor라 불리는 단백질들이 종결코돈과 작용하여 해독을 종결시킨다. 2개의 리보솜 서브유닛은 mRNA에서 분리되고 새롭게 생성된 단백질이 mRNA에서 떨어져 나와 세포로 방출된다. 리보솜들은 재활용되며 기본적으로 다른 어떤 mRNA 분자와도 결합할 수 있고 다시 해독 과정을 시작할 수 있다.

유전자 발현 조절의 기본적 특성

세포 내에서 mRNA가 합성되는 과정에 대해 유전자 발현gene expression이란 용어를 사용한다. 세포들은 유전자 발현 및 그들의 필요를 충족시킬 수 있는 단백질 합성(해독)에 대한 조절 통제력이 매우 뛰어나다. 유전자들은 세포 내에서 전사되거나 해독되는 속도가 각기 다르다. 각각의 생물을 구성하는 모든 세포들은 똑같은 유전체를 갖고 있는데, 피부세포들은 어떻게 그리고 왜 뇌세포나 간세포와는 다른 특성을 지니는 것일까? 다양한 종류의 세포들이 각기 다른 특성을 갖는 것은 각 세포들이 발현하고자 하는 유전자를 관리하고 조절, 통제하기 위한 그들만의 기능이 있다는 것을 의미한다. 세포 내에서 주어진 시간에 단지 특정한 유전자들만이 단백질을 생산하기 위하여 활성화 또는 발현되는 반면에 많은 다양한 유전자들은 발현되지 않는 경우가 생긴다. 이러한 유전자들의 발현과 억

[그림 3.9] 모든 세포는 동일한 유전자를 가지고 있지만, 각각의 세포 요구도와 환경에 따라 독립적인 유전자 발현을 한다.

제는 세포 안팎의 특정한 신호에 의하여 특정한 시간에만 작동된다. 이러한 신호들은 체온의 변화, 영양상태, 호르몬, 또는 세포 사이에 교환되는 다양한 화학 신호들과 같은 환경적 신호가 될 수 있다.

유전자들이 어떻게 다양한 신호에 의해 활성화되거나 비활성화될까? 연구자들은 이 과정을 유전자 조절gene regulation이라 한다. 원핵세포와 진핵세포들은 다양하고 복잡한 방법으로 유전자를 조절한다. 그중에서 원핵세포와 진핵세포 모두에서 사용되는 일반적인 기전을 전사조절transcriptional regulation이라 한다. 전사조절은 유전자를 활성화 또는 비활성화시키기 위한 방법으로 특정한 유전자로부터 전사되는 mRNA의 양을 조절하는 것을 말한다. 여기서는 전사조절의 기본적인 내용과 진핵 및 원핵생물에서 나타나는 전사조절의 예를 살펴볼 것이다.

유전자 발현의 조절

세포에 의해서 전사된 단백질의 양은 종종 세포 내 mRNA의 양과 직접적으로 연관되어 있기 때문에, 세포들은 자신이 생산하는 단백질의 양을 조절하기 위하여 특정 유전자에서 생산되는 mRNA의 양을 조절할 수 있다. 세포들은 유전자를 어떻게 활성화시키고 비활성화시킬지를 결정할까? 전사조절을 이해하기 위하여 프로모터 염기서열들을 더 자세히 살펴볼 필요가 있다.

프로모터는 각 유전자에 해당되는 염기서열의 상류upstream, 즉 유전자의 5′말단에서 발견된다. 하지만 원핵 및 진핵세포들의 유전자들이 모두 같은 프로모터 서열을 사용하지는 않는다. 진핵생물에서는 공통 프로모터 서열들이 유전자의 시작부분에서 30개 정도의 뉴클레오티드만큼 떨어진(-30) 상류에 위치한 TATA 박스(TATAAAA)와 80개 정도의 뉴클레오티드만큼 떨어진(-80) 상류에 위치한 CAAT 박스(GGCCAATCT)를 포함하여 많은 유전자들의 상부에서 발견된다.

대부분의 진핵세포 유전자들의 경우 RNA 중합효소는 프로모터에 전사인자transcription factor가 결합하지 않으면 프로모터를 제대로 인지하거나 결합할 수 없다. 전사인자는 DNA와 결합하는 단백질로서 프로모터에 결합하거나 유전자의 전사를 촉진하기 위하여 RNA 중합효소와 함께 필수적인 요소이다. 진핵 및 원핵세포들에서 많은 유전자들의 경우에 공통된 전사인자들은 프로모터와 결합하지만 특정한 프로모터에만 반응하는 특정한 전사인자들도 존재한다. 또한 몇몇 유전자들의 전사는 프로모터에 인접한 조절서열regulatory sequence에 특정한 전사인자의 결합 여부에 따라 달라진다. 더불어 세포에 의하여 확실히 통제되는 많은 유전자들은

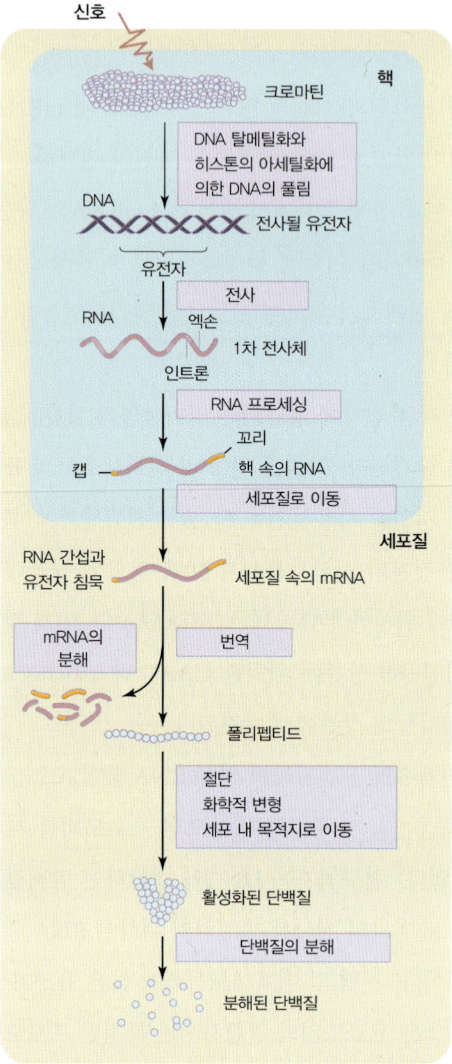

[그림 3.10] 기본적인 유전자 발현 조절의 주요 단계. 진핵 및 원핵세포는 다양하고 복잡한 방법으로 유전자 발현을 조절하는데, 위 그림은 진핵세포에서 유전자 발현을 조절할 수 있는 주요 단계를 요약한 것이다. DNA에서 RNA로 유전정보가 복사되는 전사 수준에서의 유전자를 조절하는 것은 진핵 및 원핵세포에서 공통적으로 이용되는 조절 기전이다.

인핸서enhancer라는 조절서열을 가지고 있기도 하다. 인핸서 서열들은 종종 프로모터 상류로부터 50개 또는 더 멀리 위치해 있기도 하고 유전자의 하류부위downstream에 존재하기도 한다.

인핸서 서열은 액티베이터activator라고 하는 조절 단백질과 결합한다. 액티베이터는 전사인자 및 RNA 중합효소와 반응하여 유전자의 전사를 촉진(활성)시키기 위한 복합체를 형성한다. 세포들은 다양한 종류의 액티베이터 분자들을 이용한다. 각각의 액티베이터들은 특정한 인핸서 서열에 결합한다. 이때 몇몇 액티베이터 분자들은 호르몬인 경우도 있다. 예를 들어, 남성의 성호르몬인 테스토스테론testosterone은 유전자의 발현을 촉진하기 위하여 액티베이터 역할을 할 수 있다. 테스토스테론이 성장기 소년들에 있어 근육이나 머리카락의 성장과 같은 세포질 활동을 촉진한다는 사실을 알고 있을 것이다.

하지만 어떻게 테스토스테론이 이러한 기능을 하는 것일까? 이 호르몬은 세포 내 수용체 단백질receptor protein에 부착한다. 테스토스테론-수용체 단백질 복합체는 안드로겐-반응요소androgen-response element 서열인 TGTTCT 인핸서 요소들과 결합하기 위한 액티베이터로서 작용한다. 이러한 요소들은 일반적으로 프로모터 주변에서 주로 발견된다. 결과적으로 테스토스테론과 이들의 수용체는 유전자 발현을 촉진시킨다. 여성의 성호르몬인 에스트로겐estrogen 또한 같은 원리로 작용한다.

하지만 모든 세포에서 테스토스테론과 여러 액티베이터들이 모든 유전자의 발현을 활성화시키지는 않는다. 액티베이터들은 단지 그들이 결합하는 인핸서 서열을 가지고 있는 유전자에서만 반응한다. 예를 들어, 테스토스테론은 이들이 결합하는 안드로겐-반응요소들이 근육 성장과 머리카락 성장에 관여하는 유전자들에 포함되어 있기 때문에 이들 유전자 발현에만 관여한다. 안드로겐-반응요소가 없는 다른 유전자들의 전사는 이들 테스토스테론 호르몬에 의하여 직접적인 영향을 받지 않는다. 부수적으로, 근육량의 증가를 원하는 운동선수들의 스테로이드 남용은 스테로이드가 오랜 시간에 걸쳐 유전자 발현을 촉진시키기 때문에 장기적으로 보면 건강에 중대한 문제를 일으킬 수 있다.

세포들은 액티베이터와 인핸서를 이용한 전사조절을 통하여 유전자 발현을 조절하거나 세포 내 다양한 생화학적 활성을 조절할 수 있다. 몇몇 유전자들은 전사를 감소시키는 리프레서repressor 서열을 갖고 있다. 다양한 세포들이 다양한 전사인자들이나 액티베이터 분자들을 생산하기 때문에 특정 조직에서 특정한 유전자들만이 활성화되고 다른 세포나 조직에서는 비활성화된다. 피부세포는 근육세포보다 더 다양한 유전자들을 활성화시켜 각각의 세포들이 다양한 기능을 갖게 된다. 이러한 중요한 조절 기전들은 서로 다른 세포들이 서로 다른 기능을 나타내는 이유 중 하나가 될 것이다.

유전자에 내재된 프로모터, 인핸서 서열 등에 다양한 전사인자들의 결합은 생명공학 제품을 개발해 나가는 데 있어서도 중요하다. 예를 들어, 뼈의 성장 및 발달에 필요한 단백질 발현을 촉진시키는 전사인자의 발견은 세포가 더 이상 뼈성장 촉진인자들을 만들지 않아 관절염과 같은 질병으로부터 고생하는 사람들에게 도움을 주는 신약을 개발하는 연구자들에게 중요한 단초를 제공해 줄 것이다.

전사인자는 DNA에 결합하는 단백질의 부류이다

유전자의 전사와 발현에 관여하는 전사인자들은 그 종류가 무수하다. 어떤 전사인자들은 대부분의 유전자들의 프로모터에 결합하고, 전사를 위하여 일반적으로 RNA 중합효소를 필요로 한다. 그러나 많은 전사인자들이 유전자 발현 조절에 있어서 진정한 조절자로서의 역할을 한다. 이러한 조절 전사인자regulatory transcription factor들은 특정한 유전자들의 발현을 조절하기 위하여 DNA의 특정한 서열에 결합할 수 있는 단백질 영역을 가지고 있다. DNA 결합 도메인DNA-binding domain이라 불리는 특정

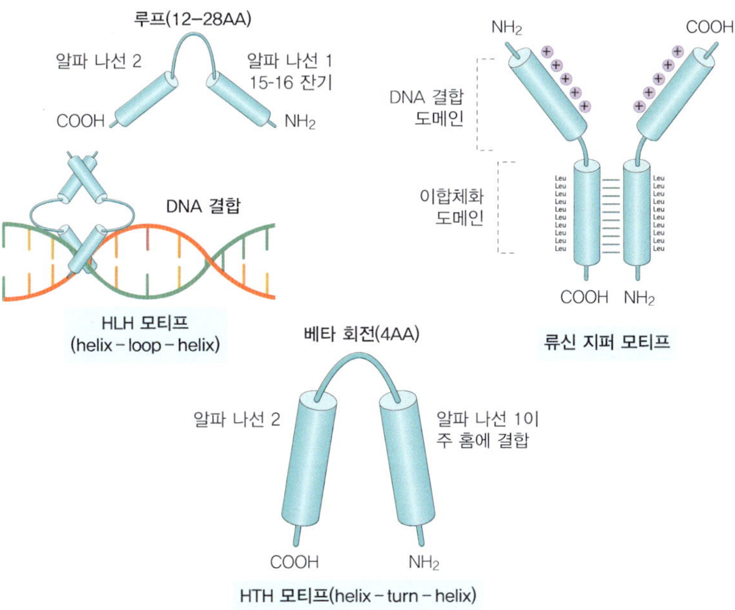

[그림 3.11] 다양한 DNA 결합 모티프

단백질 서열은 DNA와 직접적으로 반응하는 모티프motif라고 불리는 아미노산들의 접힌 구조적 핵심 배열을 갖는다.

다양한 DNA 결합 모티프DNA-binding motif들은 전사인자들에 의하여 사용되어 DNA 분자의 주 홈major groove 안으로 맞추어져 DNA에 결합된다. 이러한 모티프들은 주로 알파 나선alpha helice 구조와 베타 병풍beta sheet 구조의 형성에 관여하는 아미노산들로 이루어져 있다.

유전자 발현 조절에 대한 새로운 발견, 마이크로 RNAs

1998년에 예쁜꼬마선충*Caenorrhabditis elegans*을 연구하는 생명공학자들에 의해 짧은 간섭 RNAsmall interfering RNA, siRNA라 불리는 21~22개 정도의 뉴클레오티드 크기를 가진 이중가닥의 RNA가 발견되었다. siRNA라는 명칭은 이들이 mRNA와 결합해서 결합된 mRNAs의 번역을 막거나 방해하는 특성에서 유래되었다. 처음에는 이들 siRNA가 *C. elegans*에서만 제한적으로 존재하는 것으로 알려졌지만 다른 생물에서도 siRNA가 존재하고 있음이 확인되었다.

최근에 단백질을 암호화하지 않는 작은 RNA 분자의 또 다른 부류로 마이크로 RNAmicroRNA, miRNA가 발견되었다. miRNA를 암호화하는 유전자들은 현재까지 모든 다세포 생물에서 존재하고 있는 것으로 확인되었다.

siRNA와 유사하게, miRNA는 mRNA의 분해에 관여함으로써 또는 mRNA의 해독을 억제함으로써 유전자 발현을 침묵silencing시키는 조절 분자regulatory molecule이다. miRNA 유전자들은 드로샤drosha와 다이서dicer

같은 효소들을 이용하여 RNA 전사체transcriptome를 21~22개 뉴클레오티드 크기의 짧은 단일가닥 단편으로 가공한다. 가공된 miRNA는 이후 RISCRNA-induced silencing complex라는 단백질 복합체와 결합해서 miRNA가 이들의 상보적인 mRNA 서열과 결합할 수 있도록 해 준다. miRNA가 mRNA 서열에 결합하는 것은 리보솜에 의하여 단백질이 합성되는 것을 방해하거나 또는 mRNA의 효소적인 분해를 이끌어 내기 위한 것이다. 이 두 가지 기전은 단백질로 번역되는 mRNA를 막기 위해서 유전자 발현 수준에서 유전자를 침묵시키거나 억제시키는 것이다. 유전자 침묵gene silencing에 RNA가 기본이 된 기전은 일반적으로 RNA 간섭RNA interference, RNAi이라고 한다.

miRNA에 의하여 억제되는 인간의 유전자들을 식별하기 위한 연구가 매우 활발하게 일어나고 있다. 이러한 연구는 RNAi의 생명공학적 유전자의 활성과 억제에 관한 방법을 발견한 스탠퍼드 대학교의 앤드루 파이어Andrew Z. Fire와 매사추세츠 의과대학교의 크레이그 멜로Craig C. Mello의 선도적인 연구로부터 비롯되었으며, 이들은 2006년 노벨생리의학상을 공동 수상하였다.

돌연변이

돌연변이를 유발하는 원인은 다양하다. 어떤 경우 돌연변이는 DNA 복제과정 중 실수에 의해서 발생할 수 있다. 예를 들어, DNA 중합효소는 복제 과정 중에 아데닌(A)이 들어갈 자리에 시토신(C)을 첨가하는 실수처럼 새롭게 합성되는 DNA 가닥에 잘못된 뉴클레오티드를 삽입할 수 있다. 세포 내 효소들에 의해서 만들어지는 실수를 잡아내고 수정하더라도 종종 DNA를 복제하는 과정에서는 이와 같은 실수가 일어난다. 또한 돌연변이는 환경적 요소에 의하여 일어날 수도 있다. 예를 들어, 돌연변이원mutagens이라고 불리는 뉴클레오티드와 유사한 화학구조를 갖고 있는 화학물이 실수로 DNA에 끼어들면 DNA 구조에 변형이 발생한다. 이 밖에도 X선이나 자외선에 노출되면 DNA에 돌연변이가 일어날 수 있다(여름에 즐기는 피부 태우기가 피부에 좋지 않은 이유가 바로 여기에 있다).

돌연변이의 발생과는 상관없이 돌연변이의 특성에 따라 단백질 생산에 아무런 영향을 끼치지 않는 돌연변이도 있고 단백질의 생산, 구조 및 기능상에 큰 문제를 일으키는 돌연변이도 있다. 돌연변이는 유전정보에 큰 변화를 야기하는 반면에 아데닌을 시토신으로 또는 구아닌을 타이민으로 바꾸는 것처럼 하나의 염기서열의 변화만을 일으키기도 한다. 유전체상에서 가장 빈번한 돌연변이는 점 돌연변이point mutation라 불리는 단일 뉴클레오티드 변화이다(또는 몇 개의 뉴클레오티드 돌연변이). 점 돌연변이는 종종 염기쌍 하나가 다른 염기쌍으로 대체되는 염기쌍 치환base pair substitution, 특정 뉴클레오티드가 유전자 서열로 삽입insertion되거나 또는 염기쌍이 제거되는 삭제deletion 등을 포함한다. 돌연변이는 궁극적으로 단백질의 특성을 바꾸어 세포에 영향을 끼치고 결국 유전적 특성에도 영향을 주게 된다.

단백질의 구조와 기능의 변화, 그리고 기능이 저하된 단백질 합성 또는 단백질 합성에 발생한 문제는 유전적 특성의 변화 또는 소실이라는 결과를 초래한다. 단백질은 크고 복잡한 분자이다. 정상적으로, 대부분의 단백질들은 복잡한 3차원적 구조로 접혀야 한다. 단백질상의 1~2개의 아미노산 변경은 단백질의 전체적인 구조를 변화시켜 단백질의 고유 기능을 변화시키거나 비기능적 단백질을 만들기도 한다. 만약 돌연변이가

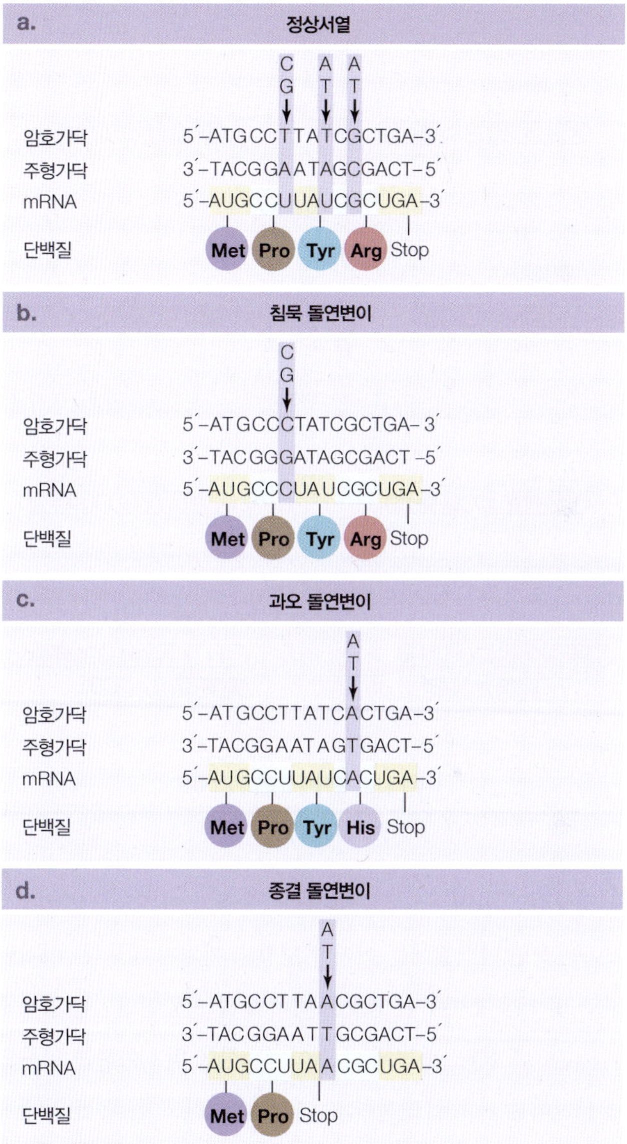

[그림 3.12] 점 돌연변이의 종류

[그림 3.13] 염색체 돌연변이의 유형

원래의 정상적인 아미노산 코돈을 같은 유형의 아미노산을 암호화하는 코돈으로 바꾸면 단백질에는 어떠한 영향도 끼치지 않는다. 이처럼 단백질의 구조 및 기능에 아무런 영향을 미치지 않는 돌연변이를 침묵 돌연변이silent mutation라 한다. 반면에 다른 아미노산을 암호화하는 코돈으로 바꾸는 돌연변이를 과오 돌연변이missense mutation라고 한다. 만약 돌연변이된 아미노산이 단백질의 구조나 기능의 변화에 영향을 끼치지 않는다고 한다면 침묵silent이라고 표현한다. 하지만 돌연변이된 아미노산이 단백질의 구조를 바꾼다고 한다면 돌연변이에 의해서 만들어진 단백질의 기능은 아마도 현저하게 변화되었을 것이다. 이후에 하나의 뉴클레오티드에서의 돌연변이가 어떻게 낫세포빈혈증sickle-cell anemia과 같은 유전적인 질병을 일으키는지 볼 것이다.

종종 정지 돌연변이 또는 넌센스 돌연변이nonsense mutation라 불리는 돌연변이들은 정상적인 아미노산을 위한 코돈이 종결코돈으로 바뀌어 비정상적인 짧은 단백질이 만들어지는 원인이 된다. 또한 삽입 또는 삭제는 번역틀 이동frameshift을 유발하여 유전자로부터 생성된 단백질에 현저한 영향을 끼친다. 특정한 뉴클레오티드의 삽입은 mRNA에 의하여 암호화된 단백질의 번역틀을 변화시켜 삽입된 뉴클레오티드 서열의 다음 코돈의 해독틀reading frame을 이동시킨다. 이러한 해독틀 이동은 비기능적인 단백질 형성의 원인이 된다.

한편, 점 돌연변이는 염색체의 한 지점에 영향을 주지만 결실, 중복, 역위 및 전좌 등과 같은 염색체 돌연변이chromosomal mutation는 염색체 전반에 걸친 큰 구조적 변화를 주기 때문에 사망까지 이르는 치명적인 질병이나 암의 발병에 밀접한 관련성을 가진다.

돌연변이는 유전되거나 후천적으로 발생될 수 있다

모든 돌연변이들이 인체 세포에 동일한 영향을 미치지는 않는다. 돌연변이의 영향은 돌연변이의 종류 및 돌연변이가 일어나는 세포 종류에 따라 달라진다. 유전자의 돌연변이는 유전적이거나 후천적으로 얻어질 수 있다. 유전적인 돌연변이inherited mutation는 정자나 난자 세포와 같은 생식세포를 통하여 자손으로 전달된다. 결과적으로 돌연변이는 자손들이 갖고 있는 모든 세포의 유전체에 존재하게 된다. 유전된 돌연변이는 선천적인 결함 또는 유전된 유전자 질환을 야기한다.

후천적 돌연변이acquired mutation는 체세포(생식세포를 제외한 세포들)의 유전체에서 발생하며 자손으로 유전되지 않는다. 후천적인 돌연변이는 유전되지는 않지만 세포 성장에 있어 다양한 문제를 일으켜 종양 형성, 대사 이상, 또는 다른 여러 가지 질병들을 야기한다. 예를 들어, 자외선에 장시간 노출되면 피부암을 일으키는 후천적 돌연변이가 나타날 수 있다.

돌연변이는 유전적 질병에 영향을 끼치기도 한다

돌연변이는 인간의 많은 유전적 질병들에 대한 분자적 원리를 제공한다. 낫세포빈혈증은 특정한 돌연변이에 기인한다는 사실을 알게 해 준 최초의 유전적인 질병이었다. 낫세포빈혈증은 헤모글로빈hemoglobin 단백질을 구성하는 폴리펩티드 내 하나의 염기쌍 치환substitution 돌연변이에 의해서 발생한다. 헤모글로빈은 적혈구에서 산소와 결합하는 단백질로 4개의 폴리펩티드 사슬을 갖고 있다. 사람의 혈액 속에는 수억 개의 헤모글로빈 분자들이 있다. 헤모글로빈의 β-글로빈 폴리펩티드상의 여섯 번째에 위치한 아미노산의 점 돌연변이에 의해 아미노산 발린이 글루타민으로 치환될 수 있다. 2개의 돌연변이 헤모글로빈 유전자를 가진 사람들은 낫세포빈혈증으로 고통받는다. 이런 미묘한 돌연변이는 헤모글로빈의

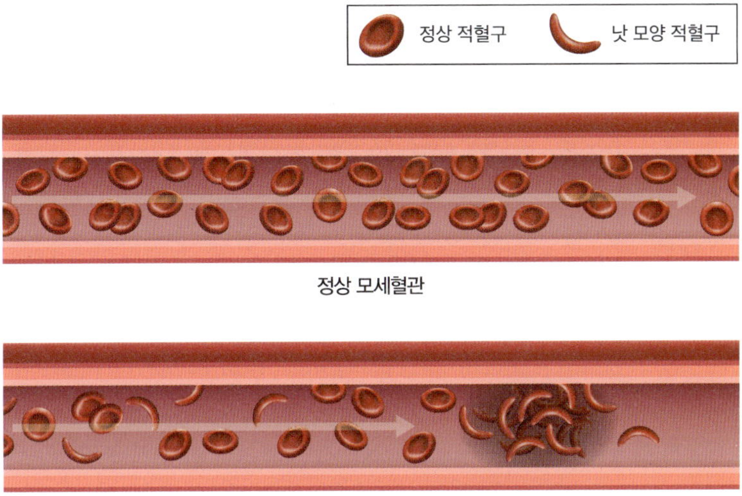

[그림 3.14] 낫세포빈혈증

산소 수송 능력을 변화시키고 적혈구의 구조는 비정상적인 낫 모양으로 현저한 변화가 일어난다. 낫세포들은 혈관을 막고 조직으로의 산소 수송 능력을 떨어뜨려 관절염 등 다양한 증상을 야기한다.

이 책 전반에서 인간유전체계획Human Genome Project을 통해 연구자들이 어떻게 인간의 DNA를 구성하는 30억 개의 염기쌍을 식별하고 확인하는지에 대하여 살펴볼 것이다. 인간 유전체의 구조를 상세하게 이해하게 됨에 따라 다양한 인종들의 DNA 서열들이 매우 유사하다는 것을 발견할 수 있다. 민족적인 배경에 근거해 봐도 인간의 유전체는 약 99.9% 정도 일치한다. 즉, 오바마 대통령, 마이클 조던, 안젤리나 졸리, 마이클 잭슨과 우리는 지구상의 어느 누구와도 99.9% 이상의 유사한 DNA 서열을 갖고 있다.

[표 3.3] SNP 유형

구분	특징
rSNP	조절전사인자영역에서 발견되며 Regulatory SNP라고 칭한다. 유전자가 mRNA로 발현되는 데 중요한 역할을 한다.
cSNP	Coding SNP라고 불리며, 단백질 코딩영역에 염기 변이를 일으켜 아미노산 변화를 야기한다.
iSNP	Intron SNP라고 불리며, 유전자나 단백질 형성에 중요한 역할은 하지 않지만 엑손 가까이서 중요한 역할을 한다고 알려져 있다.
sSNP	Synonymous SNP라고 불리며, 단백질 코딩영역에서 발견은 되나 아미노산 변화에 영향을 미치지는 않는다.

다만 개체 간 약 0.1% 정도의 DNA 차이 또는 수천 염기당 약 1개 정도의 차이가 존재한다. 이것은 전체적으로 개개인의 유전적인 차이가 대략 300만 개 정도의 염기의 차이, 즉 변이가 있음을 의미하는 것이다. 이러한 변이는 돌연변이에 의하여 발생되며 눈에 띄는 표형적인 영향을 나타내지 않는다. 하지만 어떤 돌연변이는 세포의 기능, 행동 양식, 그리고 유전적 질병에 대한 감수성에 있어 큰 영향을 끼칠 수도 있다. 이러한 변이들은 눈의 색, 개성, 지능, 그리고 수명과 같은 인간의 다양성과 차이에 대한 분자적 기초를 제공한다.

인간의 유전체 안에서 발생하는 대부분의 유전적 변이는 단일염기다형성Single Nucleotide Polymorphisms, SNPs이라 불리는 염기쌍 치환에 의하여 생성된다. 예를 들어, 특정 유전자의 특정 서열에서 A라는 사람의 경우 아데닌(A) 염기가 위치해 있을 수 있고, B라는 사람의 경우 타이민(T) 염기가, C라는 사람의 경우는 시토신(C)이, 여러분의 경우는 구아닌(G)이 위치해 있을 수 있다. 대부분의 SNPs는 DNA의 인트론 안에서 일어나기 때문에 무해하지만, 엑손에서 나타나게 되면 단백질의 구조와 기능에 영향을 끼쳐 결국 질병을 유발하거나 세포 기능에 문제를 일으킬 수 있다.

이런 경우가 앞서 설명한 낫세포빈혈증이다. 이들 SNP는 발생되는 유전자 영역을 중심으로 rSNP, cSNP, iSNP, sSNP 등으로 구분하기도 한다.

SNP 연구는 크게 SNP 디스커버리$_{\text{discovery}}$와 SNP 타이핑$_{\text{typing}}$의 두 단계로 구분할 수 있다. SNP 디스커버리는 기본적으로 복수의 인간 유전체를 염기서열분석으로 하나의 염기 차이를 확인하는 단계를 말한다. 이 과정에는 많은 염기서열분석기를 이용하여 대량의 염기서열 데이터를 얻기 위해 시간과 비용이 많이 필요하다. 유용한 SNP 데이터베이스를 확보하기 위해서는 충분한 양의 SNP가 있어야 할 뿐만 아니라 SNP의 염색체상의 위치, 유전자 내의 위치, 기능(아미노산 서열, 프로모터 기능, 이어맞추기에 영향이 있는가 여부) 등의 SNP 특징이 확보되어야 한다.

한편 SNP 타이핑은 발견된 SNP를 이용하여 특정 가계나 집단에서 SNP를 해석해 유전자형을 결정하는 과정을 말한다. 이 타이핑 결과와 집단의 데이터(질환 유무 등)를 해석해 전체 SNP에서 목적하는 SNP를 선별하여 추출하게 된다. 현재 전자동염기서열분석기의 자동화, 고속화 기술은 확립되었지만, SNP 타이핑의 자동화, 고속화는 아직 기술개발 단계로, 발견된 SNP 수는 많지만 타이핑된 SNP 수는 상대적으로 한정되어 있다.

BIOTECHNOLOGY

1. 재조합 DNA 기술과 DNA 클로닝
2. 제한효소
3. 플라스미드 DNA
4. 형질전환된 세포의 선별
5. 실용적인 DNA 클로닝 벡터의 특징
6. 인간 유전자의 클로닝
7. 벡터의 종류
8. PCR

4

재조합 DNA 기술과 PCR

재조합 DNA 기술과 PCR

생명공학biotechnology은 새로운 과학이 아니다. 우리는 오랫동안 개량을 위해 농작물과 가축을 이용해 왔고 발효를 통해 음식과 음료를 만드는 데 미생물을 이용해 왔다. 현대의 생명공학은 DNA 클로닝 기술이 개발되었을 때 시작되었다. 1970년대부터 시작해서 30년 이상 지속되어 왔고, 재조합 DNA 기술recombinant DNA technology과 유전공학genetic engineering에 있어서 놀랍고 빠르게 개발되고 있는 실험방법들은 분자생물학과 기초과학, 의학 연구를 혁신적으로 변화시켰다. 이 장에서는 유전자 재조합 기술의 역사를 살펴보고 과학과 의학 분야에서 대혁신을 일으켜 왔던 재조합 DNA 기술에서의 획기적인 발견에 대해 논의할 것이다. 또한 유전자 구조와 기능을 공부하고, 유전자를 클로닝하기 위해 과학자들이 사용하는 현대의 많은 기술을 살펴볼 것이다.

재조합 DNA 기술과 DNA 클로닝

제임스 왓슨과 프랜시스 크릭이 DNA 구조가 이중나선 구조라는 것을 발견했을 때 그들은 이 발견의 잠재적인 중요성과 영향에 대한 힌트를 주었다. 그러나 이들 두 노벨상 주역은 다음 반세기에 걸쳐 분자생물학이 발전되어 온 놀라운 속도는 상상하지 못했을 것이다.

왓슨과 크릭의 발견 전후에도 많은 과학자들이 DNA가 세포의 유전물질이라는 현대의 해석에 기여했다. 많은 연구자들은 세균과 박테리오파지에서의 DNA 구조와 복제에 대해 연구했다. 소위 파지phage라고 불리는 박테리오파지bacteriophage는 세균세포에 감염되는 바이러스virus이다. 우리가 알고 있는 대부분의 DNA 복제replication와 DNA 합성효소DNA

[그림 4.1] DNA 이중나선. 1953년에 왓슨, 크릭, 플랭클린 및 윌킨스는 최초로 DNA의 이중나선 구조를 발견했고 이 공로로 1962년 노벨생리의학상을 수상했다. 출처: achievement.org

synthesizing enzyme들은 세균과 파지를 연구함으로써 배우게 되었다. 예를 들면, DNA 복제에 관여하는 주요 효소는 DNA 연결효소DNA ligase라고 불린다. DNA 연결효소는 DNA 복제에서 인접한 DNA 단편(오카자키 단편, Okazaki fragment)들을 서로 연결한다. DNA 연결효소는 재조합 DNA 기술에서 중요한 효소이다.

대장균*Escherichia coli, E. coli*과 같은 세균은 인간을 비롯한 동물의 장 속에 자연적으로 존재하며, 유전학과 분자생물학에서 실험 모델생물model organism로서 중요한 역할을 해 왔다. 대장균은 생명공학에서 많은 실험들을 위한 실험실 친화적 생물이 되고 있다. 생명공학에서 세균과 바이러스의 중요한 역할과 미생물 생명공학의 응용성은 뒤의 다른 장에서 더 자세히 논의한다.

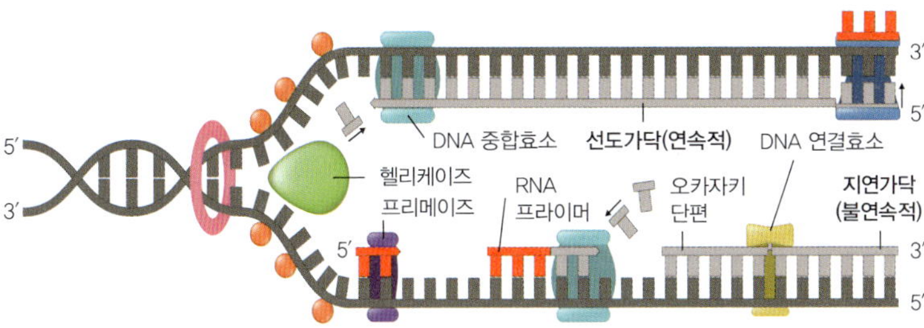

[그림 4.2] DNA 복제 과정 중 지연가닥에서 발견되는 오카자키 단편. DNA 이중가닥이 풀어지면서 시작되는 DNA 복제 과정에는 5′→3′으로 DNA가 합성되기 때문에 불연속적인 DNA인 오카자키 단편들로 이뤄지는 지연가닥과 연속적인 DNA로 이뤄지는 선도가닥이 만들어진다.

1960년대 후반에 많은 과학자들은 유전자 클로닝에 관심이 있었고, 여러 가지 생물종으로부터 DNA를 절단하고 붙임으로써 DNA를 클로닝하는 것이 가능할 것으로 생각했다. 생명공학을 배우기 시작하면서 알게 된 유전자 클로닝, 재조합 DNA 기술, 유전공학이라는 용어가 같은 것이라 생각할 수 있지만, 사실 이들은 약간씩 차이가 있다. 우선 이 장에서 배울 재조합 DNA 기술은 흔히 유전자 클로닝을 하기 위해 사용되는 것인 반면, 유전공학은 종종 생물의 유전체를 변형시키기 위한 재조합 DNA 기술과 유전자 클로닝을 포함한다. 그러나 재조합 DNA 기술과 유전공학은 혼용할 수 있다. 클론clone이란 용어는 식물을 복제하거나 번식시키기 위해 사용된 잔가지치기cutting of a twig를 설명하는 그리스어에서 유래된 것이다. 클론의 현대 생물학적 정의는 또 하나의 독립체로부터 생성되는 분자, 세포 혹은 생물체라고 할 수 있다. 이 장에서 설명하는 유전자 클로닝을 위해 사용되는 연구방법은 복제양 돌리와 같은 완전한 생물을 복제하기 위해 사용되는 생물(체) 클로닝과는 다르다.

제한효소

1970년대 초, 유전자 클로닝은 현실이 되었다. 거의 동시에 개발된 재조합 DNA 기술과 유전자 클로닝을 가능하게 만든 두 가지 중요한 요소가 여러 연구에서 발견되었는데, 그것은 바로 제한효소restriction enzyme와 플라스미드 DNAplasmid DNA이다. 제한효소는 DNA를 절단하는 효소이고, 플라스미드 DNA는 특정 DNA를 운반하도록 고안된 크기가 작은 원형의 자기복제성 DNA를 말한다.

1960년대 미생물학자들은 몇몇 세균들이 가진 특정 효소가 세균의 내부에서 박테리오파지 복제를 제한하는 것을 통해 박테리오파지들에 의한 감염으로부터 보호될 수 있다는 것을 발견했다. 스위스 과학자인 베르너 아르버Werner Arber는 몇몇 세균들이 바이러스 DNA를 작은 조각으로 절단할 수 있는 제한효소를 가지고 있어서 바이러스 복제를 막기 때문에 파지의 생장이 제한된다고 주장했다. 이러한 특성에서 이름을 따, 이 효소들을 제한효소라 하였다. 세균은 박테리오파지의 공격으로부터 자신을 보호할 수 있는 일종의 면역 시스템을 가지고 있다.

1970년대에 헤모필루스 인플루엔자*Haemophilus influenza* 세균을 연구하던 존스홉킨스 대학교의 해밀턴 스미스Hamilton Smith는 *Hind*III라는 최초의 제한효소를 분리했고, 이 효소는 DNA 클로닝을 위해 사용되었다. 제한효소는 그들이 DNA 염기서열 말단부터 절단하는 효소(외부핵산분해효소, exonuclease)와는 반대로 DNA 염기서열 내부를 절단하기 때문에 제한 내부핵산분해효소(restriction endonuclease; endo = '내부', nuclease = '핵산분해효소')라고도 불린다. 스미스는 *Hind*III가 DNA를 절단하거나 작은 단편으로 잘게 자를 수 있다고 주장했다. 제한효소의 발견과 응용으로, 1978년에 스미스는 베르너 아르버, 대니얼 네이선스Daniel Nathans와 함께 노벨생리의학상을 수상했다.

제한효소들은 주로 세균에서 발견되며, 분리된 세균의 속genus과 종species명에 근거하여 약자로 명명된다. 예를 들면, 처음 분리된 제한효소 중의 하나인 *Eco*RI은 RY13이라 불리는 대장균 종에서 발견되었기 때문에 그렇게 불린다. 제한효소는 DNA 가닥에서 근접한 뉴클레오티드와 결합하고 있는 이인산디에스터 결합(phosphodiester bond, 당-인산 골격)을 제거함으로써 특정한 DNA를 절단한다. 하지만 제한효소는 DNA를 무작위로 절단하지 않으며, 모든 제한효소가 같은 위치에서 절단하는 것도 아니다. 다른 효소들처럼 제한효소는 특정 기질substrate에 대해 특이성을 가지는데, 이런 효소들의 기질이 바로 DNA이다. 제한효소는 인식서열recognition sequence 또는 제한효소 자리restriction site라고 불리는 DNA의 특정 DNA 서열에 결합하고 특정 염기 사이를 절단한다.

제한효소들은 주로 4개나 6개의 뉴클레오티드의 서열을 가지는 제한효소 자리를 인식하기 때문에 4개의 염기쌍base pair 또는 6개의 염기쌍 절단자cutter로 부른다. 제한효소가 인식하는 DNA 서열은 회문구조palindrome라고 하며, 이는 DNA의 뉴클레오티드를 정방향과 역방향으로

[표 4.1] 세 가지 주요 제한효소 형태

분류	반응 필수요소	절단부위	예
I형	ATP, S-adenosyl methionine, Mg^{2+}	인식부위와 절단부위가 다르고 절단부위도 일정치 않음	*Eco*B, *Eco*K
II형	Mg^{2+}	인식부위 내 또는 그 근처의 특정 부위를 절단	*Eco*R I, *Bam*H I
III형	ATP, Mg^{2+}	인식부위와 절단부위는 다르나 특정부위를 절단	*Eco*P I, *Hin*f III

읽어도 똑같이 읽히는 구조를 말한다(회문의 예: 'madam', 'a toyota'). *Eco*R I과 같은 몇몇 제한효소들은 점착성말단sticky end or cohesive end이라고 불리는 돌출되어 있는 단일가닥 말단을 가지는 DNA 단편들을 생성하기 위해 DNA를 절단한다. 또 다른 제한효소들은 무딘 말단blunt end이라고 불리는 돌출되지 않은 말단을 가지며 이중가닥을 가지는 단편들을 생성한다.

[표 4.2]는 몇몇 일반적인 제한효소들, 그들이 발견된 미생물, 인식서열들을 나타낸다. 점착성말단을 생성하는 제한효소들은 무딘 말단을 갖는 DNA 단편들보다 점착성말단을 가지는 DNA 단편들과 쉽게 서로 결합시킬 수 있기 때문에, 대부분의 DNA 클로닝 실험에서 무딘 말단 절단자보다 더 선호된다. 제한효소의 발견은 생명공학 연구자들에게 유전자 클로닝을 수행하기 위한 '가위'를 제공해 주었다.

[표 4.2] 주요 제한효소의 인식부위와 절단면 형태

제한효소	기원 미생물	인식부위	절단면 형태
*Eco*R I	*Escherichia coli*	GAATTC	Sticky
*Bam*H I	*Bacillus amyloliquefaciens*	GGATCC	Sticky
Bgl II	*Bacillus globigii*	AGATCT	Sticky
Pvu I	*Proteus vulgaris*	CGATCG	Sticky
Pvu II	*Proteus vulgaris*	CAGCTG	Blunt
Hind III	*Haemophilus influenzae* Rd	AAGCTT	Sticky
Hinf I	*Haemophilus influenzae* Rt	GANTC	Sticky
Sau3A	*Staphylococcus aureus*	GATC	Sticky
Alu I	*Arthrobacter luteus*	AGCT	Blunt
Taq I	*Thermus aquaticus*	TCGA	Sticky
Hae III	*Haemophilus aegyptius*	GGCC	Blunt
Not I	*Nocardia otitidiscaviarum*	GCGGCCGC	Sticky
SFi I	*Streptomyces fimbriatus*	GGCCNNNNNGGCC	Sticky

1970년대 초기, 폴 버그Paul Berg, 허버트 보이어Herbert Boyer, 스탠리 코헨Stanley Cohen을 비롯한 그들의 스탠퍼드 대학교 동료들은 유전자 클로닝 기술을 최초로 개발했다. 버그는 SV40(simian virus, 유인원 바이러스 40)이라고 불리는 영장류 바이러스의 DNA와 대장균의 염색체 DNA를 결합하여 서로 기원이 다른 DNA를 재조합한 DNA 조각을 생성함으로써 재조합 DNA 기술을 발견했다. 버그는 대장균으로부터 염색체 DNA와 SV40으로부터 DNA를 분리하여 *Eco*R I으로 두 DNA를 절단했다. 그리고 DNA 연결효소를 사용하여 대장균 DNA와 바이러스 DNA 단편들을 시험관에 첨가하여 SV40과 대장균 DNA의 혼성체hybrid 분자를 생성하는 데 성공했다. 그는 제한단편restriction fragment들이 재조합 DNA 분자를

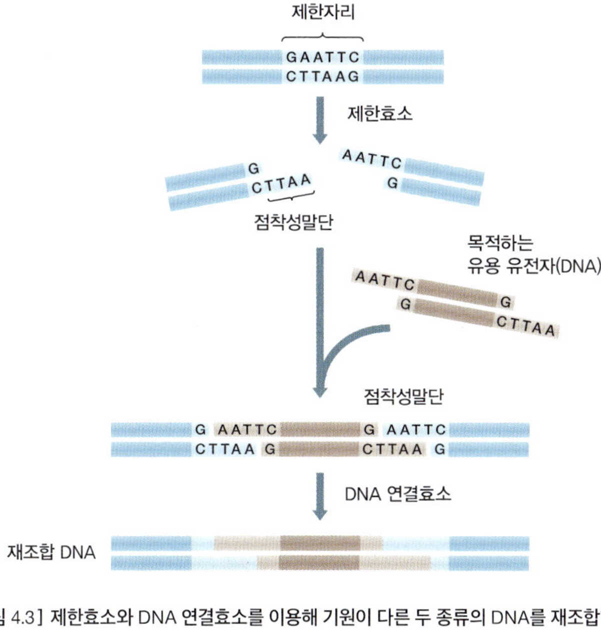

[그림 4.3] 제한효소와 DNA 연결효소를 이용해 기원이 다른 두 종류의 DNA를 재조합할 수 있다.

만들기 위해 서로 결합될 수 있다는 것과 DNA가 동일한 제한효소로 근원이 다른 다양한 DNA를 절단할 수 있다는 것을 최초로 증명하였다. 이 공로를 인정받아 버그는 DNA 염기서열 해석을 독자적으로 개발한 월터 길버트Walter Gilbert, 프레더릭 생어Frederick Sanger와 함께 1980년 노벨화학상을 공동수상했다.

플라스미드 DNA

버그는 염색체 DNA를 연구했다. 코헨은 플라스미드라고 알려진 작은 원형의 DNA에 대한 분자생물학에 관심이 있었다. 플라스미드 DNA는 주로 세균에서 발견된다. 플라스미드는 세균의 염색체와 함께 세포질에 존재하기 때문에 염색체외성 DNAextrachromosomal DNA로 간주되며 크기가 작고(평균 약 1,000~4,000 bp의 크기) 자기복제가 가능(세균의 염색체와 독립적으로 복제)하다.

플라스미드의 복제, 세균끼리의 플라스미드 이동, 세균의 항생제 내성 기작에 대해 연구하던 코헨은 플라스미드가 벡터(vector, 운반체)로서 사용될 수 있다는 것을 알게 되었다. 벡터는 특정한 DNA의 다른 조각을 담아 복제하고 다른 생물로 운반할 수 있는 일종의 DNA 조각이다. 코헨과 보이어는 두 세균의 플라스미드 DNA를 하나로 연결해 복제하는 데 성공하였으며, 1973년에 이 내용을 논문에 게재했다. 이 연구는 재조합 DNA 기술의 비공식적인 시작으로 간주된다. 제한효소 *Eco*R I을 사용하여 두 플라스미드를 절단하고 나서 새로운 혼성체(서로 연결하여 재조합된) 플라스미드를 생성하기 위해 DNA 연결효소를 사용하여 각 플라스미드

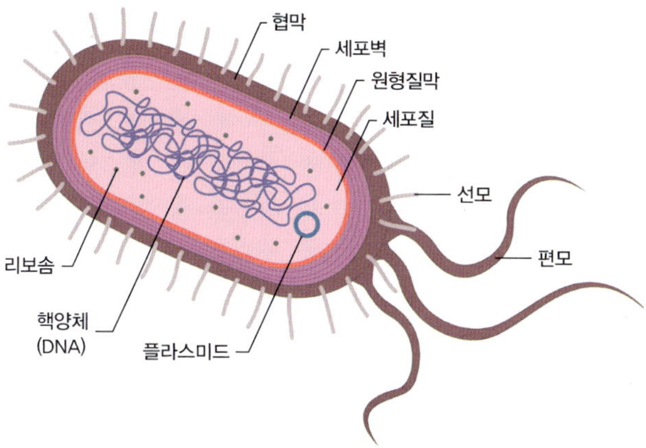

[그림 4.4] 플라스미드 DNA는 세균의 핵양체에 존재하는 염색체성 DNA가 아닌 상대적으로 크기가 매우 작은 원형의 DNA이다.

들을 하나의 플라스미드 상태로 연결시켰다. DNA 연결효소는 무딘 말단의 단편들뿐만 아니라 점착성말단을 가지는 DNA를 서로 결합시킬 수 있다.

코헨과 보이어는 최초의 DNA 클로닝 벡터를 만들었다. 이 클로닝 벡터는 특정한 DNA의 삽입과 복제를 위한 운반체이다. 1980년에는 이들이 개발했던 pSC101과 유전자 스플라이싱splicing 및 클로닝 기술에 대한 특허가 등록되었다. 이들의 연구는 유전자 클로닝과 유전자 조작을 위해 사용되는 대부분의 재조합 DNA 기술의 원리가 되기 때문에 현대 생명공학의 시초로서 가치를 지닌다.

1974년 버그, 코헨, 보이어의 연구를 통해 유전자 클로닝의 개척자와 클로닝 비평가들이 유전자변형생물GMO의 안전성에 대한 논쟁을 일으켰다. 과학자들은 재조합 DNA를 보유한 세균들이 실험실을 이탈하거나 다른 세포로 그들의 유전자를 전이시키거나 인간을 포함한 다른 생물을

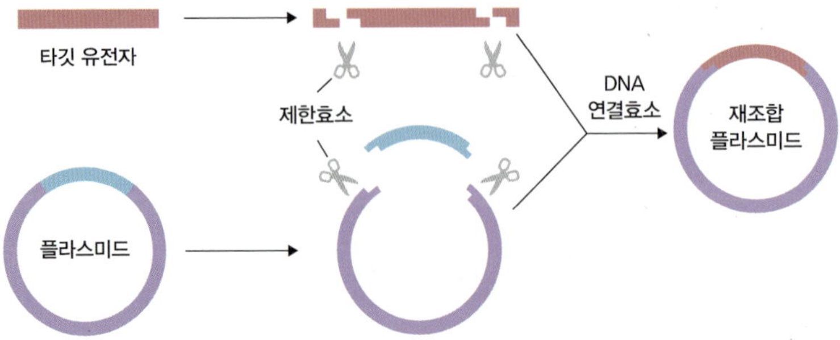

[그림 4.5] 유전자 클로닝 개요

감염시키게 된다면 어떤 일이 발생할지 모른다고 염려했다. 이에 1975년, 유명한 분자생물학자, 바이러스학자, 미생물학자, 변호사, 기자들이 캘리포니아주 퍼시픽 그로브에 있는 아실로마 컨퍼런스 센터Asilomar Conference Center에 초청되어 재조합 DNA 기술의 이점과 잠재적인 위험성에 대해 논의했다. 이런 역사적인 아실로마 회의를 통해 미국국립보건원National Institute of Health, NIH은 재조합 DNA 기술의 위험요소를 평가하고 재조합 DNA 연구에 대한 가이드라인을 확립하는 책임을 맡게 될 재조합 DNA 자문위원회Recombinant DNA Advisory Committee, RAC를 결성했다. 1976년 재조합 DNA 자문위원회RAC는 재조합 생물을 연구하기 위한 일련의 가이드라인을 확립하였고, 계속해서 유전자 클로닝 연구들을 감독했으며, RAC 가이드라인의 준수는 재조합 생물을 연구하는 과학자들에게 의무 적용되었다.

형질전환된 세포의 선별

코헨은 유전자 클로닝 기술에 또 다른 중요한 기여를 했다. 그는 세균 안으로 외래 DNAforeign DNA를 삽입하는 과정인 형질전환transformation을 증명했다. 코헨은 세균세포를 염화칼슘($CaCl_2$) 용액으로 처리하고 얼음에서 냉장상태의 세포에 플라스미드 DNA를 첨가했다. 그러고 나서 잠시 동안 세포와 DNA 혼합물에 열을 가하여(heat shock, 열 충격) 플라스미드 DNA가 세균세포로 들어가는 현상을 규명했다. 일단 플라스미드가 세균 안으로 들어가면 자기복제를 통해 그들의 유전자들을 세균 안에서 발현시킨다.

현대의 형질전환기술에는 전기천공법electroporation이라고 불리는, 세균의 세포벽을 DNA가 통과할 수 있도록 아주 작은 구멍을 생성시키기 위해 고전압의 짧은 전기적 펄스pulse를 적용한 장치들이 사용되기도 한다. 전기천공법은 DNA를 포유동물 세포 안으로 도입시키는 데뿐만 아니라 식물세포를 형질전환시키는 데도 사용할 수 있다.

앞서 어떻게 DNA가 벡터 안으로 삽입되어 세균세포 속으로 도입되는지를 학습했기 때문에, 재조합된 플라스미드로 형질전환된 재조합 세균과 외래 DNA가 없는 플라스미드 DNA를 포함하는 세균세포를 어떻게 구별하는지 고려해야 한다. 이런 선발과정screening process은 외래 DNA가 없는 플라스미드를 포함하는 세균과 형질전환되지 않은 세균의 생장을 억제하면서 재조합 DNA를 가진 플라스미드가 형질전환된 세균을 구분해 찾아내는 과정이다.

코헨과 보이어는 여기에서 항생제 선별법antibiotic selection을 사용했다. 이는 재조합 세균과 형질전환되지 않은 세포를 확인하기 위한 방법으로서 형질전환된 세포를 다양한 항생제가 포함된 배지에 배양하는 기법이다. 수년 동안 항생제 선별법은 광범위하게 사용되었다. 그러나 최근의 클로닝 기술은 푸른색-흰색 선발법과 같은 더 인기 좋은 선발 전략을 포함한다. 푸른색-흰색 집락 선발법에서는 클로닝할 DNA를 *lacZ* 유전자 내에 제한효소 자리로 클로닝한다.

lacZ 유전자는 이당류인 젖당lactose을 단당류인 포도당glucose과 갈락토오스galactose로 분해하는 효소인 베타갈락토시데이즈β-galactosidase를 암호화한다. 그러나 삽입된 유전자에 의해 이 유전자가 깨지면 *lacZ* 유전자는 베타갈락토시데이즈 기능을 할 수 없다. 예를 들어, 형질전환된 세균이 암피실린ampicillin 항생제를 포함하는 배지에서 배양된다면 형질전환되지 않은 세균은 암피실린 저항성 유전자를 포함하는 플라스미드 DNA를 가지고 있지 않기 때문에 암피실린이 함유된 배지에서는 자랄 수 없다.

또한 이 배지는 X-gal(5-bromo-4-chloro-3-indolyl-β-D-galactopyranoside)이라

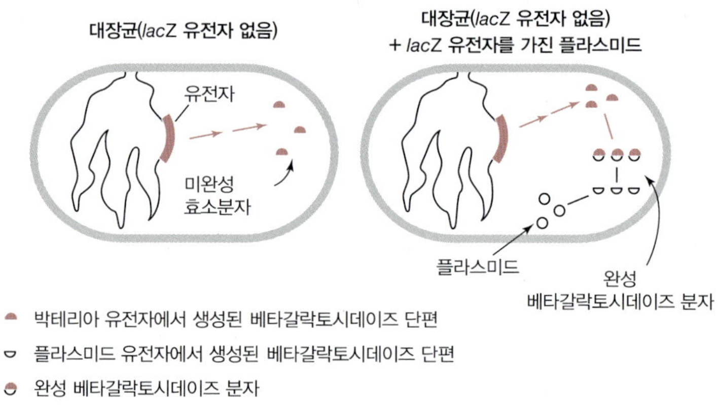

[그림 4.6] 플라스미드의 *lacZ* 유전자를 이용한 재조합 플라스미드의 활용

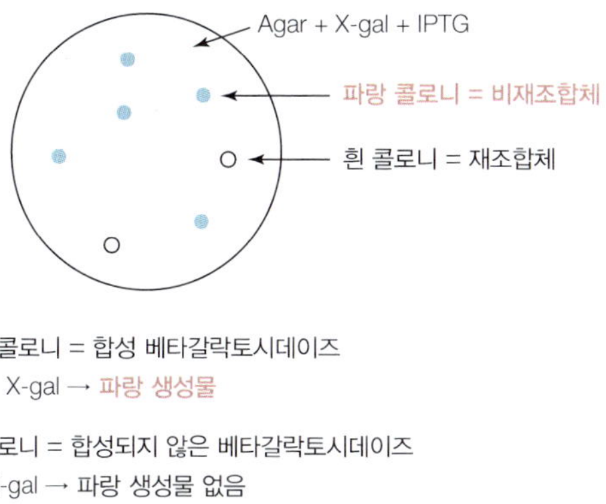

[그림 4.7] 재조합 플라스미드를 가진 박테리아 클론의 선별

고 불리는 베타갈락토시데이즈 효소의 기질을 함유하고 있다. X-gal은 젖당과 그 구조가 유사하며 베타갈락토시데이즈 효소에 의해 분해되어 푸른색으로 변한다. 그 결과 DNA를 삽입하지 못하고 자체적으로 연결된 플라스미드를 가지고 있는 비재조합 플라스미드를 가진 세균은 *lacZ* 유전자를 그대로 가지고 있어 베타갈락토시데이즈를 생성하고, 이 효소가 기질인 X-gal을 분해해 세균 집락은 푸른색으로 변하게 된다. 반대로 재조합된 플라스미드를 가진 세균은 *lacZ* 유전자가 파괴되어 베타갈락토시데이즈 효소를 만들지 못하기 때문에 기질인 X-gal을 분해하지 못해 흰색 집락으로 확인된다.

푸른색-흰색 선발법을 통해 형질전환되지 않은 비재조합된 세균은 선발에서 제외되고 흰색 집락들은 재조합 DNA를 포함하는 클론으로, 향후 다양한 목적의 생명공학 연구에 사용된다. 물론 재조합 플라스미드를 함유하고 있는 집락들은 클론(clone, 재조합 플라스미드의 복사체를 함유하고 있는 유전적으로 확인된 각각의 세균세포 집단)이다.

실용적인 DNA 클로닝 벡터의 특징

현대의 플라스미드 DNA 클로닝 벡터들은 일반적으로 다음과 같은 유용하고 실용적인 특징을 가진다.

- **크기**Size 클로닝 벡터는 숙주 세균의 염색체 DNA로부터 쉽게 분리될 수 있도록 충분히 작아야 한다.
- **복제원점**Origin of replication, ori 플라스미드가 숙주세포의 염색체로부터 별도로 복제되도록 하는 DNA 복제 장소로, 세포에서 플라스미드 수는 복제 수copy number라 부른다. 대부분 세균에서 플라스미드의 일반적인 복제 수는 적다. 그러나 대부분 가장 유용한 클로닝 플라스미드는 그들이 세포당 수백 또는 수천 개의 플라스미드로 복제되기 때문에 많은 복제 수를 가진 플라스미드로 알려져 있다.
- **다중 클로닝 영역**Multiple cloning site, MCS 다중연결자polylinker라고 불리는 MCS는 다수다종의 일반적인 제한효소들의 인식서열이 위치한 DNA 영역이다. 이 영역은 플라스미드가 2개로 절단되지 않도록 플라스미드상에 각 제한효소별 하나의 절단부위만을 가진다. MCS는 많은 다양한 효소로 절단함으로써 발생되는 DNA 단편들을 삽입하는 것이 가능하기 때문에 플라스미드 안으로 클로닝할 수 있는 DNA 단편들에게 뛰어난 유연성을 제공한다.
- **선택적 마커 유전자**Selectable marker genes 이들 유전자는 재조합 플라스미드로 형질전환된 세균을 비형질전환된 세포와 구분할 목적으로 형질전환된 세균을 선별하고 확인하는 데 사용된다. 가장 흔한 선택적 마커들은 암피실린(amp^R)과 테트라사이클린 저항성 유전자(tet^R), 그리고 푸른색-흰색 집락 선발에 사용되는 *lacZ* 유전자들이다.

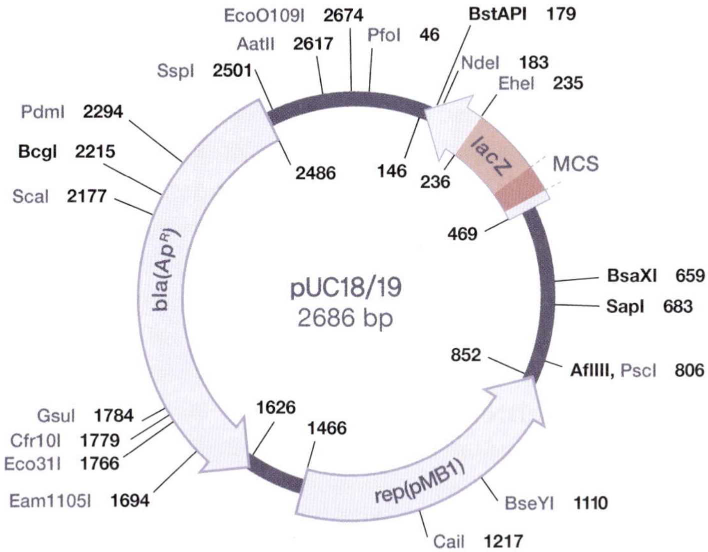

[그림 4.8] 플라스미드 pUC18/19의 구조. 18과 19는 다중 클로닝 영역(MCS)의 방향이 서로 반대이다.

- **RNA 중합효소 프로모터 서열**RNA polymerase promoter sequences 이들 서열은 RNA 중합효소polymerase에 의해 생체 내*in vivo*, 시험관 내*in vitro*에서 RNA의 전사transcription를 위한 목적으로 사용된다. RNA 중합효소는 전사 과정 동안 DNA를 주형으로 해서 RNA를 복제한다. 생체 내에서 이들 서열은 세균 내로 클로닝된 유전자로부터 RNA를 만들도록 하고 차례로 단백질 합성을 하게 한다. 시험관 내에서 전사된 RNA는 유전자 발현gene expression을 연구하는 데 RNA '탐침probe' 등으로 활용 가능하다.

인간 유전자의 클로닝

제한효소, DNA 연결효소, 플라스미드는 사실상 어떤 생물종의 유전자를 조작하고 클로닝하기 위한 분자생물학자들의 주요 도구이다. 생명공학자들은 이와 같은 형질전환 원리를 과거는 물론 현재도 세균 속으로 재조합 DNA를 도입시키는 데 사용해 왔다. 재조합 DNA 기술은 사실상 어떤 DNA 단편을 절단하거나 서로 연결시키고 플라스미드 안으로 DNA를 삽입하고(플라스미드 안으로 클로닝된 DNA를 흔히 '삽입' DNA라고 한다), 세균이 재조합 DNA를 복제하기 위한 장비가 될 수 있도록 함으로써 많은 양의 삽입 DNA가 생성되는 것을 가능하게 했다.

만일 클로닝된 DNA 단편이 단백질을 암호화하는 유전자라고 한다면 클로닝된 유전자의 생성물인 단백질을 합성하기 위해 세균을 사용할 수도 있다. 이를 단백질로 '발현시킨다expressing'고 한다. 연구원들은 만약 인간의 유전자가 클로닝되고 발현될 수 있다면 재조합 DNA 기술이 연구와 의학에서 매우 효과적이고 흥미로운 응용을 위한 유용한 도구가 될 수 있을 것임을 알았다. 세균은 대량으로 배양될 수 있기 때문에 생명공학 연구원들은 많은 양의 클로닝된 DNA를 생산할 수 있고, 클로닝 없이 정제하기에 매우 어렵거나 고가의 많은 양의 단백질들을 얻을 수 있다. 즉, 재조합 DNA 기술로 인해 얻기 힘든 광범위하고 유용한 단백질들이 클로닝된 유전자들로부터 생산될 수 있는 것이다. 인간 유전자도 당연히 플라스미드 DNA 안으로 클로닝될 수 있고 재조합 DNA 기술을 이용해 세균 안에서 복제될 수 있다.

재조합 DNA 기술을 사용해 상업적으로 성공한 최초의 인간 유전자 산물은 췌장pancreas의 베타 세포에 의해 생성되는 펩티드성 호르몬peptide hormone인 인간 인슐린insulin이다. 예를 들어, 탄수화물이 풍부한 식사를 한 후 혈당이 오르면 인슐린은 단당류인 포도당을 글리코겐glycogen이라고 하는 긴 사슬의 탄수화물이 저장되는 간과 근육 세포를 자극해 혈액 속의 포도당을 낮추는 기능을 한다.

제1형, 인슐린 의존성 당뇨병type I, insulin-dependent diabetes mellitus 환자는 인슐린을 정상적으로 만들지 못한다. 인슐린의 결핍으로 인해 당뇨병 환자들은 지나치게 높은 혈당(과혈당증)을 경험한다. 이것은 시간이 흐를수록 많은 신체기관에 심각한 위협이 될 수 있다.

1977년, 허버트 보이어와 로버트 스완슨Robert A. Swanson에 의해 설립된 생명공학 회사인 제넨텍Genentech의 생명공학자들은 인슐린을 플라스미드에 클로닝하고 세균에서 발현시켜 다량으로 분리시켰다. 기업 이름 자체가 유전공학기술의 단축형인 제넨텍은 인간 유전자에 생명공학기술을 이용해 엄청난 수익을 거둘 수 있다는 상징과 같은 회사가 되었다. 1982년, 휴물린Humulin이라고 불리는 인간 인슐린의 재조합형 치료용 호르몬이 미국 식품의약국U.S. Food and Drug Administration, FDA에 의해 인간을 위한 의약품으로 허가되었다. 휴물린 이후 얼마 안 되어 왜소증dwarfism으로 고통받는 아이들을 치료하기 위한 성장호르몬growth hormone이 클로닝되었다. 재조합 DNA 기술 덕분에 의학적으로 중요하지만 충분한 양을 얻기 어려웠던 다양한 종류의 단백질들을 쉽게 이용할 수 있게 되었다.

재조합 DNA 기술이 개발되기 전에 인슐린 호르몬은 동물의 췌장과 같은 조직으로부터 분리해 사용했다. 성장호르몬은 인간 사체cadaver의 뇌하수체pituitary gland에서 분리했다. 이런 과정은 비용이 많이 들고 비효율적일 뿐만 아니라, 양도 적고 정제된 호르몬에 바이러스와 세균 등 잘 알

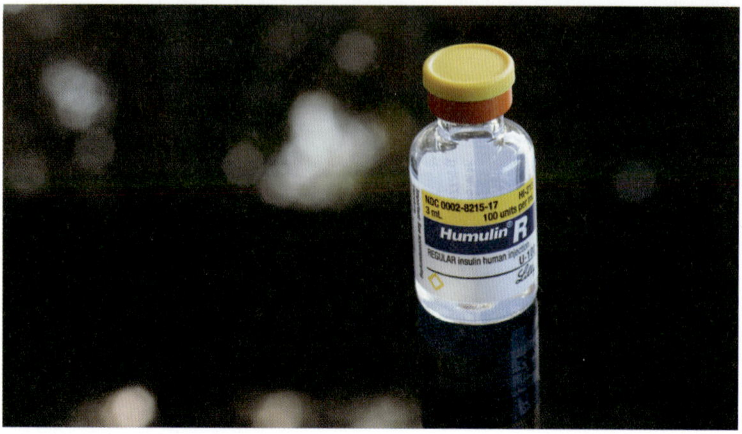

[그림 4.9] 휴물린 출처: Badon Hill Studio/Shutterstock.com

려지지 않은 오염물질들이 다량 포함되어 있어서 사람에게 사용하는 것은 대단히 위험한 일이었다. 현재 기초연구, 의학, 농업에서 광범위한 응용으로 재조합 DNA 기술을 이용한 수백 개의 제품들이 있다.

벡터의 종류

하나의 드라이버가 모든 크기와 형태의 나사에 사용될 수 없는 것처럼 플라스미드 벡터들도 생명공학에서 언제나 응용될 수 있는 것은 아니다. 플라스미드가 클로닝에 사용되는 데에는 한계가 있다. 우선 플라스미드 안으로 삽입될 수 있는 DNA 단편의 크기이다. 삽입이 가능한 DNA의 크기는 보통 약 6~7 kb(1 kb = 1,000 bp)를 초과할 수 없다. 또한 세균들은 진핵eukaryotic 유전자들로부터 단백질을 항상 발현시키지는 못한다. 이러한 한계 때문에 연구자들은 다른 형태의 DNA 벡터들을 개발하기 위해 연구해 왔다. 현재 개발된 벡터들은 클로닝의 목적과 응용에 따라 특별한 장점을 가진다.

박테리오파지 벡터

박테리오파지 람다(λ, lambda)의 DNA는 클로닝을 위해 사용된 최초의 파지 벡터들 중 하나이다. 람다 염색체는 약 49 kb의 크기를 가지는 선형linear 구조이다. 클로닝된 DNA는 람다 염색체의 중앙에 있는 제한자리restriction site로 삽입된다. 그러고 나서 재조합 염색체는 시험관 내에서 바이러스 입자viral particle들을 포장packaging한다. 람다 염색체의 각 말단에는 서로 염기쌍을 이루는 점착성말단이라고 하는 12개의 뉴클레오티드 서열cohesive end site이 있다. 람다가 숙주로서 대장균을 감염시킬 때, 람다 염색체는 COS 자리를 원형화하기 위해 사용되고 나서 복제를 한다.

박테리오파지 람다는 용균 회로lytic cycle로 알려져 있는 과정을 통해 복제한다. 람다가 더 많은 바이러스 입자를 생성하기 위해, 감염된 대장균은 람다에 의해 용해되고 플라크plaque라고 불리는 죽은 세균의 투명환환이 나타난다. 각 플라크는 수백만 개의 재조합 파지 입자를 포함하고 있다. 박테리오파지와 같은 벡터들의 주된 장점은 플라스미드들보다 약 25 kb 이상의 더 큰 DNA 단편들을 클로닝할 수 있게 해 준다는 것이다. 많은 박테리오파지 벡터들은 또한 단백질 발현 벡터로 사용되기도 한다.

코스미드 벡터

코스미드 벡터cosmid vector는 람다 DNA의 COS 말단, 플라스미드의 복제원점, 항생제 저항성 유전자들을 포함하고 있는 것으로 대부분의 바이러스 유전자들이 제거된 벡터이다. 클로닝될 DNA는 대장균을 감염시키기 위해 사용되는 박테리오파지 벡터들처럼 다중 제한효소 자리로 클로닝되면 코스미드 벡터는 바이러스 입자들로 포장되고, 거기에서 코스미드들이 적은 복제 수 플라스미드로 복제된다. 배지에서 세균 집락이 배양되며 재조합체들은 항생제 선별에 의해 선발될 수 있다. 코스미드의 주된 이점은 그들이 20~45 kb 범위 내에서 목적하는 DNA 단편들을 클로닝할 수 있다는 것이다.

발현 벡터

단백질 발현 벡터expression vector는 목적하는 DNA가 플라스미드 안으로 삽입되는 자리 가까운 곳에 진핵생물의 프로모터 서열을 포함하기 때문에 세균세포 내에서 진핵성 단백질을 높은 수준으로 합성(발현)할 수 있게 한다. 세균의 RNA 중합효소는 프로모터에 결합하여 목적하는 DNA를 전사해 많은 양의 RNA를 합성하고 이를 단백질로 해독하는 데 관여한다. 단백질은 다양한 생화학적 기술과 방법을 통해 순수 분리될 수 있다.

그러나 세균에서 기능을 가지는 단백질의 발현이 항상 가능한 것은 아니다. 예를 들어, 세균의 리보솜ribosome은 진핵생물의 mRNA 서열들을 이용해 단백질로 해독할 수 없다. 만약 단백질이 생성된다 하더라도 그 단백질들을 접거나 변형시키기 위한 이후의 과정이 정상적이지 못해 생물학적 혹은 기능적 특성을 발휘하지 못한다. 몇몇의 경우에서 숙주 세균은 재조합 단백질을 이물질로 인식해서 자신의 세포 속에서 만들어진 단백질을 분해하기도 한다. 또한 발현된 단백질은 세균 자신을 죽일 만큼 치명적일 수도 있다. SV40과 같은 바이러스들은 포유동물 세포 안으로 발현 벡터를 전달하는 데 사용될 수 있다. 전형적인 SV40 유래 벡터에는 높은 수준의 전사를 위해 바이러스의 강력한 프로모터 서열과 인공적으로 합성된 폴리 A 신호 서열이 포함되어 있기도 하다.

세균 인공 염색체

세균 인공 염색체Bacterial Artificial Chromosome, BAC는 크기가 매우 크고 복제 수는 적은 플라스미드이다. 세균 복제를 조절하는 유전자의 구성 단위인 F-요소를 암호화하는 유전자를 포함하고 있으며, 세균에서 1~2개 복사체로서 존재한다. BAC는 100~300 kb 범위 내에서 DNA 삽입을 허용할 수 있다. BAC가 어떻게 큰 조각의 DNA를 받아들이고 복제할 수 있는지에 대해서는 아직 다소 불분명하다. BAC는 인간 염색체의 큰 조각을 클로닝하고 염기서열을 밝히기 위해 인간유전체계획Human Genome Project에서 널리 사용해 왔다.

효모 인공 염색체

효모 인공 염색체Yeast Artificial Chromosome, YAC는 대장균에서 증식한 작은 플라스미드로서 효모세포(*Saccharomyces cerevesiae*) 안으로 도입이 가능하다. YAC는 진핵생물 염색체의 축소형이다. YAC는 세포 분할과정cell division 동안 딸세포daughter cell로의 분리와 YAC의 복제를 허용하는 복제원점, 선택 마커selectable marker, 2개의 말단소립telomere, 중심체centromere를 가지고 있다. 외래 DNA 단편들은 YAC의 중앙에 있는 제한자리로 클로닝된다. YAC는 크기가 200 kb에서 약 2 Mbmegabase의 크기가 아주 큰 DNA 단편의 클로닝을 하는 데 특히 유용하다. BAC와 마찬가지로 YAC 또한 인간유전체계획의 인간유전체의 클로닝에 매우 중요한 역할을 했다.

Ti 벡터

Ti 벡터는 식물의 근두암종crown gall disease을 일으키는 토양 유래 식물병원균인 *Agrobacterium tumefaciens*로부터 분리된 크기가 약 200 kb의 매우 큰 크기의 플라스미드이다. *A. tumefaciens*가 숙주 식물로 들어가서 Ti 플라스미드로부터 T-DNA를 숙주 염색체 속으로 삽입시킨다. T-DNA는 옥신auxin이라고 하는 숙주의 세포벽을 약하게 하는 호르몬을 암호화한다. 감염된 식물세포는 분화하고 암gall을 형성하며 커진다. 식물생명공학자들은 Ti 플라스미드로부터 해로운 유전자와 옥신이 제거된 벡터를 개발하면 식물세포 안으로 유전자를 전달하기 위해 사용될 수 있을 것이라는 것을 알았다. 실제로 개발된 Ti 벡터는 식물 속으로 유전자를 형질전환시키는 데 널리 사용되고 있다.

PCR

1985년 어느 주말 밤, 캐리 멀리스Kary Mullis는 바이오텍 회사인 세투스Cetus의 실험실에서 나와 캘리포니아 고속도로를 달려 집으로 돌아가고 있었다. 그는 돌아가는 내내 '어떻게 1개의 특정한 DNA 단편을 수백만 혹은 수십억 배로 복제할 수 있을까? 그렇게 하면 건초더미에서 바늘을 찾는 것이 쉽게 가능할 텐데…' 하면서 깊이 고민하고 있었다. 그러다 떠오른 한 방법은 DNA를 고리의 플라스미드에 삽입하여 이 플라스미드를 세균에 도입하고, 세균을 수백만 배로 증식한 후에 다시 플라스미드를 꺼내 복제된 DNA를 잘라 내는 것이었다. 하지만 이는 너무 번거롭고 시간이 많이 소모되는 방법이었다. 멀리스는 자동차의 전조등이 차도의 양편에서 서로 마주 비추고 지나 자동차가 고속도로에서 벗어나는 것을 보고 PCR에 대한 결정적인 아이디어를 떠올렸다.

그는 차를 세워 두고 길바닥에 선을 그리기 시작했다. 시험관 내에서 DNA가 두 배로 복제되고 각 사이클의 생성물이 다음 사이클의 주형으로 공급되었다. 하나의 이중가닥 DNA 분자에서 100만 개의 동일한 DNA 분자를 생성하기 위해서는 단 20사이클이면 충분했다.

멀리스는 월요일 세투스에 출근하자마자 아이디어를 열심히 시험했고 생각대로 잘되었다. 하지만 몇몇 동료들만 감명을 받을 뿐, 대부분에게는 너무 간단해 보여서 누군가가 이미 시험했던 아이디어로 치부되었다.

이후 노벨생리의학상 수상자인 조슈아 레더버그Joshua Lederberg가 학회에서 멀리스의 포스터 발표를 보고 "잘 작동합니까?"라고 물었다. 멀리스가 그렇다고 대답하자 분자유전학자들의 우상인 레더버그는 듬성듬성 난 자신의 머리카락을 긁으며 "맙소사, 내가 왜 이 방법을 생각하지 못했지?"라며 반응했다. 이것은 멀리스가 오랫동안 기다렸던 반응이었고, 드디어

[그림 4.10] 캐리 멀리스 출처: 2009년 TED 강연 영상

눈앞에서 보게 되었다. 이렇게 시작된 중합효소연쇄반응이라는, 시험관에서의 DNA 증폭 원리로 멀리스는 1993년 노벨화학상을 수상하였다.

PCR을 통해 멸종된 동물의 유전자를 분리할 수 있다는 상상은 과학자뿐만 아니라 모든 사람들에게 영화 같은 이야기이다. 시베리아의 얼음 속에서 2만 년 전에 죽은 매머드mammoth가 발견되었다. 이 매머드의 DNA 분석을 통해 매머드와 오늘날의 코끼리 사이에 친척 관계가 있는 것이 밝혀졌다. 러시아와 일본의 한 연구팀은 털매머드woolly mammoth를 복제할 수 있다고 확신했다. 34,000년간 시베리아의 동토에서 냉동된 매머드 새끼인 류바Lyuba와 같은 발굴체는 지금까지 발견된 공룡 DNA와 달리 비교적 온전한 형태로 유지된 DNA를 가지고 있었다. 우리 인류가 빙하기에 생존이 가능했던 것은 매머드 덕분이었다. 매머드는 빙하라는 동토에서 인간들에게 거의 유일한 육류 공급처였다. 어쩌면 멸종된 동물 중 하나를 다시 현실에서 볼 수 있을지도 모른다.

호박amber 안에 싸여진 곤충은 영화 〈쥬라기 공원〉에서처럼 실제로 공룡의 혈액을 흡입하여 공룡의 DNA를 가지고 있었을지도 모른다. 물론 그 공룡 DNA는 미량이었으며, 손상되었거나 단편화되어 있을 가능성이 높아 공룡의 모든 유전체를 재구성하는 것은 현실적으로 어렵다.

현재는 선사시대의 미라와 살아 있는 사람과 비교할 수 있는 사용 가능한 DNA를 제공하고 있다. 또한 현생 인류인 호모 사피엔스*Homo sapiens* 이외에 네안데르탈인*Homo neanderthalensis*에 대한 DNA 데이터베이스도 구축되고 있다.

PCR의 원리

PCR은 중합효소연쇄반응polymerase chain reaction이라고 한다. 이것은 동일

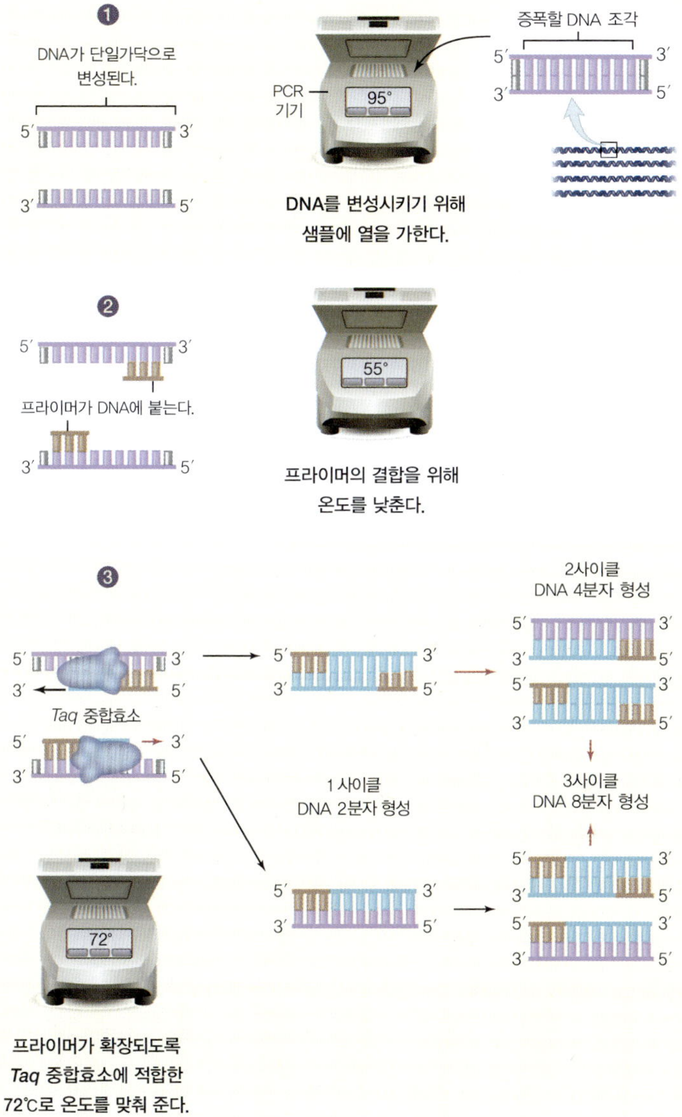

[그림 4.11] PCR의 원리

한 DNA 복사체를 짧은 시간 안에 대량으로 복제할 수 있는 대표적인 생명공학기술이다. PCR 반응의 원리는 간단하다. 증폭될 목적 DNAtarget DNA가 dNTPs(deoxyribonucleotide; dATP, dGTP, dCTP, dTTP)와 완충용액, DNA 중합효소와 함께 얇은 플라스틱 튜브에 첨가되어 혼합된다. 목적 DNA의 5′과 3′의 특정 영역에 상보적으로 결합이 가능한 짧은 단일가닥 DNA인 프라이머primer가 혼합액 안에 첨가된다. 프라이머들은 보통 20~30개의 단일가닥 DNA로 되어 있다. 이 프라이머들은 증폭하고자 하는 목적 DNA의 양쪽 말단에서 수소결합hydrogen bond을 통해 상보적으로 결합할 수 있다.

반응 튜브는 핵산증폭기thermal cycler라고 불리는 기기에 넣어진다. 핵산증폭기는 매우 짧은 시간에 온도를 빠르게 변경할 수 있는 정교한 가열기기이다. 핵산증폭기는 반응 튜브를 가지고 PCR 사이클cycle이라고 불리는 일련의 연속된 중합효소연쇄반응을 수행한다.

각 사이클은 3단계로 구성되어 있다. 첫 번째 단계는 변성denaturation이라고 불리며, 반응 튜브가 약 94~96℃로 가열되면 DNA가 단일가닥으로 분리된다. 두 번째 단계는 혼성화hybridization라고 불리며, 50~65℃로 온도를 조금 떨어뜨리면 프라이머들이 목적 서열의 양쪽 말단의 염기들과 상보적인 수소결합을 하면서 결합한다. 마지막 단계인 신장extension 과정은 보통 70~75℃에서 진행된다. 프라이머를 주형으로 하여 각 프라이머의 3' 말단에 DNA 중합효소가 결합하면서 목적 DNA의 복제가 시작된다. DNA 중합효소는 상보적인 가닥을 합성하기 위해 각 프라이머의 3′말단에 뉴클레오티드를 첨가한다. 한 사이클의 마지막에는 목적 DNA의 양이 두 배가 된다. 핵산증폭기를 통해 중합효소연쇄반응은 보통 25~30사이클 정도 진행된다. 물론 각 사이클은 앞서 설명한 세 단계로 구성된다.

PCR 실험을 위해 선택된 온도들은 실험을 위해 사용되고 있는 DNA 중합효소의 요구와 프라이머 염기서열에 의해 결정된다. 변성 온도는 대부분의 실험을 위해 거의 항상 94~96℃이지만 정확한 혼성화 온도를 선택하는 것이 중요하다. 이 온도가 너무 높으면 프라이머들은 목적 DNA에 결합할 수 없고, 반면에 온도가 너무 낮으면 목적하지 않는 DNA 조각들에 결합하여 목적으로 하지 않는 염기서열의 증폭을 일으킬 수도 있다. 혼성화 온도는 프라이머의 A+T, G+C 함량에 의해 거의 결정된다. 높은 G+C 함량을 가지는 프라이머들은 A+T 함량이 높은 프라이머들보다 높은 온도에서 혼성화가 될 것이다. 혼성화에 가장 알맞은 온도는 프라이머에서 G+C, A+T 함량에 근거하여 계산될 수 있다.

PCR의 한 가지 중요한 특징은 이 반응에 사용되는 DNA 중합효소의 형태이다. 과거에는 PCR에 요구되는 반복되는 가열과 냉각 과정에 의해 단 몇 사이클만으로도 DNA 중합효소가 변성되었다. 현재는 PCR에 적합한 여러 가지 DNA 중합효소들이 폭넓게 사용된다. PCR을 위한 첫 번째이자 가장 인기 있는 DNA 중합효소는 *Taq* DNA 중합효소*Taq* DNA polymerase이다. *Taq*은 뜨거운 온천 지역에서 자라는 *Thermus aquaticus*라고 불리는 고세균archaea으로부터 분리되었다. 이 고세균은 옐로스톤 국립공원의 온천 지역에서 발견되었고 90℃ 이상의 높은 온도에서도 견딜 수 있는 DNA 중합효소를 가지고 있다. 이 미생물은 극히 뜨거운 환경에서 잘 자라는 능력을 가지고 있기 때문에 호열성생물thermophiles이라고 불린다. *Taq*은 높은 온도에서 안정하기 때문에 PCR 과정 중 변성 단계에서 효소적 기능을 유지할 수 있다.

PCR의 가장 큰 장점은 짧은 시간 동안에 매우 적은 양의 시초 물질(DNA)로부터 특정한 DNA를 수백만 개로 증폭할 수 있다는 것이다. 목적 DNA가 처음에 한 분자였다면 매회 PCR 반응마다 두 배가 되며, 20

[표 4.3] PCR의 적용 분야

적용 분야	예시
선택적 유전자 증폭	DNA의 특정 부분을 증폭시킴으로써 DNA 조각의 분리를 가능하게 한다. 이런 PCR의 활용은 조그만 부분을 통해 대량의 순수한 DNA 조각들을 얻을 수 있어 혼성화 탐침(hybridization probe) 방법과 DNA 클로닝 등에 이용된다.
DNA의 증폭과 정량화	목적 서열을 증폭시키므로 극미량의 샘플만으로도 해당 DNA의 서열을 알아낼 수 있다. 또한 PCR은 아주 오래된 DNA에도 사용 가능하여 고대 매머드의 유전자 분석 등에 사용되어 왔다. 정량적인 PCR의 이용은 샘플 속에 들어 있는 특정 DNA 서열의 양을 추정할 수 있게 해 준다. 이는 주로 유전자 발현의 정도 측정에 이용된다.
질병의 진단	백혈병이나 림프종의 진단에도 PCR을 활용할 수 있다. 유전체 샘플에 바로 이용 가능한 PCR 검사는 특정 악성 세포의 위치를 정확히 측정할 수 있다.

회 반응, 즉 1시간 만에 약 100만 개(2^{20})의 DNA로 증폭이 가능하다. PCR을 시작하는 데 있어 이론적으로는 DNA 복제를 위해서 단지 한 분자의 DNA만 있으면 충분하다. 하지만 실제로 PCR 반응을 하기 위해서는 복제하려고 하는 DNA가 적어도 5~10개 정도의 분자만큼 필요하다.

PCR은 연구를 위해서뿐만 아니라 진단을 위해서도 매우 요긴한 가치를 지닌다. DNA 탐침을 만드는 것, 유전자 발현을 연구하는 것 외에도 병원성 바이러스와 세균을 검출하기 위한 소량의 DNA를 증폭하는 것, 유전적인 상태를 진단하기 위해 DNA를 증폭하는 것, 범죄 현장의 증거물로부터 DNA 흔적을 검출해 내는 것, 심지어 화석이 된 공룡의 일부 조직으로부터 공룡의 DNA를 증폭하는 것과 같은 연구 등에 응용할 수 있다.

PCR은 현재 생물학에서 쓰이지 않는 곳이 없다고 해도 과언이 아닐 정도로 광범위하게 사용되는 기술이다. 근래 과학수사나 친자감별 등에 자주 이용되는 DNA 지문분석DNA fingerprinting 역시 PCR을 이용해서 이루어진다. 생물학에서는 여러 유전병을 판별하기 위해서, 그리고 오래된 고생물이나 멸종 생물의 희소 DNA를 증폭하기 위해서도 이용된다. 분류학에서는 종 간의 DNA 비교를 위해 PCR을 널리 이용하고 있으며, 분자생물학에서는 DNA나 RNA를 다루기 위해서 반드시 이용되는 매우 중요한 기술로 받아들여지고 있다. 이러한 이유들 때문에 PCR의 발명으로 노벨상을 받은 것이 아닐까 생각한다.

BIOTECHNOLOGY

5

인간유전체계획과 유전체학

인간유전체계획과 유전체학

지난 30여 년에 걸쳐서 클로닝과 염기서열 해석기술에서 수많은 진전을 통해 유전체학genomics이라고 불리는 전략적인 방법들의 발전이 있었다. 이 장에서는 생명공학자들이 어떤 방법으로 세포 한 개가 가진 전체 유전체를 분석하고 연구할 수 있는지와 이들 연구의 중요성에 대해 살펴볼 것이다.

샷건 클로닝 전략

전통적인 재조합 DNA 기술만큼이나 연구자들이 대부분의 암과 같은 많은 유전자를 포함하는 복잡한 생물학적 과정과 기전에 대한 연구를 위해 한 개 혹은 몇 개의 유전자를 동시에 클로닝하는 것이 그리 어렵지 않은 과정이 되었다. 그 결과 많은 과학자들이 흔히 샷건 시퀀싱shotgun sequencing 또는 산탄 클로닝shotgun cloning이라고 하는 전체 유전자를 클로닝하여 염기서열을 해석하기 위한 전략을 연구하기 시작했다. 라이브러리를 사용하여 개개 유전자를 클로닝하는 것이 표적에 있는 특정 지점에 소총으로 쏘는 것과 동등하다고 유추해 보면, 산탄은 무작위적으로 정밀하지 못한 표적의 많은 지점들을 표적화(쏘는)하는 것과 같다.

전체 염색체의 염기서열들을 구성하기 위한 하나의 산탄 전략은 전체 염색체들의 조각을 절단하기 위해 제한효소들을 사용하는 것을 포함한다. 이 과정은 염기서열을 해석해야 하는 수천 개의 단편들을 생성할 수 있다. 각 염색체 조각은 따로따로 염기서열을 해석한 후 컴퓨터 프로그램을 이용하여 염기서열 조각들을 겹치도록 하는 정렬화 과정을 진행한다. 이 접근 방법은 연구자들로 하여금 전체 염색체의 염기서열들을 재

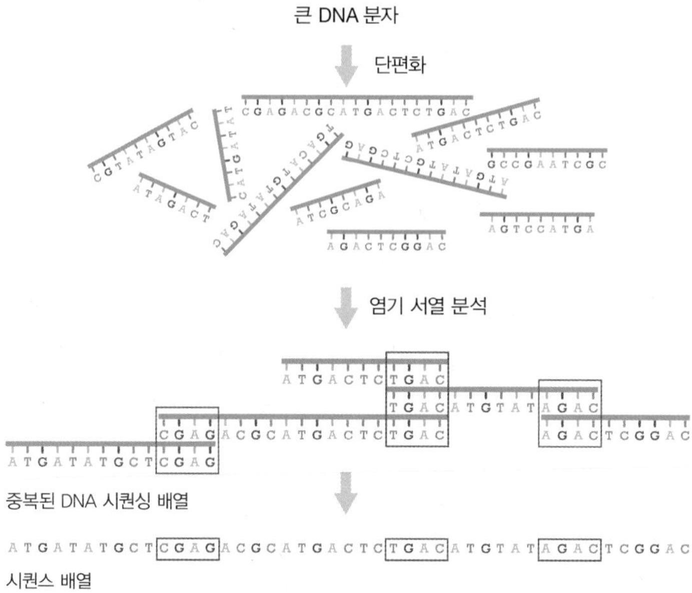

[그림 5.1] 샷건 시퀀싱 개요

구성하도록 하는 것으로, 이들 정렬화 단편의 DNA 염기서열들을 구성하고 비교하기 위해 생명정보학 기술을 적용하는 것은 필수이다. 이것이 바로 생물학적 과정들의 이해를 촉진시키기 위해 정보기술과 컴퓨터 과학을 적용하는 범학문적 분야인 생명정보학bioinformatics이다.

1995년에 TIGR 유전체 연구소The Institute for Genomic Research에서 샷건 전략을 사용했던 연구자들은 *Aemophilus influenza*라고 불리는 세균의 유전체를 구성하는 총 180만 개 염기쌍의 염기서열을 해석했다. 이것은 산탄 방법을 사용하여 염기서열을 해석한 최초의 생물유전체였다. 샷건 염기서열 해석법이 더 큰 유전체를 염기서열 해석하는 데도 효과적으로 사용될 수 있다는 믿음을 주는 성과였으며, 이후 새로운 염기서열 해석 전략의 개발은 인간유전체 계획 과정을 가속화했다.

생명정보학

연구자들이 새롭게 확인된 유전자나 DNA 서열을 클로닝하고 염기서열을 해석하면 다양한 논문에 발견을 보고하고 공신력 있는 국제적인 데이터베이스에 자신이 분석한 염기서열 데이터를 제출해 등록한다. 이 염기서열 정보에 관심을 가지는 과학자들은 데이터베이스에 접속해 연구자

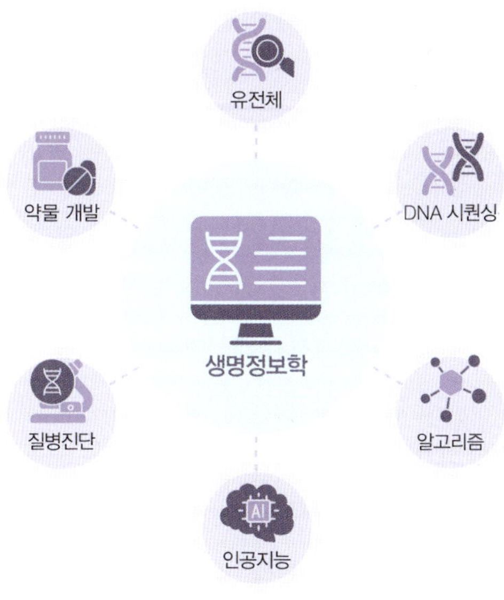

[그림 5.2] 생명정보학과 그 응용 분야

들이 등록한 다양한 염기서열 정보를 얻을 수 있다. DNA 염기서열 정보의 데이터베이스 제작은 생명정보학 응용 분야들 중 하나이다. 유전자 구조, 유전자 서열, 그리고 발현단백질의 구조와 기능에 관련된 데이터를 연구하고, 구성하고, 공유하고, 분석하기 위해서는 반드시 컴퓨터 하드웨어와 소프트웨어를 사용해야 할 정도로 생명정보학은 유전체연구에 필수적이다.

공공 혹은 개인 데이터베이스에 저장되고 있는 방대한 양의 유전체 데이터가 엄청나게 빠른 속도로 축적되었기 때문에 생명정보학은 연구자들이 특히 DNA 염기서열 데이터를 공유하고 비교하는 데 핵심적인 도구가 되었다.

생명정보 데이터베이스

인간유전체의 염기서열 해석 계획 이전부터 과학자들은 다양한 생물로부터 엄청난 양의 염기서열 정보를 축적해 왔고 단백질과 DNA 염기서열로부터 다양한 정보를 저장하고, 공유하고, 획득하기 위해 전 세계의 연구원들이 사용할 수 있는 정교한 데이터베이스 개발의 필요성을 느꼈다. 데이터베이스는 다른 연구를 하거나 유사한 연구를 하는 연구원들이 공동으로 데이터를 보관하고 공유하기 위한 중요한 도구이다. 고속 컴퓨터 기반의 자동화된 DNA 염기서열 해석기술들이 개발되고 인터넷의 보급이 확대되면서 많은 DNA 염기서열 데이터베이스가 인터넷을 통해 전 세계적으로 활용되기 시작했다.

유전자를 클로닝해 왔던 과학자들이 데이터베이스 안에 그들의 염기서열 데이터를 입력하면 데이터베이스에 있는 다른 염기서열들에 대하여 새로운 염기서열들을 검색하고 일치하는 부분을 찾아서 유사한

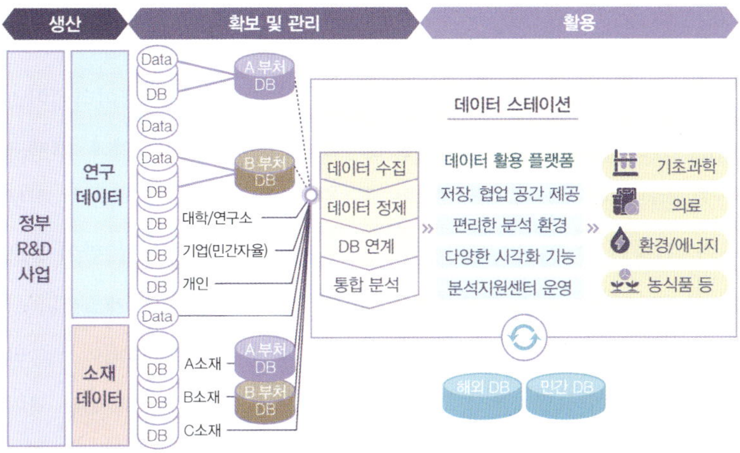

[그림 5.3] 한국생명공학연구원에서 구축 중인 국가 바이오 데이터 스테이션 개요. 국가 바이오 데이터 스테이션은 인체유래물·줄기세포·배양세포를 비롯해 각종 천연물과 합성화합물, 종자, 병원체 등 총 14개에 달하는 바이오 소재 관련 데이터베이스(DB)로서 정부 예산으로 시행된 국가 연구개발(R&D) 유래 연구성과도 갖춰 국내 연구현장에서 폭넓게 쓸 수 있도록 제공될 예정이다.

DNA 서열들과의 배열alignment을 생성한다. 이런 검색 형태는 종종 유전자를 클로닝한 후에 이러한 검색을 하는데, 염기서열이 이미 클로닝되었고 연구되었는지, 새로운 것인지를 결정하는 데 중요하기 때문이다. 데이터베이스는 클로닝된 유전자의 기능에 대한 정보를 제공하고 DNA 혹은 RNA 서열에 의해 암호화되어 있는 아미노산 서열을 예상하는 데도 사용된다. 또한 전체 염색체의 서열을 해석하기 위한 하나의 전략인 제한효소로 전체 염색체를 무작위적으로 절단시켜 생성된 단편들의 각 염기서열을 해석하고, 이후 생명정보학 기술을 이용해 컨티그(contig, contiguous sequences; 인접한 서열)라고 하는 중첩된 염기서열 영역들에 근거해 단편들을 배열하는 산탄 방법 등을 통해 연구자들은 염색체의 전체 염기서열을 재구성한다.

많은 데이터베이스들이 전 세계 많은 연구소 등에서 유지되고 있는데, 가장 널리 사용된 유전자 데이터베이스 중 하나는 젠뱅크GenBank이다. 이것은 DNA 염기서열들 중 가장 크고 공개적으로 유용한 데이터베이스이며, DNA 염기서열은 미국 국립보건원이 유지, 관리하고 있다. 젠뱅크는 일본과 유럽에서의 많은 데이터베이스들과 데이터를 공유하고 획득한다. 워싱턴 DC에서 NCBI에 의해 유지된 젠뱅크는 무려 12만여 종으로부터 950억 개의 염기서열 데이터를 가지고 있고 대략 14개월마다 그 정보량이 두 배가 된다. NCBI는 공공 접속이 가능한 데이터베이스를 만들고 유전체 데이터를 분석, 공유하기 위한 컴퓨터 도구를 개발하는 생명정보학 발전에 이바지하고 있다. 또한 NCBI는 믿기지 않을 정도로 쉽게 DNA와 RNA 서열, 단백질 서열, 분자구조, 유전체 데이터, 과학 문헌들의 데이터에 접속하고 분석할 수 있는 사용자 친화적으로 설계되어 있다.

인간유전체계획

생명과학을 연구하는 것은 매우 흥미로운 시간이다. 이 장에서 살펴볼 많은 기술들을 포함해 전례 없던 인간유전체계획Human Genome Project, HGP을 설명하게 된 것은 멋진 일이다. 1990년 미국에너지부U.S Department of Energy, DOE에 의해 시작된 HGP는 원래 8만~10만 개의 유전자로 추정된 전체 인간 유전자를 확인하고 24개의 각각 다른 인간 염색체들(1-22, X, Y)을 구성하는 약 30억 염기쌍의 염기서열들을 해석하기 위한 15년 계획의 국제공동 노력이었다. HGP의 목표는 다음과 같다.

1. 인간의 다양한 유전적 변이를 분석한다. 이것은 단일염기 다형성SNPs

의 확인을 포함한다.

2. 세균, 효모, 회충, 초파리, 쥐를 포함하여 모델생물model organism의 유전체 유전자 지도를 작성하고 염기서열을 분석하는 데 활용한다.
3. 유전자 구조와 기능의 이해를 진전시키기 위해 사용될 수 있는 고성능 자동화 염기서열 해석기와 컴퓨터 사용 기술(유전체 정보의 데이터베이스 포함)과 같은 새로운 실험기술을 동시에 개발한다.
4. 과학자들과 일반 대중 사이에 유전체 정보를 제공하고 유전체 연구의 저변을 확대한다.
5. 인간유전체계획과 유전 연구를 동반하는 윤리적, 법적, 사회적 문제들을 해결하는 데 활용한다.

미국에서 HGP에 대한 공동연구는 NIH와 DOE의 분과인 국립 인간 유전체 연구센터National Center of Human Genome Research에 의해 협정되었다. 이 프로젝트는 미국에서 7개의 주요 염기서열 해석센터의 자금지원을 받았으며 시간이 흐를수록 18개국의 과학자들의 참여로 인해 국제적인 노력으로 성장하였다. 또한 이 프로젝트는 주로 중국, 프랑스, 독일, 영국, 미국, 일본 등 주요 6개국의 20개 센터에서 거의 3,000명의 과학자들이 참여한 국제 인간유전체 염기서열 해석 컨소시엄International Human Genome Sequence Consortium에 의해 수행되었다. 유전체를 완성하는 데 추정된 예산은 약 3조 원이었는데, 이를 쉽게 설명하면 뉴클레오티드 1개당 1달러라고 생각하면 된다.

이 프로젝트를 추진하는 데 있어서 가장 적극적인 경쟁자들 중 하나는 *H. influenza* 유전체의 염기서열을 해석하기 위해 샷건 클로닝을 사용한 크레이그 벤터J. Craig Venter 박사가 주도한 셀레라 지노믹스(Celera Genomics, 셀레라는 '신속'을 의미)라고 불리는 비상장 기업이었다. 셀레라는

3년 이내로 전체 인간유전체를 염기서열 해석하기 위해서 새롭게 개발된 고성능 컴퓨터와 100대 이상의 자동화된 DNA 염기서열 해석기들을 동원했다. *H. influenza* 유전체의 염기서열을 해석하기 위해 산탄 클로닝을 적용한 국제협력팀과의 경쟁을 시작한 것이다. 하지만 개인회사가 유전체 정보의 방출을 어떻게 제한하고 조절할 수 있는지에 대한 우려 때문에 인간유전체계획에 관여했던 미국 정부 그룹들은 유전체 해석의 경쟁력을 지속적으로 확보해야만 했다.

국제 인간유전체 염기서열 해석 컨소시엄과 셀레라 지노믹스 간의 경쟁이 촉발되면서 2003년에 예정된 목표일정을 변경해 인간유전체 초안

1987년	미국, DOE 인간유전체계획 발표
1988년	인간유전체기구(HUGO) 구성
1989년	제임스 왓슨, 초대 책임자 지명
1990년	인간유전체계획 공식개시
1991년	NIH와 DOE 게놈 DB 지원
1992년	인간유전체 최초의 STS 연관군 지도 발표
1993년	유전체 DB 구축
1994년	람다, 코스미드 유전자은행 완성
1995년	YAC 물리 지도 완성
1996년	인간유전체의 1% 분석
1997년	주요 기관 통합
1998년	미국 셀레라 지노믹스 독자 게놈 계획 발표
1999년	22번 염색체 해독
2000년	빌 클린턴 게놈 초안 공개
2001년	유전체 초안(네이처와 사이언스지에 동시 발표)
2002년	쥐 게놈 초안 발표, 복어 게놈 완전 해독
2003년	인간 게놈 최종 초안 발표(99.9%의 영역, 99.9%의 정확도)
2006년	인간유전체 완전 서열 해독

[그림 5.4] 인간유전체 프로젝트 추진 과정

이 1998년에 준비되었고, 2000년 6월 26일 인간유전체계획을 주도했던 연구책임자들과 셀레라 지노믹스는 인간유전체의 약 95%에 해당되는 '작업 초안working draft'을 발표했다. 이것은 당초에 계획했던 일정보다 거의 4년을 앞당긴 것이다.

2001년 2월 12일 미국 국립보건원 국가 인간유전체 연구소National Human Genome Research Institute와 인간유전체계획의 지도자인 프랜시스 콜린스Francis Collins 박사와 셀레라의 벤터 박사는 유전체 작업 초안 염기서열의 초기 분석을 설명하는 일련의 논문들을 네이처와 사이언스 같은 일류저널을 통해 발표했다. 이후 과학자들은 유전체의 완성도에 관한 정확도를 확실히 하기 위해 아직 끝나지 않은 조각들의 염기서열을 해석하고 잘못 배열된 조각들을 맞추는 등 인간유전체 내 존재하는 수천 개의 해석되지 않은 틈gap을 메꿀 연구를 지속적으로 추진하다가 비로소 2003년 4월 14일 국제 인간유전체 염기서열 해석 컨소시엄은 연구 종료를 발표했다. 사실상 인간유전체의 모든 염기들이 확인되었고 그들의 적당한 서열이 배치된 인간유전체의 유전자 지도가 기본적으로 완성되었다.

인간유전체에 내장된 정보에서 얻은 지식

인간유전체계획의 가장 놀라운 발견 중 하나는, 인간유전체가 예상했던 10만 개의 유전자가 아닌 단지 2만~2만 5천 개의 단백질을 암호화하는 유전자로 구성되어 있다는 것이다. 예상치는 인간 세포가 약 10만~15만 개의 단백질을 만든다는 추정에 주로 기반을 둔 것이었다. 실제 유전자 수가 예상한 것보다 훨씬 적은 이유는 대단히 많은 기능을 가지는 유전자 패밀리family의 발견 때문이다. 게다가 선택적 이어맞추기alternative splicing를 통해 다수의 단백질들을 암호화하는 많은 유전자들이 발견되었고 전체 인간 유전자들의 반 이상이 선택적 이어맞추기를 통해 다수의 단백질들을 생산할지도 모른다고 추정이 가능해졌기 때문이다.

기능적인 범주에 의한 인간 유전자들의 분석은 다양한 분자적 기능들에 관련된 유전자들이 신속하게 유전체 연구자들에 의해 제공되었다. 많은 유전자들이 효소들을 암호화하는 반면, 다른 유전자들의 큰 범주는 세포 내부와의 사이에서 DNA, RNA 결합단백질들, 신호전달과 의사소통에 관련된 단백질들을 암호화한다. 최근 증거는 유전자들의 반 이상에서 그 기능들이 알려지지 않았다는 가능성을 나타내고, 실제 일부 연구에서는 인간 유전자의 약 42%가 그 기능이 알려져 있지 않다고 밝혀졌다.

인간의 유전 연구를 함에 있어서 다양한 질환을 진단하고 치료하고 예방하는 데 관심이 있다면 많은 유전자들의 세포 내에서의 기능을 우선적으로 밝히는 것들이 매우 중요하다. 연구자들이 인간유전체계획으로부터 이해하게 된 기본적인 사실은, 인간유전체는 약 31억 개의 염기쌍으로 구성되어 있는데, 28억 5천만 개의 염기쌍들의 완전한 염기서열이 해석되었다는 것이다. 유전체는 모든 민족과 배경에 대하여 개인 사이에 약 99.9% 동일하며, 유전체의 2% 미만 정도가 유전자들을 암호화한다. 또한 대부분의 DNA는 단백질을 암호화하지 않는다. 유전체는 약 2만~2만 5천 개의 단백질을 암호화하는 유전자들을 포함하고 있으며, 많은 인간 유전자들은 한 개 이상의 단백질을 만들 수 있고, 인간 세포들은 단지 2만~2만 5천 개의 유전자들로부터 8만~10만 개의 단백질을 만들 수 있다는 예측도 가능해졌다. 염색체 1번은 가장 많은 유전자들을 포함하고 있으며 Y염색체는 가장 적은 유전자들을 포함하고 있다. 마지막으로 인간유전체의 상당 부분이 다른 생물들의 유전자들과 염기서열 유사성이 대단히 높고 수천 개의 인간 질병 유전자들이 확인되었으며, 이들 유전자에 대한 염색체상의 위치가 유전자 지도로 시각화되었다.

어떻게 인간유전체계획으로부터 이득을 취할 수 있을까? 인간유전체의 완전한 염기서열은 물리학이나 행동양식을 이해하기 위한 과학적인 핵심을 포함한 인류의 '청사진'으로 설명되어 왔다. 모든 인간 유전자를 확인하는 것은 유전자들이 하는 일, 유전자가 어떻게 기능을 할 것인지를 이해하는 것만큼이나 중요하다. 인간유전체계획의 남은 과제 중 하나는 인간의 유전적인 질병과 관련된 유전자들을 확인하는 것이다. 많은 질병들의 유전적인 기초에 대한 더 나은 이해는 혁신적인 치료방법과 질병의 발견을 위한 새로운 전략과 기술개발로 연결되어야 할 것이다.

오믹스

인간유전체계획과 유전체학은 '오믹스omics'라고 하는 새로운 생명공학 분야의 태동에 주요 원인이 되었다. 매년 새롭거나 흥미로운 분야의 생명공학 연구가 오믹스와 연결되어 설명되고 있다. 예를 들어, 세포에서 단백질의 모든 것을 연구하는 단백질체학proteomics, 세포 대사에 관련된 단백질과 효소 경로를 연구하는 대사체학metabolomics, 세포의 탄수화물을 연구하는 당쇄체학glycomics, 세포에서 단백질 네트워크에 대한 복합적인 상호관계를 연구하는 상호작용체학interactomics, 세포에서 발현되는(전사) 모든 유전자를 연구하는 전사체학transcriptomics 등이 있다.

유전체학의 영향에 대한 추가 증거로서 영양유전체학nutrigenomics이라고 하는 새로운 영양과학 분야가 생겨났다. 영양유전체학은 다이어트와 유전자 사이의 상호관계를 이해하는 데 초점을 둔다. 여러 회사들은 다양한 의학 조건이나 영양 대사의 양상과 관련된다고 생각하는 유전자들의 유전자형을 분석하기 위해 마이크로어레이를 사용하거나 다른 유전적 테스트를 통해 영양유전체학 정보를 제공한다. 영양유전체 기업들은 개개인의 요구에 맞춘 고객 자신의 영양과 관련된 보고서를 제공하고 유전자에 근거하여 질병을 예방하고 건강을 향상하기 위한 식습관 관리법을 제안한다. 영양유전체학이 실제로 타당한 과학적인 방법 혹은 정보 또는 기술인지는 향후 이 분야를 연구하는 과학자들에 의해 논의되어야 할 과제이다.

차세대 염기서열분석법

기존의 직접 염기서열분석법direct sequencing은 분석하고자 하는 부위를 PCR 증폭해야 하기 때문에 여러 타깃을 분석할 경우 많은 시간과 노력 및 비용이 소요되어 효율성이 낮은 문제점이 있다. 이러한 단점을 극복하고자 차세대 염기서열분석법next generation sequencing, NGS이 개발되었다. 차세대 염기서열분석법은 DNA 가닥을 각각 하나씩 분석하는 방식으로 기존의 직접 염기서열분석법에 비해 매우 빠르고 저렴하게 염기서열이 가능하다는 장점을 가지고 있다. NGS는 DNA를 일정한 조각fragment으로 분절화하고 장비가 인식할 수 있는 특정 염기서열을 가진 올리고뉴클레오티드oligonucleotide를 붙여 주는 라이브러리library 제작, 각 라이브러리 DNA 가닥의 염기서열을 장비에서 읽는 단계, 그리고 장비에서 생성된 데이터를 가공하여 알고리즘으로 분석하는 단계로 구성된다.

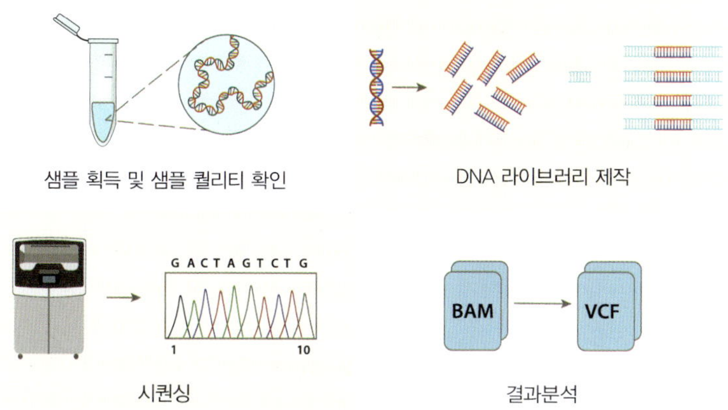

[그림 5.5] NGS 진행 과정

NGS 장비는 현재 일루미나Illumina, 서모피셔사이언티픽Thermo Fisher Scientific, 퍼시픽바이오사이언스Pacific Biosciences, 옥스포드나노포어Oxford Nanopore Technologies 등의 회사에서 출시된 제품들이 관련 시장을 형성하고 있다. 퍼시픽바이오사이언스, 옥스포드나노포어 등의 3세대 장비들은 2세대 장비의 짧은 분석 범위의 단점을 보완한 것으로서 PCR 증폭 과정 없이 DNA 단일분자를 실시간real-time으로 읽어 매우 긴 DNA 가닥의 염기서열을 한 번에 읽을 수 있다는 장점이 있으나 개별 염기서열 측면에서 보면 정확도가 높지 않다는 단점이 있다.

일루미나사의 기술은 DNA 가닥을 복제 혹은 합성하면서 각기 다른 형광이 부착된 염기(dATP, dCTP, dTTP, dGTP)와 함께 DNA 중합효소polymerase를 넣어 주면 각 DNA의 염기서열에 상보적인 염기가 삽입되면서 각기 다른 형광을 방출하게 되는데, 이것을 장비에 부착된 CCD 카메라로 사진 찍고, 장비는 형광이 발생된 클러스터의 위치를 기억하고 있다가 각 클러스터의 형광 변화를 감지하여 클러스터의 염기서열을 기록한다. 출시된 장비로는 iSeq, MiniSeq, MiSeq, NextSeq, HiSeq, NovaSeq 등이 있으며, 열거된 순서에 따라 출력output이 높아져 대량의 데이터를 생산할 수 있다.

서모피셔사이언티픽사의 장비는 인수하기 전 처음 개발한 회사인 Ion Torrent 장비로 널리 알려져 있다. 이 장비는 미세한 비드bead에 DNA 라이브러리를 붙여 촘촘하게 짜여진 미세한 구멍well에 하나씩 들어가도록 하고, 각 구멍 밑에는 전류를 측정할 수 있는 반도체칩 회로가 설계되어 있어 상보적인 염기가 결합하는 합성 과정에서 방출되는 수소 이온(H^+)으로 인하여 pH가 낮아지는 것을 반도체칩의 센서가 탐지하고 분석하는 방식이다. 현재 출시된 장비로는 Ion PGMPersonal Genome Machine 및 Ion S5 System 두 가지 종류가 있다.

NGS 전처리 과정은 샘플 DNA 혹은 RNA가 NGS 장비에서 인식하여 염기서열 분석을 할 수 있도록 가공하는 과정이다. NGS 장비를 인식시키기 위해서 보통 샘플 DNA 혹은 RNA를 적당한 크기로 자른 후 양 끝에 특정한 염기서열을 가진 올리고뉴클레오티드oligonucleotide를 붙여주는데, 이렇게 만들어진 산물을 라이브러리library라고 부른다. 라이브러리 제작은 분절화fragmentation, 말단수리end-repair, 3′-말단 아데닌 추가A-tailing, 어댑터 부착adapter ligation, 라이브러리 증폭library amplification으로 나뉜다.

샘플에서 추출된 핵산은 NGS 장비에서 분석 가능한 크기로 적절하게 절단시켜야 하는데, 이를 분절화fragmentation라 부르며 물리적 또는 효소적인 방법으로 무작위로 절단을 일으킨다. 분절화가 끝난 핵산은 불완전한 말단을 수선해 주고 3′-말단에 아데닌adenine 염기를 추가하여 어댑터 부착을 쉽게 만든다. 어댑터adapter란 NGS 장비가 인식할 수 있는 고유한 염기서열을 가진 올리고뉴클레오티드로서, DNA에 어댑터를 붙여 주는 작업은 보통 리게이즈ligase 효소를 이용한다. 어댑터가 붙은 라이브러리는 NGS 검사를 하기에 양이 충분하지 않기 때문에 PCR 증폭 과정을 거치고 마지막으로 예기치 않은 부산물 등을 제거하는 정제clean-up 과정을 거친다.

만들어진 라이브러리를 추가 작업 없이 NGS 분석을 하여 모든 DNA의 데이터를 얻는 것을 전장유전체분석Whole Genome Sequencing, WGS이라 하고, 모든 RNA의 정보를 분석하면 전장RNA분석whole RNA sequencing이 된다. 원하는 유전자 부위만 보고자 한다면 분석하고자 하는 부분의 DNA 혹은 RNA를 선별해야 하는데, 이것을 타깃 선별target enrichment이라 하고, 이렇게 NGS 분석을 하는 것을 타깃 패널 시퀀싱targeted sequencing이라 한다. 타깃 선별은 PCR 프라이머primer로 증폭을 하는 앰플리콘amplicon 방법과 프로브probe를 이용하여 교합hybridization하는 캡처capture 방법으로 나뉜다. PCR 앰플리콘 방식은 검사 소요시간이 더 짧고, 상대적으로 적은 양의 DNA를 필요로 하여 잘 디자인된 적은 수의 유전자 패널에 대한 검사에 유용하지만, 패널의 유전자 수가 많아지거나 엑솜 시퀀싱exome sequencing을 수행하는 경우에는 프로브 방식이 유리하다.

비교유전체학

쥐*Mus musculus*, 예쁜꼬마선충*Caenorhabditis elegans*, 초파리*Drosophila melanogaster*, 효모*Saccharomyces cerevisiae*, 애기장대*Arabidopsis thaliana*라고 불리는 모델 식물, 대장균을 포함하여 다양한 생물종들의 유전체들이 완료되는 데에는 인간유전체계획이 큰 공헌을 하였다.

비교유전체학comparative genomics이란 인간유전체 연구를 위해서 여러 생물종을 모델로 이용하여 인체 생명현상 및 질환을 연구하는 것을 말한다. 미생물이나 초파리 및 생쥐에서 인체 질환 모델을 분석하고 유전체의 변화를 비교 연구하거나 다른 생물의 변이형을 이용하여 인체 생명현상을 연구할 수 있다. 유전체 염기서열을 분석하거나 단백질, 구조 및 대사산물의 비교 연구를 통하여 각 생명체 간의 진화학적 비교 연구와 질환 연구의 능력을 배양한다. 또한 사람들마다 유전체 염기서열 간에 차이가 있고 이는 개인의 차이와 질병 감수성, 약물 반응성 등에 차이를 가져올 수 있다. 단일염기 다형성SNP이라는 연구를 통해 인간의 다양한 특성을 연구할 수 있고 어떻게 질환 발생에 유전체가 영향을 주는지 알 수 있다.

인간은 곤충, 침팬지, 조류, 어류와 많은 유전자를 공유하기 때문에 비교유전체학 연구들은 인간의 진화를 이해하는 데 큰 도움을 줄 것이다. 인간이 다른 종들과 공유하고 있는 유전자 수는 침팬지에서 약 95%, 쥐에서 약 80%, 효모에서 약 30% 정도로 생물종 간의 유사성이 매우 다양하다.

최근에 '인간의 가장 친한 친구'인 개의 유전체가 완성되었고, 개와 인간이 유전자의 약 75% 정도를 공유하고 있다는 것이 밝혀졌다. 또한 인간의 DNA에는 세균에 존재하는 약 100개의 유전자가 포함되어 있다. 2006년에 베일러 의대Baylor College of Medicine 연구원들이 성게 *Strongylocentrus purpuratus*로부터 8억 1,400만 염기쌍의 유전체를 해석했다. 이 무척추동물은 특히 발생생물학에 중요한 모델생물인데, 총 2만 3,500여 개의 유전자 중 많은 부분이 인간에서 중요한 기능을 가지는 유전자로 사용되고 있다는 사실이 밝혀졌다.

많은 모델생물의 유전체들의 염기서열을 완전히 해석하였고, 지금도 수백 건 이상의 유전체 연구가 전 세계적으로 진행 중이다. 미국 국립보건원은 암 관련 중요 유전자 지도를 만들고 유전적인 변화를 연구하기 위해 'Cancer Genome Atlas Project'라고 하는 암유전체계획 연구를 하고 있다. 염기서열 해석기술의 빠른 진전으로 여러 회사들이 개개 사람들에 대한 개인 유전체personalized genome 염기서열을 해석하기 위해 비즈니스 모델을 제안하고 있다. 2006년에 X프라이즈재단X Prize Foundation은 유전체당 1만 달러 이하로 10일 이내에 높은 정확도를 가지는 100개의 인간 유전체들을 해석할 수 있는 기술을 개발하는 첫 그룹에 천만 달러의 상금을 수여한다는 Archon X Prize for Genomics를 발표하기도 했다. 일부 기업들에서 단지 1천 달러에 개인 유전체를 해석할 수 있는 사업모델을 제안하고 있기도 하다.

2007년에 코네티컷 회사 454 라이프 사이언스는 베일러 대학에서 자사 연구원들과 함께 제임스 왓슨James Watson의 전체 유전체를 약 100만 달러의 비용을 들여 해석했다. 454 라이프 사이언스는 혁신적인 DNA 해석기를 개발하고 있는데, 특히 DNA 구조의 공동 발견자인 왓슨의 전체 유전체를 해석하는 프로젝트는 그들의 염기서열 해석기술을 대중에게 홍보하고 대중의 관심을 끄는 좋은 방법이 되었다. 왓슨은 2005년에 454 라이프 사이언스 연구자들에게 혈액 샘플을 제공했고, 2007년 중반에 왓슨의 유전체 전체의 염기서열을 담고 있는 2개의 DVD를 왓슨 박사에게 증정했다. 왓슨은 그의 apolipoprotein E 유전자*ApoE*를 제외한 염기서열들을 연구원들이 이용할 수 있도록 자신의 유전정보 이용에 동의했다. *ApoE* 유전자 돌연변이는 알츠하이머 치매와 매우 밀접한 관련성을 가진다. 인간유전체 해석에 기념비적인 기술인 샷건 클로닝을 적용했던 크레이그 벤터 또한 크레이그 벤터 연구소Craig J. Venter Institute에서 그의 유전체가 해석되었다. 한편, 미국 국립보건원의 한 분과는 세포들이 DNA를 수선하도록 도와주는 유전자들, 독소들을 분해하는 유전자들, 환경독소에 의해 영향을 받는 유전자들의 차이를 분류하기 위해 설계된 환경유전체계획에 대해 연구하고 있다.

2006년, 검은 미루나무(포플러 나무의 일종)의 유전체가 처음으로 해석되었다. 지금까지 해석된 유전체 중에서 45,555개의 유전자를 가진 포플러 유전체가 가장 많은 수의 유전자를 가지고 있음이 확인되었다. 과학자들은 이 포플러 유전체의 정보를 활용하여 바이오매스를 활용한 생물연료나 대기로부터 높은 수준의 이산화탄소를 포획하기 위해 유전적으로 가공된 포플러를 포함하여 더 나은 생산물을 만들어서 산림산업을 도울 방법을 고안하고 있다.

꿀벌 유전체 또한 최근에 완성되어, 벌독이 어떻게 알레르기 반응을 일으키는지에 대한 이해를 진전시킬 뿐만 아니라 꿀 생산을 향상하기 위해 벌의 유전학과 행동양식을 이해하는 데 사용할 계획이다. 조금 더 구체적으로 몇 가지 생물종에 대한 비교유전체 연구 결과에 대해 알아보자.

성게의 유전체

2006년, 성게 유전체 서열화 컨소시엄Sea Urchin Genome Sequencing Consortium의 과학자들은 성게*Strongylocentrotus purpuratus*의 8억 1,400만 염기

[그림 5.6] Cancer Genome Atlas Project 연구 내용 인포그래픽
출처: www.cancer.gov/ccg

쌍의 서열화를 완료했다. 성게는 얕은 바다에 사는 무척추동물로, 특히 발생생물학자들에게 중요한 모델생물이 되어 왔다. 성게는 척삭이 없는 후구동물nonchordate deuterostome인 반면 척수를 가진 인간은 척삭이 있는 후구동물이다. 화석 기록은 성게가 캄브리아기 초기인 5억 2천만 년 전에 출현했음을 시사한다.

전체 유전체 샷건 서열화와 BAC에서의 지도-기반 클로닝을 병행하여 사용함으로써 성게 유전체의 서열화가 완료되었다. 성게는 2만 3,500개의 유전자를 가지는 것으로 추산되는데, 척추동물의 거의 모든 주요 유전자 패밀리들을 대표하는 유전자들을 포함하고 있다. 서열 비교 배열과 상동성 탐색 결과, 성게는 인간에서 중요한 기능을 하는 많은 유전자들을 가지고 있지만, 흥미롭게도 파리나 벌레들에서 중요한 유전자들, 예를 들면 독성 화합물의 분해에 중요하게 작용하는 P-450 같은 유전자들은 가지고 있지 않다는 것이 밝혀졌다. 또한 성게 유전체는 단백질 암호화 유전자들의 비기능적 친척이라고 볼 수 있는 위유전자pseudogene를 많이(25~30%) 가지고 있다. 성게는 인간에 비해 평균적으로 더 작은 크기의 인트론을 가지는데, 이것은 비교유전체학에서 드러난 대로, 인트론 크기가 유전체의 전체적인 크기와 상관성을 가진다는 일반적인 경향성을 지지한다.

성게에서 거의 천 개에 달하는 유전자들이 빛과 냄새를 감지하는 것과 관련되어 있는 것은 이들이 엄청난 감각 능력을 가졌음을 시사한다. 이런 점에서, 성게의 유전체는 무척추동물보다는 척추동물의 전형에 조금 더 가깝다. 단백질 인산화효소, GTPase, 전사인자들, 선천성 면역 수송체들, 저밀도 지질 단백질 수용체 등 인간의 여러 가지 질병 관련 상동유전자들orthologs이 그렇듯, 청각과 균형에 관여하는 인간의 종간 상동유전자들 다수가 성게에도 존재한다. 성게와 인간은 대략 7천 개의 상동유전자들을 공유한다.

개의 유전체

2005년에는 인간의 가장 좋은 친구라는 개*Canis familiaris*의 유전체 해석을 완료하였다. 인간은 75%의 유전자를 개와 공유하고 있음이 드러나 이들이 인간의 유전체를 연구하는 데 유용한 모델임이 확인되었다. 개들은 인간의 유전체와 비슷한 크기의 유전체를 가진다(약 25억 염기쌍에 1만 8,400개의 유전자가 있을 것으로 추정된다). 개는 인간의 유전병을 연구하는 데 여러 이점을 제공한다. 이들은 인간과 많은 유전병을 공유하는데, 4백 가지가 넘는 단일-유전자 질병을 포함하여 성-염색체 이수성, 다요소적 질병(간질 등), 행동장애(강박증 등), 그리고 암, 실명, 심장병, 청력손실 등이 나타난다.

개의 유전병 중 적어도 60%의 분자적 원인들(점 돌연변이나 결실 등)은 인간에서 발견되는 것과 비슷하거나 동일하다. 게다가 개 유전병의 적어도 50%는 혈통 특이적인 것이어서 그 돌연변이 대립유전자는 비교적 동질적인 유전적 배경에 몰려 있다. 개의 혈통은, 소수의 창시자를 가지며 오랜 기간 유전적으로 분리되어 있던 고립된 인간 집단과 유사하다. 이런 특징들은 개의 각 혈통들이 인간 유전병의 유용한 모델이 되도록 한다.

개 육종가들은 현재 유전적 검사를 이용해 개들의 유전병과 래브라도 리트리버와 푸들의 털색, 그리고 마스티프의 털 길이를 예측한다. 머지않아 개의 크기나 꼬리 형태, 빠르기, 냄새에 대한 감각, 그리고 육종가들과 소유자들에게 중요하다고 생각되는 여러 형질들에 대한 DNA 분석을 포함한 더 많은 유전자 검사가 이루어질 것이라는 예상은 분명해 보인다.

침팬지의 유전체

침팬지*Pan troglodytes* 유전체는 HGP의 일부 사업이 아니었지만, 뉴클레오티드 서열은 2004년에 완료되었다. 침팬지와 인간의 유전체 서열 차이는 2% 미만이며, 98%의 유전자가 같다. 이 유전체들의 비교를 통해 무엇이 일부 영장류를 인간으로, 다른 영장류를 침팬지로 구분되게 하는지에 대한 흥미로운 통찰들을 얻었다.

인간과 침팬지를 분리시킨 종 분화 사건은 630만 년 전에 발생했다. 유전체 분석은 이 종 분화가 처음에는 분기했지만 이후 완전히 나뉘기 전에 다시 유전자들을 교환했음을 시사한다. 이 시점 이후 침팬지의 22번 염색체와 인간의 상동체인 21번 염색체에서의 서열 차이 같은 독립적 진화가 나타난다(침팬지는 48개의 염색체를 가지며 인간은 46개의 염색체를 가지므로 염색체 번호가 다르다). 이 염색체들은 총 1.44%의 서열에서 뉴클레오티드 치환을 축적하게 되었다.

침팬지와 인간 염색체들에서 가장 놀라운 차이는 인델indels이라고 불리는 6만 8천 뉴클레오티드의 삽입과 결실로, 470 염기쌍마다 하나의 빈도로 나타난다. 이들 중 다수는 인간의 21번 염색체에 있는 Alu 삽입들이다. 뉴클레오티드 서열에서의 전체적인 차이는 작지만, 암호화된 유전자들에서는 큰 차이가 있다. 분석된 유전자들 중 17%만이 양쪽 염색체들에서 동일한 단백질들을 암호화한다(나머지 83%는 하나 이상의 아미노산 차이가 있는 유전자들이다).

유전자 발현의 시기와 장소에서의 차이 역시 두 영장류의 분화에 중요한 역할을 한다. DNA 마이크로어레이를 사용하여, 연구자들은 인간과 침팬지의 뇌와 간 세포에서 202개 유전자의 발현 패턴을 비교하였으며, 간 유전자보다 뇌 유전자에서의 발현이 좀 더 종 특이적 차이를 보임을 발견했다. 이런 차이들을 더 조사하기 위해, 스반테 파보Svante Pääbo와 동료들은 인간과 침팬지 뇌에서 1만 개 유전자의 발현을 비교하여, 조사된 유전자들 중 10%가 뇌의 한 부분 이상에서 발현 차이가 있음을 발견했다. 보다 중요한 것은 이런 차이들이 두 종의 분기 이후에 중복된 인간 유전체 부분의 유전자들과 관련된다는 점이다. 이런 발견은 유전체 진화, 종 분화, 그리고 유전자 발현들이 서로 관련되어 있음을 시사한다. 이런 중복 단편들과 그 안에 포함된 유전자들에 대한 후속 연구는 우리를 인간으로 만드는 유전자들의 정체를 밝혀 줄 수 있을 것이다.

붉은털원숭이의 유전체

붉은털원숭이*Macaca mulatta*는 생물의학 연구에서 가장 중요한 모델생물 중 하나로 사용되어 왔다. 이 짧은꼬리원숭이들은 인간의 심혈관계 질병, 노화, 당뇨병, 암, 우울증, 골다공증 및 다른 여러 건강 문제들에 관한 이해를 돕는 데 중요한 역할을 한다. 그들은 AIDS 백신 연구와 소아마비 백신 개발에 필수적 역할을 해 왔다. 이것은 서열화된 최초의 원숭이 유전체였다. 유전학자들이 서열화 프로젝트 완성에 흥분하는 주된 이유는, 짧은꼬리원숭이들이 인간과 침팬지 유전체들의 비교 분석에 적합한, 보다 먼 거리의 진화적 창을 제공하기 때문이다.

앞 절에서 논의했던 것처럼, 인간과 침팬지들은 약 6백만 년 전의 공통조상을 가진다. 그러나 짧은꼬리원숭이들은 약 2천5백만 년 전에 침팬지와 인간들을 이끌었던 원숭이 계통에서 갈라져 나갔다. 이 원숭이와 인간 유전체는 서로 더 멀리 분기하여, 98%의 서열 동일성을 보이는 인간과 침팬지 사이의 유사성과 비교했을 때, 인간과 93%의 서열 동일성을 나타낸다. 이 원숭이 유전체는 2007년에 발표되었고, 그것이 22개 염색체(20개의 상염색체와 X 및 Y 염색체)에 포함된 28억 7천 염기쌍(인간 유전체의 크기와 비슷하다)으로 구성되어 있으며, 2만 개의 단백질 암호화 유전자를 가진다는 사실은 놀라운 것이 아니었다. 인간과 마찬가지로, 약 50%의 유전체가 반복성 요소들(트랜스포존, LINEs, SINEs)로 구성된다. 인간에서 발견되는 암 유전자 패밀리를 비롯하여 유전자 중복과 유전자 패밀리들도 풍부하다.

비록 이 유전체에 대한 비교유전체학 분석들이 아직도 진행 중이지만, 현재까지 여러 가지 흥미로운 특징들이 밝혀졌다. 예를 들어, 인간의 상염색체성 열성 유전병인 페닐케톤뇨증phenylketonuria, PKU에 대해서 살펴보면 이 병에 걸린 사람들이 페닐알라닌 수산화효소Phenylalanine Hydroxylase, PAH 유전자에서의 돌연변이로 인해 아미노산인 페닐케톤을 대사하지 못함을 알 수 있다. PKU인 사람의 PAH 유전자 돌연변이에 의해 암호화되는 히스티딘 치환은 건강한 원숭이의 단백질에서는 야생형 아미노산인 것으로 보인다. 원숭이 유전체에 대한 후속 분석과, 인간과 침팬지 유전체의 비교는 영장류 진화에서의 유전적 변이의 역할을 연구하는 유전학자들에게 아주 귀중한 자료가 될 것이다.

네안데르탈인의 유전체

2009년 초, 독일 막스 플랑크 진화인류학 연구소의 파보가 이끄는 과학자들과 454 라이프 사이언스는 30억 염기쌍 이상에 해당하는 네안데르탈인*Homo neanderthalensis* 유전체에 대한 개략적인 초안과 그 유전체의 2/3 정도를 완료했음을 보고했다. 그보다 앞선 1997년에, 파보의 연구팀은 화석으로부터 얻은 네안데르탈인의 미토콘드리아 DNA를 서열화했다. 2006년 말, 파보의 연구팀은 미국의 여러 과학자들과 함께 네안데르탈인의 뼈 샘플에서 분리한 핵 DNA 중 6만 5천 염기쌍에 대한 서열을 최초로 보고했다. 3만 8천 년에서 4만 4천 년 전에 크로아티아의 빈디자 Vindija 동굴에 살았던 세 명의 여성으로부터 얻은 뼈가 네안데르탈인의 핵 유전체에 대한 서열화 초안을 만드는 데 사용되었다.

네안데르탈인들은 인간과의 한 구성원이고, 침팬지보다는 인간에 더 가까운 친척이므로, 네안데르탈인의 유전체는 비교유전체학을 이용하여 현대인과 우리 조상 사이의 진화적 연관관계에 대한 이해를 발전시킬 유례없는 기회를 제공할 것으로 기대되었다. 특히 과학자들은 인간이 네안데르탈인들과 분기된 이후 빠른 진화를 겪은 유전체 영역을 찾는 데 관심이 있었다. 이런 분석의 많은 부분은 네안데르탈인의 유전체를 인간 및 침팬지 유전체들과 비교하는 유전체학적 접근을 필요로 한다.

인간과 네안데르탈인 유전체들은 99% 동일하다. 비교유전체학은 인간에서 네안데르탈인의 분기 이후에 생겨나 현대인의 적응을 도운 것으로 보이는 78개의 단백질 암호화 서열을 찾아냈다. 이 서열들 중 일부는 인지 발달과 정자 운동성에 관여한다. 이 종들에서 공유되는 많은 유전자들 중에서 FOXP2는 말하기 및 언어 능력과 연계되어 있는 유전자이다. 말하기에 영향을 미치는 많은 유전자들의 발견이 곧 네안데르탈인이 우리처럼 말했다는 의미는 아니다. 그러나 네안데르탈인들이 현대인과 동일한 FOXP2 유전자를 가지고 있었기 때문에, 과학자들은 네안데르탈인이 언어적 능력을 가지고 있었을 것으로 예상한다.

현대인과 네안데르탈인들이 3만 년 전쯤에 겹치는 지역에서 살았다는 사실은 이들 사이의 상호작용에 대한 추정을 유도한다. 유전체 연구들은 3만 7천 년에서 8만 년 전에 동부 지중해에서 네안데르탈인들과 현대인들 사이에 교잡이 발생했음을 제시한다. 사실, 비아프리카계 호모 사피엔스들의 유전체는 네안데르탈인들로부터 물려받은 1~4%가량의 서열을 포함한다. 시베리아의 4만 5천 년 된 다리뼈에 대한 파보 연구팀의 최근 연구는 현재까지 호모 사피엔스에 대한 서열 중에서는 가장 오래된 유전체 서열을 내놓았다. 이 유전체의 약 2% 정도는 네안데르탈인에서 유래한 것이었다. 이전에는 불가능한 것으로 생각되던 이런 흥미로운 연구들은 인간의 진화 분야에 파장을 일으키고 있다.

환경유전체학

환경유전체학environmental genomics 또는 군유전체학metagenomics은 물, 공기, 그리고 토양의 환경 샘플들에 있는 미생물들의 전체 군집들로부터 유전체들을 서열화하기 위해 전 유전체 샷건 접근법을 사용한다. 대양이나 빙하, 사막, 그리고 지구상의 모든 환경에서 환경유전체학 프로젝트를 위해 수많은 샘플이 채취되었다. 인간유전체 사업의 선구자인 크레이그 벤터는 셀레라를 떠나 크레이그 벤터 연구소를 차렸고, 그의 연구팀은 환경유전체학을 유전체학 연구의 새로운 분야로 발전시키는 데 중요한 역할을 담당했다.

이 연구소의 주된 선도 사업 중 하나는 전 세계를 탐험하여 세계의 해양과 육지 미생물들을 채취하고 그들의 유전체를 서열화하는 것이다. 이 프로젝트를 위한 소서러 IISorcerer II 세계 해양 표본 수집Global Ocean Sampling, GOS이라고 불리는 탐험 과정 동안 벤터와 연구자들은 요트로 전 세계를 여행했다. 이것은 비글Beagle호를 탔던 찰스 다윈의 유명한 여행기의 현대판 버전이라고 설명된다.

환경유전체학의 주요 장점은 그중 일부분만 잘 밝혀져 있는 수백만 종의 세균들에 대해 더 많은 것을 알려 줄 수 있는 잠재력이 있다는 것이다.

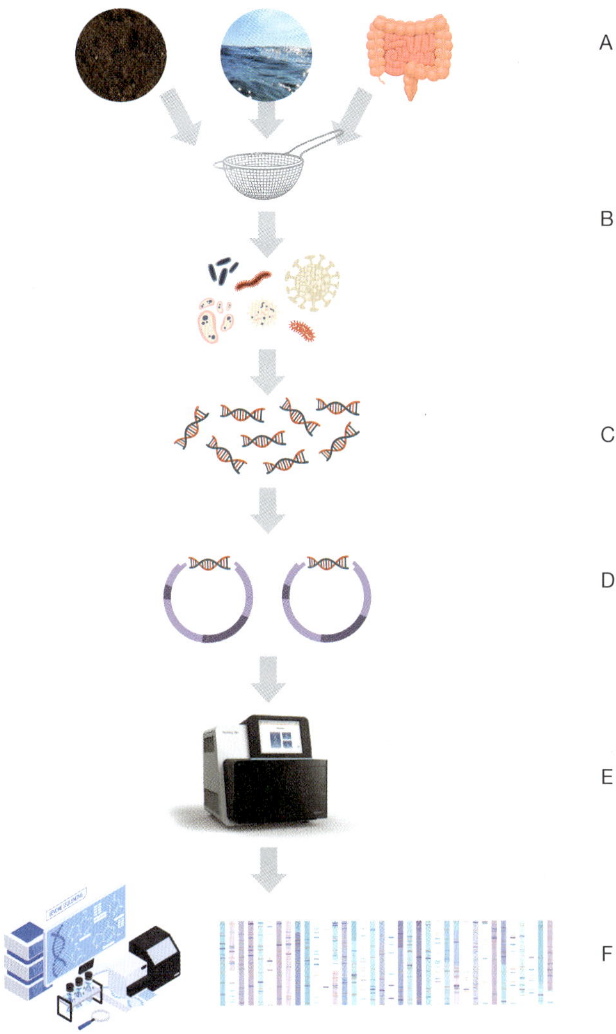

[그림 5.7] 환경유전체학의 개요. 특정 환경(예: 토양, 해수, 인간의 내장, A)에서 채취한 샘플에서 모든 유전물질(DNA, C)을 필터링한다. 이후 PCR을 통해 DNA 증폭하거나 샷건 클로닝(D)을 한 다음에 시퀀싱(E)을 한다. 이후 서열 조립과정(F)을 통해 원래 환경 샘플을 구성하는 개별 유전체 또는 유전체 일부를 추론할 수 있다. 이들 정보는 환경 미생물 군집의 종의 다양성과 기능적 잠재력을 연구하는 데 사용될 수 있다.

새로운 많은 바이러스들, 특히 박테리오파지 역시 물 샘플에 대한 환경유전체학 연구로부터 밝혀질 수 있다. 환경유전체학은 복잡한 미생물 군집과 환경 사이의 상호작용을 이해하고, 새로 밝혀진 미생물들의 계통유전학적 분류를 가능하게 하는, 미생물의 유전적 다양성에 관해 중요한 새로운 정보를 제공한다. 환경유전체학은 또한 새로운 기능을 가진 유전자들, 특히 의학과 생명공학에서 귀하게 응용될 수 있는 것들을 찾아낼 수 있는 잠재력도 크다.

환경유전체학은 주어진 환경 내의 모든 미생물 유전체들을 서열화하기 위해 환경 샘플로부터 미생물이나 바이러스를 배양하지 않고 직접 DNA를 분리한다. 그런 접근은 배양으로 키울 필요가 있는 미생물들의 까다로운 배양조건을 재현하기가 어렵기 때문에 핵심적인 것이다. 소서러 II GOS 프로젝트에서는 물 기둥의 여러 다른 층에서 수집한 샘플들을 다양한 크기의 고밀도 필터를 통해 걸러 미생물을 확보한다. 그다음 DNA가 미생물들로부터 분리되고 샷건 서열화 및 유전체 조립이 수행된다. 요트에 실려 있는 고출력 서열화 장비는 거의 24시간 작동된다.

2007년 초까지 GOS 데이터베이스는 4백 가지 이상의 미확인 미생물 종들로부터 60억 염기쌍의 DNA 서열 정보를 입수했다. 여기에는 이전에 확인되지 않았던 770만 개의 서열이 포함되어 있었는데, 이들은 6백만 가지의 서로 다른 단백질을 암호화할 가능성이 있는 것들이었다. 이것은 전 세계 데이터베이스에서 이전에 알려진 단백질의 거의 2배에 해당한다. 진핵성 서열들이 이런 데이터베이스들의 예상 단백질 대부분(63%)을 차지한다. 그러나 GOS의 자료 세트에서 약 6백만 개의 예상 단백질들에 지정된 생물계를 살펴보면, 데이터베이스 내 대부분(90.8%)의 서열들이 세균계의 서열에서 나왔다. GOS 탐사에서는 GOS 데이터베이스 내 유전체 서열들에 의해 암호화되는 예상 단백질에 상응하는 단백질군을 조사했다. 1만 7,067개의 군들이 중간 크기(20~200개 단백질들)와 큰 크기(7,200개 단백질들)의 클러스터들을 이루는 것이 확인되었다. 이런 자료들은 새로운 미생물 유전자 및 가능한 단백질들을 찾아내는 데에 대한 GOS 탐사와 환경유전체학의 가치를 증명해 준다.

개인유전체학

개인유전체 분석 시장은 2017년을 기점으로 급격히 확장되기 시작하여, 2019년까지 2,600만 명 이상의 소비자가 유전체 분석 서비스를 이용하였다. 만약 지금과 같은 추세가 계속된다면 2024년까지 약 1억 6천만 명 이상이 유전자 분석 서비스를 이용할 것으로 예측된다. 이렇듯 유전자 분석에 대한 소비자 접근이 용이해진 이유는 기술의 발전에 의한 유전자 해독(시퀀싱) 비용의 급격한 하락, IT 기술의 발전, 그리고 각 개인의 건강에 대한 인식 변화에 기인한다. 의료를 포함한 바이오 헬스케어 분야에서는 개인의 유전자에 내재된 암호(염기서열)를 분석함으로써 질병을 예측, 예방, 진단, 치료하는 데 혁신적인 변화가 진행 중이다. 인간의 DNA는 30억 쌍에 달하는 염기서열의 조합으로 이루어지며, 약 백만 개 정도의 변이를 가지고 있는 것으로 알려져 있다. 이러한 변이의 차이가 키와 피부색 등 다양한 생물학적 특성을 만들어 내는데, 이는 DNA의 변화로 인해 다른 RNA와 단백질이 만들어지기 때문이다.

유전자 서열을 분석하는 방법은 추출된 DNA을 짧게 자른 후 염기서열 정보를 시퀀싱 기기로 해독하고, 해독된 염기서열을 컴퓨터를 이용하여 조립하고 분석한다. 이후 DNA가 가지는 변이를 찾는 과정을 거치면, 비로소 우리가 알 수 있는 정보로 해석되는 것이다. 현재 개인유전체 관련 산업에서는 목적에 따라 모든 유전자 정보를 활용하는 것부터 하나의 유전자만 활용하는 것까지 다양한 종류의 데이터를 사용하고 있다. 예를 들어 의료 분야에서는 전장유전체, 엑솜Exome, 그리고 유전자 패널Gene Panel 정보를 활용하고, 소비재 영역에서는 주로 단일 염기서열Single Nucleotide Polymorphism, SNP 정보를 사용하고 있다.

유전정보 전체를 분석하는 전장유전체분석WGS, 단백질을 만들어 내는 엑솜 부분만 분석하는 엑솜 분석Exome Sequencing, 미리 정해 놓은 특정 유전자만을 분석하는 유전자 패널, 유전자의 극히 일부분의 유전자만을 분석하는 단일 염기서열SNP 등 이들 유전체 분석 방법을 모든 유전체 산업에서 적용하면 정확도나 나중에 활용 가능한 데이터의 양에서 큰 공헌이 예상되지만 소비자가 느끼는 비용적 부담과 현재 과학 기술로 의미를 해석하여 전달할 수 있는 정보의 한계, 그리고 이로 인해 발생하는 가치 전달의 문제 등의 이유로 인해 아직까지는 활발히 사용되지는 않고 있다.

현재 국내뿐만 아니라 해외 시장에서 직접 소비자를 대상으로 하는 비즈니스 영역에서는 단일 염기서열 분석 방식을 사용하고 있다. 한 사람의 유전체 데이터의 크기는 분석 방법에 따라 달라지겠지만, 중요한 사실은 머지않은 미래에 인류가 다루게 될 가장 큰 빅데이터가 될 거라는 점이다. 아마 빅데이터에 대해서, 그리고 빅데이터가 다양한 산업에 가져올 혁신적인 효과에 대해서 들어 보았을 것이다. 유전체 분야에서도 빅데이터 시대에 접어들면서 혁신적인 변화가 시작되고 있다.

일반적으로 개인유전체 분석 서비스는 의사를 거치지 않고 직접 유전정보를 소비자에게 전달하는 것을 말하며, 국내에는 소비자 대상 직접 유전자 검사Direct to Consumer, DTC 서비스로 많이 알려져 있다. 고객이 인터넷으로 유전자 분석 서비스를 주문하면 분석키트가 택배로 발송되고, 소

[그림 5.8] 전통적인 의학과 개인 맞춤 의학

비자가 키트에 자신의 타액을 담아 다시 회사로 돌려보내면 약 2주일 뒤 자신의 유전자 정보 분석 결과를 받아 볼 수 있다. 국내의 경우 피부, 탈모 등 개인의 특성에 대해 규제로 정해진 항목에 대해서만 DTC 형태의 개인유전체 분석 서비스가 가능하며, 병원을 통할 경우 질병과 관련된 항목까지 확대가 가능하기 때문에, 여기서는 의료 영역과 소비자 영역의 범위로 한정해서 살펴보도록 하자.

살아가는 동안 질병에 걸릴 위험은 얼마나 될까? 우리는 유전자 분석을 통해 질문에 대한 답을 찾을 수 있는데, 이미 많이 알려져 있는 안젤리나 졸리의 이야기가 대표적인 사례이다. "My Medical Choice"라는 유명한 말을 남긴 이 사례는 안젤리나 졸리의 부모님 세대부터 내려온 집안 내력 때문이기도 하다. 유방암은 유전성 질환인 경우가 대부분이기 때문에, 유전자 검사 후 관련된 유전자 변이가 검출되면, 이에 대한 선제적 예방조치가 가능하다. 더불어, 유전자 정보를 활용하면 질병에 걸릴 확률에 대한 예측이 가능한데, 유전자 변이 정보를 활용하여 앞으로 질병에 걸릴 수 있는 위험에 대해 사전 정보를 줄 수 있다. 이것을 질병 위험도 예측Genetic Health Risk이라고 한다.

질병 예측과 관련된 DTC 서비스의 대표적인 기업은 23andme로, 소비자들이 개인 유전자 정보를 쉽고 합리적인 가격으로 접근할 수 있도록 대중화에 앞장서고 있다. 23andme는 질병 예측과 관련해서 파킨슨병을 포함하여 13가지 질병에 대해서 발병 위험도를 알려 준다. 필자의 경우도 23andme의 유전자 분석 결과를 보유하고 있는데, 질병 예측과 관련된 분석 결과에서 황반변성과 제2형 당뇨와 관련된 유전자 변이가 발견되었지만, 질병의 발현에 영향을 주는 심각한 변이는 발견되지 않아 생활 습관의 개선 등을 통해 관리한다면 질병을 예방할 수 있을 것으로 생각된다. 평소에는 건강을 위한 일반적인 권고들을 알면서도 실천하지 못했지만, 유전자 분석 결과를 본 뒤에는 필자에게 필요한 몇 가지 방법에 대해 특별히 관심을 가지게 되었다. 즉, 이미 알고 있던 내용들이지만, 유전자 분석 이후 권고안들이 지니는 무게가 달라질 수 있고, 이는 곧 실천에 대한 동기부여가 될 수도 있는 것이다.

[그림 5.9] 약물유전체학의 개요

의료 영역에서 개인유전체 분석을 통해 보인자 검사Carrier Status를 한층 더 효과적으로 사용하게 될 것이다. 이는 임신을 예정하고 있는 부부를 대상으로 그들의 유전체를 분석하여 미래에 태어날 아이에게 존재할 수 있는 유전적 위험성을 예측하는 검사이며, 주로 상염색체 열성질환으로 알려진 유전질환의 원인 유전자 변이를 대상으로 분석한다. 보인자 검사 서비스의 대표적인 회사로는 카운실Counsyl이 있다. 카운실은 낭포성 섬유증, 테이삭스Tay-Sachs, 척수성 근위축증 및 폼페병Pompe disease 등을 포함한 175개의 임상적 상태를 스크리닝할 수 있는 보인자 검사와 미국 내 산부인과 전문의들이 종합적인 유전자 패널에 적용하기 위한 행위분류코드CPT code를 설정하기 위해 전문가 의견을 제공하고 있다. 카운실은 2018년 미리어드 제네틱스Myriad Genetics에 인수되면서 자회사로 편입되었는데, 미리어드가 보유하고 있는 유전성 암 검사와 함께 여성 건강 시장에서 시너지를 발휘할 것으로 기대된다.

한편, 개인별 약물에 대한 특성도 유전체 수준에서 활용이 가능해질 것이다. 이를 약물유전체학pharmacogenomics이라고 한다. 커피나 알코올에 대해서 사람마다 민감도가 다르듯이, 약물에 대한 반응도 개인마다 차이가 있다. 유전자 분석을 통해 약물 반응(약물 감수성)에 대한 개인의 차이를 확인한 후 적합한 약물을 적용하여 최선의 결과를 얻고자 하는 것이 약물 유전체 영역이다. 아직 우리나라에서는 활발하진 않지만, 미국 등에서는 많이 이용하는 서비스 중 하나이다. 체내에서 약물을 얼마나 빨리 흡수, 분배, 대사, 그리고 배출하는지 등에 대해 사람마다 반응이 다르며, 많은 경우 유전적인 요인에 의해 영향을 받는다. 따라서 약물유전체는 향후 약물 치료와 처방을 향상하는 데 매우 중요한 역할을 할 것이며, 약물 반응에 대한 유전학의 영향에 대한 연구가 심화되고 기술이 발전함에 따라 이와 관련된 기업의 숫자도 증가하고 있다.

대표적인 약물유전체 회사로는 메이오클리닉Mayo Clinic이 공동 설립한 OneOme이 있다. 이 회사는 약물에 대한 환자의 반응을 예측하기 위해 유전자 정보를 분석함으로써 정보에 근거한 처방이 가능하도록 하며, 이를 통해 약물 반응 및 약물 부작용을 줄이고 약물 효과를 높이며 처방약 비용을 줄일 수 있도록 도움을 주고 있다. OneOme의 주력 서비스는 RightMed®로, 심혈관 질환, 당뇨병 및 정신병을 비롯한 94가지 대립유전자와 23가지 임상 징후를 다루는 22개 유전자 패널 서비스이며, 약 340가지 처방을 개인별로 제공한다. 또한 RightMed Advisor를 통해 테스트 결과를 쉽고 빠르게 해석하고, 전문적으로 선별된 약물유전체 데이터베이스에 액세스하여 약물 간 상호작용 평가, 대체 약물 탐구, 그리고 사용자 지정 보고서를 생성하는 등의 작업을 수행한다.

그러면 소비자 영역에서는 어떠한 유전체 분석기술이 활용될까? 질병이나 약물유전체 분석과 같은 의학적인 분석 이외에도 개인 특성 및 웰

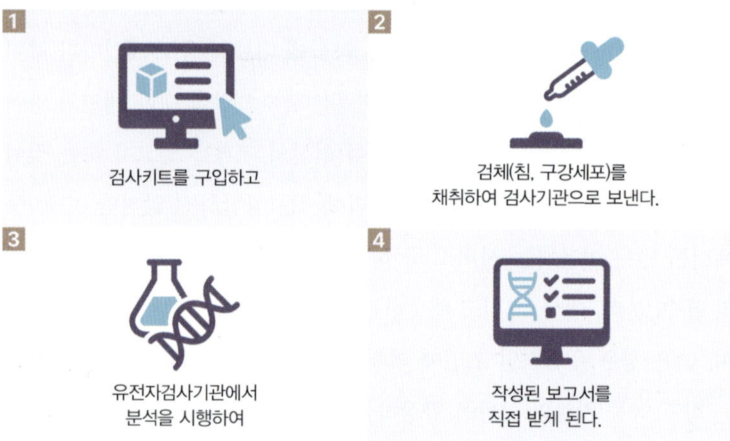

[그림 5.10] DTC 검사 과정

니스와 관련된 특징들을 유전체 분석을 통해 알 수 있다. 예를 들어, 같은 음식을 먹어도 사람마다 체중 변화에 차이가 있는데, 이는 사람이 가지고 있는 고유한 특성, 즉 유전자의 차이 때문이다. 만약 유전자 정보를 바탕으로 다이어트를 하고 싶다면, 검사 서비스를 집에서 편리하게 주문한 후 신장, 체중 및 허리둘레와 같은 신체 측정 지표와 운동하는 방법과 같은 생활 습관을 제공하여 사용자 상태에 가장 적합한 음식을 개인별로 계획할 수 있고, 내 몸에 적합한 운동 프로그램을 제공받을 수 있다.

최근 국내에서도 혈당, 혈압 등 12가지 항목으로 제한되어 있던 유전자 검사 항목이 56가지 항목으로 확대되어 기존에 허용된 항목뿐만 아니라 운동, 영양, 조상 찾기 등 다양한 항목에 대해 유전체 분석 서비스를 이용할 수 있게 되었다. 이에 따라, 개인이 유전체 분석 서비스를 접하고 정보를 활용할 수 있는 기회가 늘어날 것으로 보이며, 이와 함께 개인 맞춤형 산업과의 연계된 비즈니스의 확장이 기대되고 있다.

유전체 산업의 전망

글로벌 유전체 시장은 급성장 중이다. Frost & Sullivan 보고서에 따르면, 세계 유전체 분석 시장은 2017년 147억 달러에서 맞춤 의료 수요와 유전체학 연구개발 증가 등으로 연평균 10.6% 성장이 전망된다. 2023년에는 269.6억 달러 규모에 이를 것으로 추정된다. 국내 유전체 분석 시장은 연평균 9.9%씩 성장해 2023년에는 4,594억 원 규모에 달할 것으로 전망된다.

유전체 시장의 성장은 맞춤형 의약품 수요 증가에 기인한 새로운 형태의 치료 환경으로부터 영향받을 것이라는 분석이다. 실제로 유전자 변이가 있는 경우 약물대사에 영향을 준다고 알려져 있는 만큼 이는 환자의 약물 반응을 미리 예측할 수 있는 일종의 지표로 활용 가능하다. 예를 들어, HIV 치료제로 쓰이는 아바카비르abacavir 성분의 경우 HLA-B5701 유전자에 변이가 있는 환자에서 알레르기 위험성이 큰 것으로 확인된 것처럼, 향후 유전자 변이 연구는 실제 임상 현장에서 의사들의 처방 결정에 중요 요소로 작용할 것이라는 전망도 가능하다. 이와 함께 유전체 데이터 규모가 증가함에 따라 데이터 분석 시장도 빠르게 성장할 것으로 점쳐지고 있다. 이는 빅데이터의 중요성이 커진 데다 확보된 유전체 데이터의 규모까지 늘면서 데이터 분석에 대한 수요가 증가할 것이기 때문이다.

기술별로 보면 유전체 시장에서 PCRpolymerase chain reaction 기술이 2023년 106.2억 달러로 가장 큰 비중을 차지하나 시퀀싱 기술이 18.3%로 가장 빠르게 성장할 것으로 예상됐다. PCR은 유전체 시장에서 기본적으로 활용되는 기술로서 현재 전체 시장의 절반 가까이를 차지하고 있으며 유전자미세배열microarray 23.3%, NAPInucleic acid extraction and purification 17%, 시퀀싱 11.3% 순으로 시장을 형성하고 있다. 이와 함께 활용 분야별로는 전체 시장에서 진단 분야 36.4%, 신약개발 27.5%, 정밀의료가 20.4%를 차지할 것으로 예상됐다. 특히 NGS(차세대 유전체 서열결정기술) 단가를 낮추게 될 경우 기존의 시퀀싱 방법에서 NGS를 활용한 바이오마커 기반 신약개발이 가능해지는 만큼 추가적인 비즈니스 성장도 기대할 수 있다는 분석이다.

지역별 글로벌 유전체 시장에서는 북미 지역이 2017년 49.6억 달러에서 2023년 87.4억 달러로 가장 큰 규모를 차지할 것으로 전망된다. 이 가운데 연평균 성장률은 유럽 지역이 12.7%로 가장 빠른 성장을 보이나 아시아 태평양 지역은 9.6%로 상대적으로 낮은 성장률을 보일 것으로 예상된다. 이 같은 지역별 성장률 변화에는 유전질환 및 심혈관 질환의 발병 증가, 유전체 시장 R&D 규모, 민간 및 공공기관의 투자 증가가 영향을 미치는 것으로 분석됐다.

또한 암, 당뇨병 등과 같은 유전질환의 진단 및 치료에 우리나라를 비롯한 중국, 인도, 브라질, 멕시코, 러시아, 터키 등 신흥국가의 유전체분석 기법이 빠르게 발전할 것으로 기대된다. 이 같은 글로벌 유전체 시장은 새로운 기술 확대와 고령화에 따른 질병 증가로 성장이 되는 반면, 관련 규제와 높은 시퀀싱 기기 비용이 저해요인으로 작용할 것이라는 전망이다.

실제로 유전자 검사 기술 및 플랫폼 개발로 NGS 비용이 감소하거나 유전자 기반 진단검사의 보급 증가가 전반적인 의료비용 감소에 기인할 것으로 보이지만 DTC 서비스(Direct to Consumer, 개인 의뢰 유전자 검사)를 포함한 유전자 검사 서비스에 대한 포괄적인 규제가 전체 시장의 성장을 저해할 요인으로 지목된다. 특히 규제정책에 대한 표준화 부재는 기업들의 비즈니스 모델 전략 방향을 모호하게 만들 수 있다는 지적이 있다. 한편 유전정보의 활용 측면에서 볼 때 다양한 윤리적 딜레마도 해결과제로 남아 있다. 예를 들어, 유전정보를 외부에 판매하는 기업들이 늘면서 특정 그룹을 타깃으로 하는 의약품 마케팅이 시장에 자리 잡을 경우 소유권 등 다양한 문제를 야기할 수 있을 것으로 보인다.

BIOTECHNOLOGY

1. 미생물의 일반적인 특징
2. 미생물 분류학
3. 미생물의 배양 기술
4. 미생물을 이용한 생명공학 기술과 제품
5. 치료용 단백질
6. 다른 미생물을 퇴치하기 위한 미생물의 사용
7. 환경유전체학 연구
8. 인체 미생물군 프로젝트
9. 바이러스유전체학
10. 바이오연료 생산을 위한 미생물
11. 생물무기로서의 미생물

6

미생물 생명공학

미생물
생명공학

미생물microbe은 반드시 현미경을 이용하여 관찰해야 하는 매우 작은 생물체다. 대부분의 미생물은 세균이지만 바이러스, 효모, 곰팡이와 같은 진균류, 조류, 그리고 원생동물이라 불리는 단세포 생물체 또한 미생물에 포함된다. 세균은 35억 년 전부터 지구상에 존재해 왔으며, 인류보다도 훨씬 많은 개체수가 존재하여 지구에 살고 있는 개체수의 50% 이상을 구성하는 것으로 추측된다. 아직은 1%보다 적은 세균들만이 실험실에서 동정, 배양, 연구되고 있다.

우리는 사실상 세균에 둘러싸여 있다고 할 수 있다. 세균은 우리의 피부, 입속, 그리고 장 속에도 서식하고 있으며, 공기뿐만 아니라 실질적으로 우리와 접촉하는 모든 표면에 존재한다. 세균은 극지방의 만년설, 사막과 온천, 그리고 높은 압력의 대양 표면, 심해 심층수와 같은 지구의 척박한 환경에도 적응할 수 있다. 이 장에서는 먼저 미생물의 구조와 분류, 그리고 배양과 관련된 일반적인 특성을 개조식으로 살펴본 다음 과거와 현재의 미생물을 활용한 생명공학 사례와 그 속에 숨겨진 생명공학 기술에 대해 알아볼 것이다.

미생물의 일반적인 특징

일반적으로 미생물은 지구상에서 가장 오래된 생명체로서 35억 년 전부터 존재해 왔으며 이로부터 식물과 동물이 진화해 왔다고 알려져 있다. 미생물의 세계에 속한 생명체들은 크기가 매우 작아서 현미경의 도움 없이는 육안으로 볼 수 없다는 것이 가장 큰 특징이다.

미생물 세계의 개요

원핵세포와 진핵세포

미생물의 세계에는 근본적으로 구조가 다른 두 종류의 세포가 있는데, 막으로 둘러싸인 핵nucleus을 갖고 있지 않은 원핵세포와 막을 가진 핵이 세포내소기관으로서 존재하는 진핵세포가 그것이다.

원핵세포prokaryotic cells는 단세포 생물로 모든 세균과 고세균이 여기에 속하며, 핵이 없고, 유전정보는 핵양체라는 곳에 저장된다. 세포의 크기와 형태를 유지시켜 주는 단단한 구조의 세포벽으로 둘러싸여 있으며, 세균의 경우 펩티도글리칸peptidoglycan 구조가 그 골격을 이루고, 고세균은 세포벽에 펩티도글리칸 성분이 없다.

진핵세포eukaryotic cells는 단세포 또는 다세포 생물이다. 핵막으로 둘러싸인 핵이 존재하여 핵 속에 유전물질이 보존되어 있으며 핵과 미토콘드리아 등의 세포내소기관을 갖고 있어 원핵세포보다 훨씬 더 복잡한 구조를 보인다. 세포벽이 없고 세포골격cytoskeleton이라는 세포 내 구조로 세포의 형태를 유지한다. 모든 곰팡이fungi, 조류algae, 원생동물 등이 진핵세포 생물, 즉 진핵생물eukaryotes이다.

미생물 세계의 생물다양성

미생물의 세계는 놀라울 정도로 높은 생물다양성biodiversity을 보여 주는데, 미생물 세계에 속하는 생명체들은 외형뿐만 아니라 물질대사metabolism와 생리적·유전적 특징이 매우 다양하다.

미생물의 범주는 세균, 고세균, 곰팡이, 조류, 원생동물, 기생생물뿐만 아니라 비세포성acellular인 바이러스virus, 비로이드viroid, 프리온prion 등까지를 망라한다.

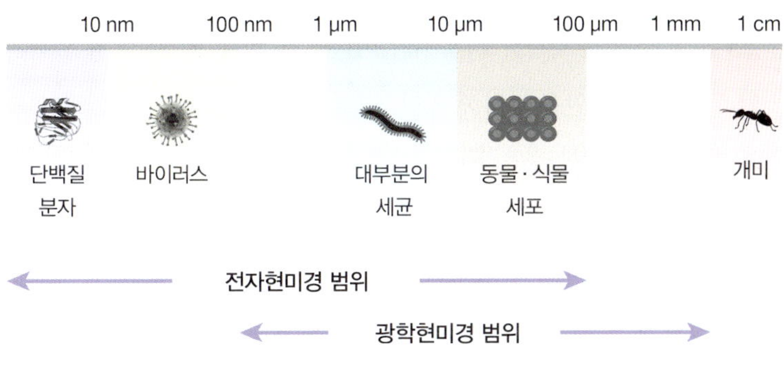

[그림 6.1] 크기로 본 미생물 세계

생명공학과 미생물

미생물은 고등 생명체에서 나타나는 기본적인 물질대사의 특징과 유전적인 특징이 매우 유사하므로 생명공학을 연구하기에 매우 좋은 모형 생물체이다. 최근 수십 년간 생명체에 관한 대부분의 연구결과는 미생물 연구를 통해 이루어졌다.

생명공학 연구에 있어 미생물이 가진 장점은 다음과 같다.

- 비교적 단순한 배지에서 빨리 생육하므로 실험실 내에서 연구가 용이하고 빠른 시간 내에 결과를 얻을 수 있다.
- 모든 세포가 유사한 생화학 반응경로에 의해 아미노산으로부터 단백질을 생합성한다.
- 모든 세포가 유사한 과정을 통해 DNA를 복제한다.
- 모두 유사한 대사경로를 통해 유기화합물을 분해하여 에너지를 얻는다.

미생물의 산업적 응용

미생물은 존재하기 시작한 시점부터 지금까지 자연 생태계에서 없어서는 안 될 중요한 역할을 담당해 왔다. 미생물의 기능을 인류의 삶과 연관시켜 활용하기 시작한 것은 고대부터라고 알려져 있다. 기원전 2100년경부터 이집트인들은 효모를 이용하여 빵을 만들었고, 오래전부터 양조 등 발효식품을 비롯한 식품가공 분야에서 미생물을 이용해 왔다. 그러나 미생물의 산업적 응용이 경제적 규모를 갖춘 산업으로 자리매김한 것은 지금으로부터 100년 전이다.

미생물의 산업적 응용 사례를 보면 다음과 같다.

- 폐기물 또는 죽은 생명체들의 분해자 역할
- 생명체와 환경 사이에서 산소와 질소 등 물질 순환의 촉매 역할
- 유용 활성물질들의 대량 생산에 관여
  - 페니실린, 세팔로스포린 등 β-락탐계 항생제의 산업적 생산에 응용
  - 신규 생리활성물질의 원천으로서 미생물의 생육과 직접적 관련이 없는 사이클로스포린 Acyclosporin A와 같은 면역억제제, 아카보스acarbose나 보글리보스voglibose와 같은 당뇨병 치료제 등의 생합성
  - 미생물이 생합성한 생리활성물질로부터 구조-활성 상관성 연구를 통해 수많은 반합성 의약품 창출
  - 유전자 재조합에 의한 바이오의약품의 대량 생산에 활용
- 식품제조 또는 식품가공 산업의 촉매자 역할
- 정수 또는 폐수 처리에 활용
- 환경 오염의 생물학적 정화bioremediation 기능

- 원핵세포
  - 분열균류(schizomycetes): 세균, 고세균
  - 남조류(blue green algae, 시아노박테리아)
- 진핵세포
  - 원생동물(protozoa)
  - 균류(fungi): 점균류(slime mold), 진균류(true fungi)
  - 지의류(lichens)
  - 조류(algae)
- 바이러스: 동물 바이러스, 식물 바이러스, 박테리오파지

[그림 6.2] 세포 형태에 따른 미생물의 분류

미생물 세계의 구성

생물체는 크게 동물계, 식물계, 원생생물계protista로 분류되는데(1866년 헤겔의 3계 분류), 미생물의 세계는 원생생물계에 속한다. 미생물 세계에 속하는 생물은 원핵세포의 세포 형태를 갖고 있는 세균bacteria 영역과 고세균archaea 영역, 그리고 진핵세포 생물인 진핵생물eucarya 영역 등 세 영역domain이 있으며, 여기에 살아 있지 않고 비세포성acellular인 바이러스, 비로이드, 단백질만으로 구성된 프리온 등과 같은 입자particle 또는 인자agent가 포함된다.

세균 영역

단세포의 원핵생물이며 여러 가지 기준에 따라 다양하게 분류할 수 있다. 세균의 주요 특징은 다음과 같다.

- 핵이 없으며, 유전물질은 핵양체nucleolus 속에 저장된다.
- 일반적으로 구균, 간균 혹은 나선균 형태이다.

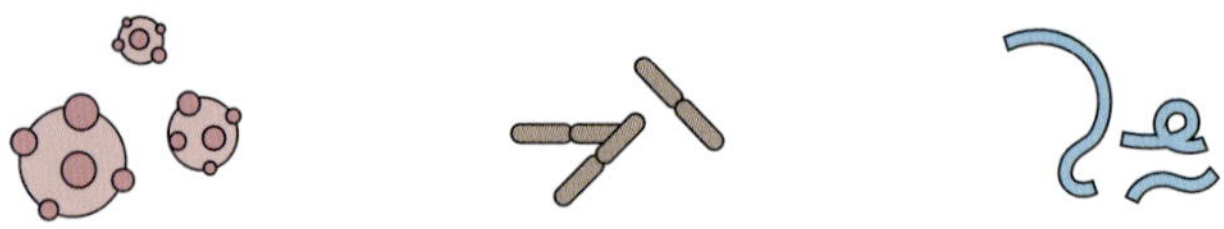

[그림 6.3] 대표적인 형태에 따른 세균의 분류

- 대부분 단단한 구조의 세포벽cell wall이 있어 세포 형태를 유지하며, 고세균이나 진핵생물에서는 발견되지 않는 펩티도글리칸 구조가 그 골격을 이룬다.
- 이분법binary fission을 통해 증식한다.
- 편모(flagella, 세포의 이동 수단), 섬모(pili, 세포의 부착성 도구) 등의 세포 부속물을 갖고 있는 경우도 있다.

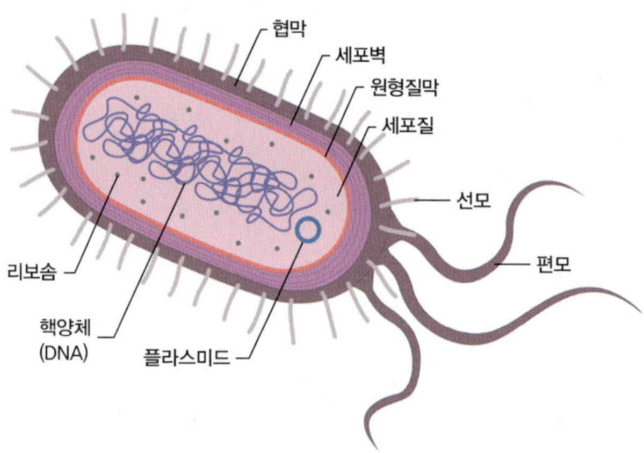

[그림 6.4] 전형적인 세균의 모식도

[표 6.1] 다양한 기준에 의한 세균의 분류

분류 기준	세균의 분류
염색 특성	• gram 양성: crystal violet에 의해 보라색으로 염색됨 • gram 음성: safranin에 의해 분홍색으로 염색됨
에너지 획득 방식	• 광영양생물(phototroph): 빛에너지를 이용 • 화학영양생물(chemotroph): 에너지와 탄소원으로 유기 화합물을 이용하는 생물로서 대부분의 감염성 생물이 해당됨
탄소원 획득 방식	• 독립영양생물(autotroph): 무기물로부터 탄소(CO_2)를 획득 • 종속영양생물(heterotroph): 유기물에서 탄소를 획득
산소 요구성	• 절대 호기성 생물(obligate aerobe): ATP 생산을 위해 산소가 반드시 필요 • 조건부 혐기성 생물(facultative anaerobe): 산소 유무에 관계없음 • 절대 혐기성 생물(obligate anaerobe): 산소가 전혀 없는 환경에서 ATP 생산. 산소는 치명적임
서식지 환경	• 호산성 세균(acidophile): 낮은 pH(pH 1.0~5.4) 환경 선호 • 호염성 세균(halophile): 높은 염도(3.5~30%) 환경 선호 • 호열성 세균(thermophile): 높은 온도(50~100℃) 환경 선호

다양한 세균 집단을 세포 구조의 염색 특성, 탄소원 및 에너지 획득 방식, 산소 요구성 그리고 서식지 환경 등에 따라 여러 가지로 분류할 수 있다[표 6.1].

세균 영역의 한 가지 특이 요소로서 플라스미드plasmid를 들 수 있으며 그 특징은 다음과 같다.

- 세균이나 효모 세포 내에 염색체나 핵과는 별도로 존재하는 핵 외 DNA로서 자가 복제self-replication가 가능하다.
- 세균이나 효모의 성장에 필수는 아니나 선택적 이점을 제공하는 유전자가 포함되어 있다.

- 새로운 유전자 조합을 만들거나 다른 생물(동종 또는 이종)로의 유전자 이동transfer, 유전자 클로닝cloning에 벡터로서 매우 유용하게 이용된다.
- 환형circular의 이중나선 DNA로서 일반적으로 염색체와 독립적으로 존재한다.
- 자체의 복제개시점을 갖고 있어서 자가 복제를 할 수 있고, 유전 또는 다른 세균에 전달될 수 있으며, 분열 도중 소실될 수도 있다.
- 세균의 항생물질 내성, 새로운 대사 능력, 병원성 등 새로운 특성을 부여한다.

고세균 영역

비교적 최근에 그 존재가 알려지기 시작했으며 세균보다 형태와 생리가 더 다양하다. 육상 환경뿐 아니라 극한 수생계, 고염성, 고열성, 극한의 환경에서도 발견된다.

세포 구조를 보면, 구균, 간균, 나선균 외에도 잎형, 판형, 부정형 amorphous type 등 매우 다양한 형태를 보인다. 단단한 구조의 세포벽을 갖고 있으나 세균과 다르게 그람(gram, 세균 염색법 중 하나) 양성과 음성 모두 세포벽 골격 구조가 펩티도글리칸이 아니어서 펩티도글리칸 생합성을 억제하는 β-락탐계 항생제에 대한 저항성을 가진다.

고세균의 가장 뚜렷한 특징은 세포막을 구성하는 지질lipid의 구조이다. 지방산이 세균과 같은 에스테르 결합이 아니라 에테르 결합에 의해 글리세롤에 연결되어 있어서 세균과 비교해 세포막이 훨씬 견고하다.

고세균의 생리적 특성은 매우 다양하게 보고된다[표 6.2]. 이분법뿐만 아니라 출아법, 분절법 등 다양한 방식으로 증식하며, 호기성, 조건부 혐기성 및 절대 혐기성, 화학무기독립영양인 경우가 많다.

[표 6.2] 주요 고세균 집단의 특성

고세균 집단	집단의 특성
메탄 생성 고세균 (*Methanobacterium*, *Methanococcus*)	• 절대 혐기성(obligate anaerobe) - 주요 최종 대사산물이 메탄
원시 황산 환원균 (*Archaeoglobus*)	• 독립영양생물(autotroph) - 구형 - 황산염에서 H_2S 생성 - G(−), 절대혐기성, 극호열성
극호염성 고세균 (*Halobacterium*, *Halococcus*)	• 호기성 화학무기영양 - 구형/막대형 - G(+)/G(−), 호중성~호알칼리성
세포벽 없는 호열성 고세균 (*Thermoplasma*)	• 세포벽 없음 - 조건부 혐기성(facultative anaerobe)
극호열성 황(sulfur) 대사균 (*Desulfurococcus*, *Pyrococcus*, *Sulfolobus*, *Thermococcus*)	• 절대적 호열성 - 70~110℃가 최적 성장온도 - G(−), 절대혐기성 - 공기 없는 곳에서 황을 H_2S로 환원시킴

진핵생물 영역

대표적으로 효모와 곰팡이를 들 수 있다. 세균과 마찬가지로 증식 속도가 빠르고 대량 배양이 용이하며 비용이 저렴하다. 효모yeast는 진핵생물이므로 인체 단백질이 번역 후 변형post-translational modification을 가진다. 그러나 경우에 따라서는 단백질 분해효소를 만들어 효모 내에서 만들어진 인체 단백질을 분해하기도 한다. 물론 유전자 조작을 통하여 이러한 단백질 분해효소를 원칙적으로 만들지 못하게 조작하는 것도 가능하지만 이로 인해 과정이 복잡해지는 단점이 있다.

바이러스

바이러스는 살아 있는 생물체로 보기는 어렵고 비세포성이므로 인자agent 또는 입자particle라는 표현을 사용한다. 바이러스의 주요 특징은 다음과 같다.

- 단백질로 된 껍질capsid에 싸여 있는 1개의 DNA 또는 RNA로 구성된다.
- 바이러스 종류에 따라 외피envelope를 갖고 있는 경우도 있다. 헤르페스바이러스herpesvirus는 외피가 있지만 에이즈 바이러스(HIV) 등의 아데노바이러스adenovirus는 외피가 없다.
- 바이러스 입자의 크기는 보통 20~200 nm이다.

살아 있는 생물체 내에서만 증식할 수 있는 바이러스는 감염성을 이용해 생존한다. 숙주세포를 감염시켜 숙주의 증식 기구와 영양분을 이용하여 증식한다. 바이러스의 숙주 감염성은 유전자 재조합 과정에서 유전자 전달을 위한 벡터 등 생명공학 수단으로도 활용된다.

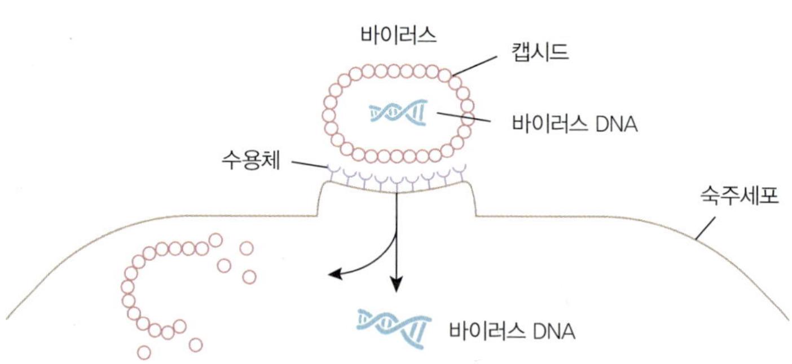

[그림 6.5] 동물 바이러스의 숙주세포 감염 모식도

- 세균, 고세균, 진핵생물에 속하는 모든 생물체는 바이러스에 감염 가능
- 살아 있는 생물체 밖에서는 비활성화

미생물 분류학

고도의 생물다양성을 가진 미생물 세계를 동질성을 보이는 소집단(분류균, taxa)별로 분류하고 재배열하는 체계를 분류학taxonomy or systematics이라 한다. 분류학을 통해 수많은 생명체에 관한 방대한 양의 지식과 정보를 과학적 · 논리적 체계에 따라 재구성할 수 있다. 분류학적 체계의 각 단계는 특징적인 접미어(또는 접두어)를 사용한다. 속genus의 상위 단계인 과family는 접미어 '-ceae'를 사용하고(예: Enterobacteriaceae) 그 위 단계인 목order은 접미어 '-ales'를 붙인다(예: Enterobacterales).

미생물 분류학의 특징

미생물 분류학은 (1) 과학적 · 논리적 체계로 구성되어 있다. 따라서 생명체에 관한 방대한 양의 지식과 정보를 중복 없이 과학적 · 논리적 체계에 따라 재구성할 수 있다. (2) 예측 가능성을 제공한다. 따라서 특정 미생물들이 유사한 연관성을 가지고 있다면 이들은 서로 공통된 특징을 갖고 있을 수 있다. (3) 정확한 명명법으로 구성된다. 특정 생명체에게 정확한 의미를 가진 명칭을 부여해 줌으로써 그 생명체를 정확하게 동정identification할 수 있으며, 해당 생명체에 관한 정보를 효율적으로 상호 교환할 수 있다. 예를 들어, 임상미생물학 분야에서 감염증의 원인균인 특정 병원체를 정확하게 동정해 내지 못하면 그 병원체에 관한 정확한 정보를 파악할

수 없어 결국 치료가 불가능하다.

속과 종의 규정

속genus은 종species의 상위 단계로서 서로 연관성이 높은 종들의 집단이다. 신규 개체 및 그에 관한 새로운 생물학적 정보가 발견되면 그에 따라 분류 체계도 변경되어 속명genus name이 바뀔 수도 있다. 속명의 변경 또는 새로운 속의 인정 여부 등에 관해서는 국제 학술지(예: 《International Journal of Systematic Bacteriology》 등)에서 충분한 논의를 거치게 된다.

종은 미생물 분류 체계의 최하위 단계이다. 종이란 안정된 많은 특성을 공유하는 여러 균주의 집단으로서 다른 집단의 균주들과 명확히 구별된다. 분류 체계의 변경으로 기존의 속명이 변경되더라도 종의 특성을 나타내는 종명species name은 바뀌지 않는다.

표현형과 유전형

표현형은 유전형이 겉으로 드러내는 여러 가지 특성을 말한다. 이상적으로 종은 표현형으로도 구별된다. 유전형은 유전인자에 의해 생물 내부적으로 결정되는 숨겨진 형질이다. 동일한 유전형이란 DNA 잡종화hybridization 실험에서 70% 이상 상동성을 보이면서 비슷한 G+C 비율(DNA 염기서열 중 구아닌과 시토신의 비율)을 가진 균주 집단을 지칭한다.

균주

특정 분류 범주 내에서 다른 집단과 구별되는 개체를 가리키며, 순수하게 분리된 개체로부터 기원한다. 특정 종에 속하는 한 균주strain를 표준 균주type strain라 하는데 일반적으로 가장 먼저 연구된 균주 중 하나이다. 종을 대표하는 표준 균주는 표준 종type species이라 한다. 후에 추가적인 연구 결과로 인해 분류 체계가 바뀌더라도 종명은 그대로 유지된다.

이명법의 규칙

일반적으로 사용되는 미생물 명명법으로서 보편적 의미를 가진 라틴어 표현을 사용하고 이탤릭체로 표기한다. 발견한 사람 이름이나 미생물이 발견된 지역명을 사용하기도 한다.

이명법 표기 중 앞부분은 대문자로 시작하며 속명을 나타낸다. 속명은 약어로 표기하기도 한다. 예를 들어, 대장균의 학명인 *Escherichia coli*를 *E. coli*로 표기하는 경우가 있다. 두 번째 부분은 종명으로서 소문자로 표기한다.

미생물 배양 기술

미생물의 성장 특성

미생물은 증식 속도가 매우 빠른 특징이 있는데 세균의 경우 0.5~5시간의 더블링 시간doubling time을 보이면서 자란다. 회분식 배양batch culture의 경우, 성장 곡선growth curve은 세 단계로 나누어 볼 수 있다[그림 6.6]. 회분식 배양은 배양기에 준비된 배지에 종균 배양액seed culture을 접종한 후 배지 성분이 모두 소모될 때까지 배양하는 배양 형태이다.

① 지체기

지체기lag phase는 배양이 시작된 후 세포 성장cell growth이 시작되기 전 세포가 환경 조건에 적응하기 위해 준비하는 단계이다. 이 단계에서 세포는

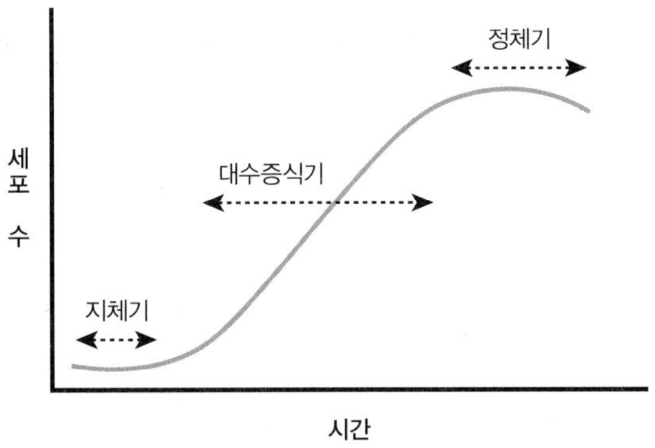

[그림 6.6] 미생물의 특징적인 성장 곡선

물질대사에 필요한 효소enzyme를 합성하고 손상된 부분을 복구한다.

② 대수증식기

대수증식기log phase는 세포주cell line의 유전적 특성, 특정 배지 조성 및 배양조건하에서 최고 속도로 성장하는 단계이다. 대수증식기의 더블링 시간은 주어진 조건에서 세포주의 성장 능력을 나타낸다. 대수증식기에는 성장 속도가 일정하고, 집단 내에서 모든 세포의 생리적·화학적 특성이 균일해지며, 영양물질의 농도에 따라 성장 속도가 증가한다.

③ 정체기

정체기stationary phase는 세포의 성장과 사멸이 평형을 이루는 단계로서 특정 배양조건하에서 자랄 수 있는 최대 세포 수를 나타낸다. 정체기가 나타나는 원인은 배지 중 영양분의 고갈, 성장에 따른 물질대사 노폐물의 축적, 집단의 임계 밀도 등이다.

미생물 배지

미생물 배양은 배지medium를 만드는 것부터 시작된다. 배양하고자 하는 미생물의 특성에 따라 필수 영양물질을 배지를 통하여 적정 수준으로 공급하면 세포를 증식하고 목적산물을 효율적으로 생성할 수 있다.

미생물 배지의 구성

세포의 구성 원소는 미생물의 종류에 따라 구성 비율이 다르기 때문에 배지 조성은 미생물의 특성에 따라 결정된다. 세균의 경우 탄소 50~53%, 질소 12.5%인 데 비하여 효모는 탄소 45~50%, 질소 7.5%이고, 곰팡이의 경우 탄소 40~63%로 훨씬 더 다양성을 보이고 질소 6%로 이들 중 가장 적은 것으로 알려져 있다. 배지의 원료는 가능한 한 경제적이며 공급이 안정적이고 보존과 멸균에 유리한 것을 선택한다. 일반적으로 미생물 생장에 필요한 영양원이 풍부한 영양배지를 많이 이용하지만 상황에 따라 배지 성분의 화학적 조성이 밝혀진 합성배지synthetic medium를 사용하기도 한다.

① 탄소원

미생물 배양에서 가장 일반적으로 사용되는 고순도의 탄소원은 포도당과 같이 순도가 높은 것이다. 그러나 산업적 생산 규모에서는 원료 가격, 목적산물의 생산성, 기질의 보관성, 공급 안정성, 발효 후 폐기물 처리, 발효기 운전 안정성 등을 종합적으로 고려하여 선택하여야 한다. 배지 중 서로 다른 탄소원이 혼합되어 있는 경우 각 탄소원은 순차적으로 이용되므로 미생물 세포 증식과 대사의 양식이 복잡해진다. 다양한 전분류와 덱스트린, 설탕이 함유된 당밀 등이 많이 사용된다.

② 질소원

배지에 사용되는 질소원은 무기질소태, 유기질소태 및 N_2 형태로 구분한다.

- **무기질소태**: 암모늄염, 아질산염nitrite, 질산염nitrate 등
- **유기질소태**: 각종 단백질, 펩티드와 아미노산 등
- **N2 형태**: 배지 중의 암모늄 이온은 NH_3 형태로 세포 내로 흡수되기 때문에 배지 중의 H^+ 농도가 증가하여 배지의 pH는 낮아진다. 반면, 배지에 질산염을 질소원으로 첨가할 경우 세포에 흡수되기 전에 NH_3로 환원된 후 흡수된다. 따라서 H^+이 소모되므로 배지의 pH는 상승하게 된다. 미생물의 종류에 따라 생장을 위한 적정 pH 범위가 있으므로 질소원의 이용에 따른 배양액의 pH 변화를 유도하여 미생물의 생장을 조절한다. 배지 내의 pH가 변하는 것을 줄이기 위해 요소urea, NH_4NO_3, 글라이신glycine 등을 사용하기도 한다.

세포 단백질의 아미노산 구성은 미생물에 따라 다르다. 따라서 아미노산을 질소원으로 사용할 경우에는 그 구성 비율과 유사하게 공급하는 것이 바람직하다.

단백질, 펩티드, 아미노산과 같은 유기질소원은 탄소원이 충분한 상태에서는 질소원으로 사용되지만 탄소원이 제한된 환경에서는 탄소원으로도 이용된다. 이러한 경우에는 암모니아가 배지 내에 축적된다. 유기태질소원으로는 효모추출물yeast extract, 대두박soybean meal, 면실박cottonseed meal, 어분박fish meal 등이 주로 사용된다.

③ 성장인자

미생물 생장에 필수적인 물질 중 자체적으로는 생합성이 불가능한 물질은 반드시 외부로부터 공급해 주어야 한다. 이같이 세포의 생장을 위하여 외부로부터 공급이 요구되는 물질을 일반적으로 성장인자growth factor라고 한다. 성장인자는 세포에 따라 다르며 같은 세포라도 배양 환경에 따라 그 요구 범위가 다를 수 있다. 일반적으로 비타민이나 아미노산류 등이 성장인자로 작용한다.

④ 무기염류

인(P)은 핵산, 인지질 등의 생합성에 필수적인 무기염이다. 일단 세포 내로 흡수된 무기태인 PO_4^{3-}은 세포 내에서 재순환되기 때문에 배양액 내 농도는 그리 높지 않다. 세포 성장 속도가 빠르면 세포 내 RNA 함량이 높아지기 때문에 인의 요구량이 증가하게 된다. 무기 인산염은 배지의 pH를 안정적으로 유지시켜 주는 완충작용이 우수하기 때문에 세포 생장에 필요한 양보다 조금 더 넣어 주는 것이 좋다. 칼륨(K)도 RNA 생합성과 관련이 있어 성장 속도의 증가와 함께 균체 내 RNA 함유량을 증가시키기 때문에 성장 속도가 빨라지면 칼륨의 요구량 또한 증가하게 된다. 황산마그네슘($MgSO_4$)은 세포가 필요로 하는 Mg^{2+} 이온과 황을 동시에 공급하기 위해 배지에 첨가된다. 유황은 보통 황산염으로 공급되거나 유기물인 시스테인cysteine이나 메티오닌methionine의 형태로 공급한다. 대부분의 세균은 무기물 형태인 SO_4^{2-}를 이용하며, 특히 호염성 세균의 경우에는 다량의 나트륨(Na^+) 이온을 요구한다.

⑤ 배양 중 배지 성분의 추가

미리 준비한 종균 배양액 접종 후 2시간마다 샘플을 취해서 OD600 값을 측정하고 기록하여 미생물의 성장 곡선을 작성한다. 매일 다음과 같은 내용의 항목을 추가로 기록하여 배양 상태를 모니터링한다.

- 성장 곡선상의 지체기에서 OD600 값이 2배 이상 증가하고 당 농도가 50% 정도 감소한 시점에서 피딩 라인feeding line을 통해 배지를 조금씩 첨가한다.
- 당 농도와 pH 값이 급격하게 감소하는 시점을 기준으로 남은 배지를 모두 첨가하고, 5~6시간 정도 적응 및 안정화시킨다.
- 기타 첨가제는 OD600 값이 2~3일 일정한 값으로 유지되는 경우 유도기를 줄이기 위해 $CaCO_3$를 간헐적으로 첨가한다.

미생물 배지의 분류

먼저 배지 조성에 따라 다음과 같이 분류할 수 있다.

- **천연배지**Natural medium: 배지 중의 영양성분을 모두 천연물인 동·식물체에서 얻은 것으로 만든 배지. 화학조성이 복잡하고 명확하지 않다.
- **합성배지**Synthetic medium: 모든 영양성분의 화학조성을 명확하게 하여 만든 배지. 미생물 영양 요구성 검토나 미생물 정량법bioassay 등에 사용된다.

다음으로 배지의 물리적 상태에 따라서는 다음과 같이 분류된다.

- **액체배지**Liquid medium: 미생물 생리실험, 대사산물 생산, 균체세포 생산 등에 사용한다.
- **고체배지**Solid medium: 액체배지에 한천agar, 젤라틴gelatine 등 고화제를

첨가하여 견고하게 응고시킨 것. 멸균 후 냉각 및 고화시킬 때 목적에 맞게 평판배지, 사면배지, 고층배지로 만든다.

- **평판배지**Plate agar medium: 집락colony을 형성시켜 미생물을 순수 분리할 때 사용한다.
- **사면배지**Slant agar medium: 호기성 세균의 배양과 보존에 사용한다.
- **고층배지**Stab agar medium: 젖산균 등 미호기성균의 천자배양stab culture에 사용한다.

- **반**semi**고체배지**: 미생물의 운동성 등 생리적 특성을 실험할 때 사용한다. 액체배지에 한천, 젤라틴 등의 고화제를 고체배지보다 적게 사용하여 약간 유동성 있게 응고시킨 것이다.

미생물 배양의 영향인자

재조합 미생물을 이용하여 대량 생산을 하는 경우 배양조건을 최적화하는 것이 중요하다. 배양에 영향을 미치는 조건에는 배지 안정성, 희석률, pH, 온도, 산소 요구성 등이 있다.

① 배지 안정성

배지 조성 성분들이 상호 간 반응하지 않고 물리적, 화학적으로 고유한 특성을 유지하는 것을 말한다. 배지 안정성에 영향을 미치는 주요 요인에는 각 성분 간의 반응과 배지 멸균온도, 배지의 pH, 산소 농도 등이 있다.

② 희석률

미생물을 연속적으로 배양하는 경우 희석률dilution rate이 단백질 생산에 큰 영향을 미친다. 연속식 배양에서의 희석률은 미생물의 비증식 속도

specific growth rate와 같기 때문에 결국은 미생물 성장 속도가 목적산물의 생산성을 좌우하게 된다.

③ pH

미생물의 생육은 효소 활성에 영향을 미치는 pH에 의해 크게 영향을 받으므로 일정한 pH 범위 내에서만 생장할 수 있고 미생물의 종류에 따라 생장하기에 가장 좋은 최적 pH가 있다. 배양 조제 시 탄산칼슘을 첨가하면 pH 7 정도를 유지할 수 있다. pH가 저하되면 탄산칼슘이 용해되어 pH가 올라가고 미생물이 생성하는 산acid에 의해 pH가 내려간다. 발효기의 pH는 산이나 염기 용액을 첨가하여 조절할 수 있다.

④ 온도

미생물은 외부 온도에 따라 세포 내 온도가 변하므로 온도에 특히 민감하다. 미생물은 생장 가능한 온도 범위를 벗어나면 성장 속도가 저하되거나 정지된다. 미생물은 종류에 따라 생장에 필요한 최저온도와 최고온도가 있고 그 범위 내에 성장 속도가 가장 빠르게 나타나는 최적온도가 있다.

⑤ 산소 요구성

미생물은 유기물질을 변화시켜 얻은 에너지로 생명을 유지하며, 이러한 에너지를 얻을 때 산소를 필요로 하는 미생물을 호기성 미생물이라 한다. 호기성 배양에서는 산소가 대량으로 소비되는 기질의 하나이며 호기적인 세포 내 물질대사를 산소가 질과 양으로 지배하기 때문에 중요하다. 미생물의 생육에 필요한 산소 요구성의 유무와 강약에 따라 절대호기성균, 통성혐기성균, 절대혐기성균 등으로 분류한다. 배양기에서는

[표 6.3] 배양 온도에 따른 미생물의 종류

종류	최저온도	최적온도	최고온도
저온균 (*Pseudomonas, Vibrio, Serratia, Flavobacterium, Micrococcus* 효모: *Candida, Torulopsis* 곰팡이: *Geotrichum candidum, Cladosporium*)	0~10℃	10~20℃	25~30℃
중온균 (*B. subtilis, E. coli*, 병원성세균, 대부분의 곰팡이와 효모)	0~7℃	20~40℃	40~50℃
고온균 (*B. stearothermophilus, Lactobacillus delbruekii, Cl. thermosaccharolyticum*)	25~45℃	50~60℃	70~80℃

물에 녹아 있는 용존산소Dissolved Oxygen, DO 형태로 공급한다. DO 값은 0~100% 범위에서 조절 가능하며 교반 속도에 의해 제어된다. 교반 속도로 DO 값을 유지할 수 없을 때는 고압산소나 산소부화기로 순수 산소를 공급하여 배양액 중 DO 농도를 높여 줄 수 있다.

⑥ 기타

대부분의 세포 반응은 수용액 상태에서 일어나므로 미생물의 생존에 물은 매우 중요한 요소이다. 물이나 수분의 영향을 검토하기 위한 기준으로 수분 함량, 용질 농도, 삼투압, 평형 상대습도, 수분활성 등이 있다.

미생물 고체 배양법

세균, 효모, 곰팡이 등의 증식에 적합한 고체배지를 이용하여 검체 중에 다양하게 존재하는 미생물군으로부터 필요한 미생물만을 순수하게 분리하여 단일 집락colony이 형성되도록 배양할 수 있다.

획선 배양법agar streaking method

페트리 디시petri dish에 준비된 한천 배지agar plate상에서 무균 백금이로 대상 미생물을 채취하여 한천 배지 표면에 지그재그로 획선streaking을 그어 미생물이 선을 따라서 희석되도록 한다[그림 6.7(a)]. 그다음 화염 멸균한 백금이로 전 단계의 획선으로부터 다시 획선을 하고 같은 요령으로 재차 동일하게 실시한 후 배양기에서 배양하여 한천 배지 표면에 형성된 독립된 집락을 분리한다.

도말 배양법agar spreading method

페트리 디시에 준비된 한천 배지 표면에 미생물 검체를 적당량 분주하고 멸균된 유리(또는 일회용 플라스틱) 삼각봉spreader을 이용하여 배지 표면에 골고루 도말한 후[그림 6.7(b)] 배양기에서 배양하여 독립된 집락을 분리한다.

혼석 배양법agar pouring method

멸균 생리식염수를 이용하여 미생물 검체를 적당히 희석한 후, 미리 멸균하여 약 60℃로 유지시킨 한천 배지와 충분히 섞어서 직경 9 cm의 페트리 디시에 약 20 mL씩 무균적으로 분주한다[그림 6.7(c)]. 한천 배지가 응고되면 배양기에서 배양하여 독립된 집락을 분리한다.

미생물 바이오리액터 운전 방법

유형별로 회분식 배양, 유가식 배양, 연속 배양, 배지 교환식 배양 등이 있다. 배양의 목적에 따라 배양 방법도 다양하게 고려하는데, 재조합 단

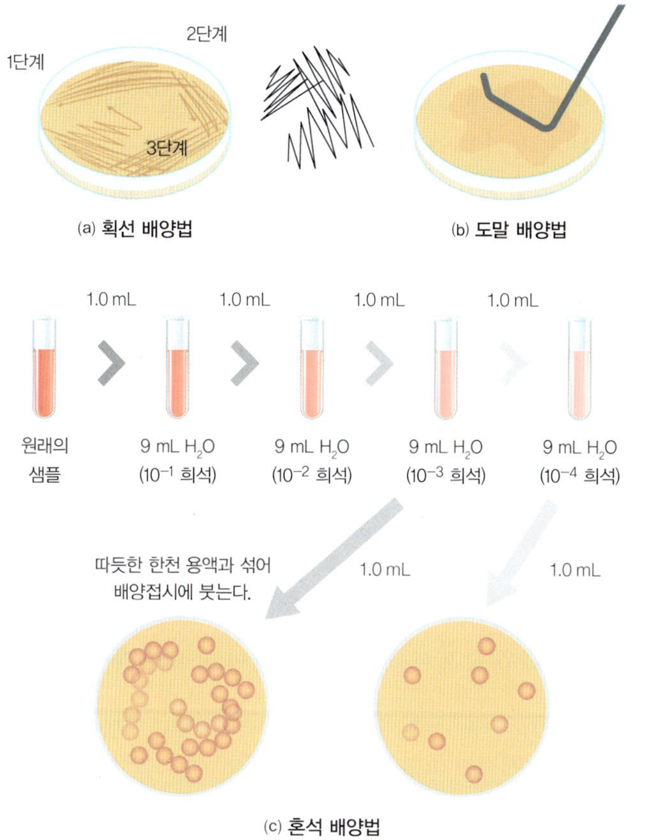

[그림 6.7] 세균의 평판 배양법

백질 생산의 경우 미생물 생장의 변수와 함께 후속 과정인 정제 공정에의 영향도 생각해야 한다.

① 회분식 배양

회분식 배양batch culture은 가장 일반적인 배양 방식으로 배양기 내에 배지를 넣고 멸균한 다음 미리 준비한 종균 배양액seed culture을 접종한 후, 배지 성분이 모두 소모될 때까지 배양하는 방법이다. 회분식 배양에서 미생물 세포는 고유한 유전적·생리적 특성에 따라 주어진 환경에 맞추어 생장하게 된다. 통기 배양을 위한 공기의 주입과 배출을 제외하면 배양기 내의 모든 배지 성분 및 생성된 대사물질의 유입과 배출이 차단된 폐쇄 시스템closed system 배양 방식이다. 따라서 배지 농도, 미생물 세포 농도, 대사산물 농도 등의 배양 환경이 배양 시간에 따라 계속적으로 변화한다. 다음에 설명할 유가식 배양 방식과 함께 비교적 단순한 방식으로서 각각 시간에 따라 배양액의 수확 시기가 일정하기 때문에 실제 생산에 적용하기가 매우 쉽다.

회분식 배양에서의 주의사항은 다음과 같다.

- 배양액 중 미생물 세포의 농도가 낮아서 수확한 배양액 중 목적산물의 농도가 매우 낮기 때문에 정제 과정이 오히려 매우 어려워질 수 있다.
- 배양 기간과 배지의 조성 및 농도를 미생물 세포 성장 단계와 일치시켜야 한다.
- 미생물 세포의 성장 패턴과 생산 단백질의 생합성 시기는 서로 다를 수 있다.
- 필요 영양소가 처음부터 모두 들어 있는 배지가 필요하며, 결과적으로 당 농도가 일반적인 배양 방식보다 훨씬 높아야 한다.

② 유가식 배양

유가식 배양fed-batch culture은 적절한 농도의 기질을 배양기 안으로 계속 유입시켜 주는 방식으로, 배지가 계속해서 유입된다는 점에서는 연속 배양과 같으나 배양액을 유출시키지 않기 때문에 배양액의 부피는 지속적으로 증가하는 열린 시스템opened system 배양 방식이다. 회분식 배양의 경우 초기에는 높은 기질 농도에 의한 저해 현상이 나타나고 시간이 경과함에 따라 기질이 점차 소모되는 현상이 반드시 일어나게 되는데, 이러한 현상을 방지하기 위하여 배지 중 기질 농도를 적절히 유지하여 미생물 세포 증식 및 목적산물의 생산을 지속적으로 유지하는 배양 방식이다.

유가식 배양의 특징은 다음과 같다.

- 회분식 배양 방식보다 단백질 생산 농도가 높아서 생산성을 증가시킬 수 있는 장점이 있다. 전체 과정도 회분식 배양보다 조절이 더 용이하다.
- 대부분의 영양분과 시간을 미생물 세포 성장, 즉 바이오매스biomass만 증가시키는 데 사용할 수 있다.

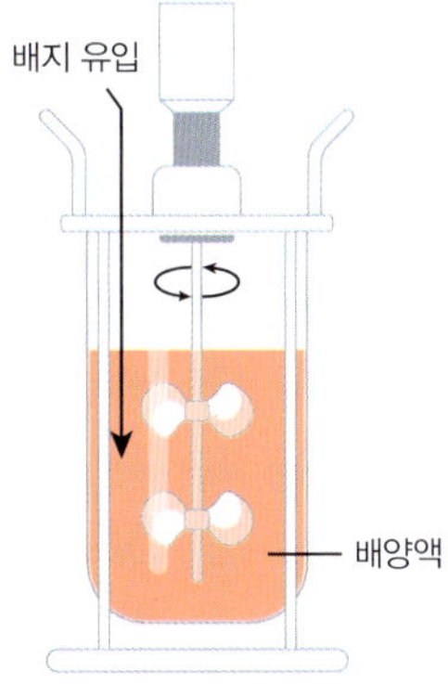

[그림 6.8] 유가식 배양 방식의 모식도

- 배지를 첨가하는 동안 영양소의 농도가 과도하게 높아지게 되면 포도당glucose이 젖산lactate으로 전환될 수 있어 이에 대한 대응 노력이 필요하다.
- 영양 공급에 따른 노폐물 생성은 적지만 이것을 제거하지 못하면 성장 속도는 점점 낮아지고 사멸되는 미생물 세포가 많아지며 세포 잔유물cell debris이 증가한다.

③ 연속 배양

연속 배양continuous culture은 배양기 내로 신선한 배지를 일정 속도로 지속적으로 유입시켜 미생물 세포 성장을 일정하게 유지하는 동시에 배양액을 지속적으로 유출시켜 전체 배양액의 부피를 일정하게 유지하는 열린 시스템 배양 방식이다. 따라서 연속 배양은 제한시켜 준 기질의 소모, 미생물 세포 증식, 대사산물 생성이 일정하게 유지되는 정류상태steady-state이므로 생장하는 미생물 세포의 특성이 배양 기간 동안 일정하게 유지될 수 있다.

연속 배양의 특징은 다음과 같다.

- 정제 과정이 상대적으로 용이하다는 장점이 있다. 또한 성장 속도의 조절이 가능하고 성장을 방해하는 암모니아와 젖산 같은 부산물을 연속적으로 제거한다.
- 회분식 배양 방식에 비해 복잡하고 결과적으로 실패하기도 쉽다. 예를 들어, 오염이 되었을 때 언제 오염이 시작되었는지 정확히 알 수 없으므로 전체 과정에 해당하는 배양액을 모두 폐기해야 한다.
- 일반적으로 총 미생물 세포 생산량이나 목적산물의 회수율은 회분식 배양 방식과 같거나 오히려 낮을 수 있다.

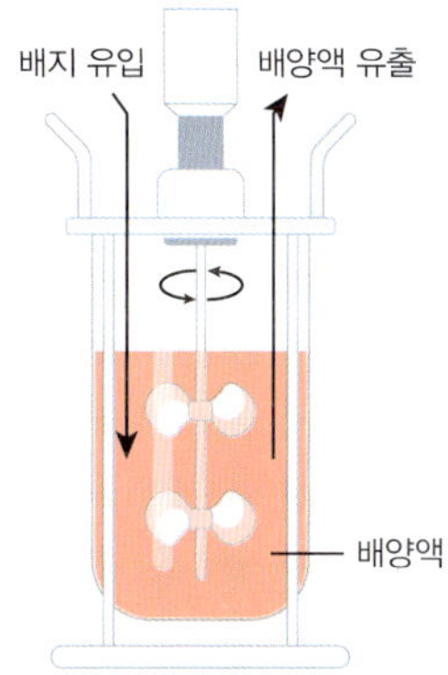

[그림 6.9] 연속 배양 방식의 모식도

- 장기간 배양으로 인하여 생산성이 떨어질 가능성이 있으며, 배양액의 활성도 완전하지 않을 수 있다.

④ 배지 교환식 배양

배지 교환식 배양perfusion culture 방식은 생산성을 높이기 위한 획기적인 혁신기술로서 개발되었다. 미생물 세포를 반응기 안에 남기고 펌프를 통해 배지를 연속적으로 공급하며, 미생물 세포를 분리하는 장치를 이용해서 일정량의 배양액을 연속적으로 회수할 수 있다. 원심분리기, 막분리, 미생물 세포 침강조, 스핀 파이버spin fiber 등이 배양 및 분리정제 수단으로 이용된다.

배지 교환식 배양의 특징은 다음과 같다.

- 미생물 세포 농도가 일정 수준 이상으로 올라가면 배양기 내에서 세

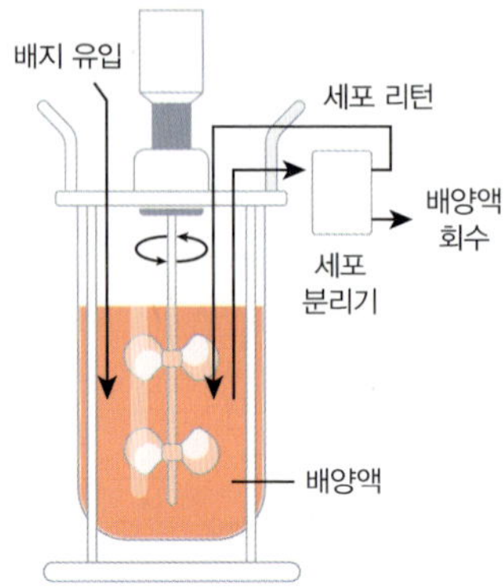

[그림 6.10] 배지 교환식 배양 방식의 모식도

포 성장에 따른 문제가 발생하기 때문에 일정량의 세포를 제거해야 하는데 이를 블리딩bleeding이라고 한다. 일반적으로 블리딩은 배양기 전체 부피를 기준으로 10분의 1 정도가 일반적이다.

- 미생물 세포의 농도와 목적 단백질의 농도를 높일 수 있다는 장점이 있다. 성장 속도를 블리딩으로 조절할 수 있기 때문에 신규 배지의 공급과 무관하게 조절할 수 있다.
- 대부분의 미생물 세포가 반응기 내부에 갇혀 있기 때문에 초기 성장 단계에서는 대부분의 영양분이 미생물 세포의 성장에 사용되지만 생산 단계에서는 대부분이 목적 단백질 생산에 쓰이도록 대사 과정을 조절해야 한다.
- 정제 과정의 난도難度는 일반적으로 회분식 배양과 연속 배양 방식의 중간 정도이며, 배양액 중의 미생물 세포를 연속적으로 제거해야 한다. 그러나 어느 한계를 넘어서면 미생물 세포를 분리해 주는 장치가

막혀 버리거나 각종 센서의 오작동이 유발되기도 한다.

- 일반적으로 가장 중요하게 고려해야 할 것은 산소 전달과 세포 분리 장치이다.

미생물을 이용한 생명공학 기술과 제품

매일매일의 일상생활에 미생물 생명공학을 적용한 사례로, 미생물이 가진 뛰어난 잠재력을 활용한 식품 제조, 새로운 의약품의 개발과 생산을 들 수 있다.

식품 생산품

미생물은 빵, 요구르트, 치즈, 김치 같은 다양한 식품뿐만 아니라 맥주, 와인, 샴페인, 증류주와 같은 음료를 만드는 데도 이용된다. 치즈를 만들기 위해서 소, 염소, 양으로부터 나온 우유는 우유 응고(응유)를 촉진하기 위해 처리되며, 응유 형성 후에 남아 있는 액체를 유청이라고 부른다. 응고된 우유로부터 치즈를 만드는 한 가지 방법은 산성용액으로 우유를 처리하는 것이지만, 전형적으로 가장 좋은 맛의 치즈는 레닌renin이라는 효소를 이용해 만들어진다. 치즈 생산 초기에는 레닌을 송아지와 염소, 양, 말, 그리고 심지어 얼룩말이나 낙타와 같이 우유를 생산하는 종의 위胃로부터 추출하였다. 레닌은 우유의 주요 성분인 카제인이라는 단백질을 소화시켜 응유를 생산한다. 소화된 카제인은 우유가 상했을 때 일어나는 과정과 비슷하게 단백질의 불용성 혼합물을 형성한다. 함께 압착되고, 수분함량이 조절되고, 향이 첨가되면서 응고된 물질이 치즈가 된다.

1980년대에 과학자들은 DNA 재조합 기술을 이용하여 세균세포와 *Aspergillus niger*와 같은 곰팡이에 레닌을 클로닝하여 발현시켰다. 미생물로부터 얻은 재조합 레닌[현재는 키모신(chymosin)이라고 불림]은 소에서 추출한 저렴한 레닌 대용품으로 치즈를 생산하는 데 널리 이용되었다. 1990년에 레닌은 최초의 재조합 DNA 식품 성분으로 FDA 승인을 받았다. 몇몇 종류의 치즈에서는 젖산균(*Lactococcus lactis, L. acidophilus*)이 치즈를 만드는 과정에서 우유를 응고시키는 데 사용되었다. 이 세균들은 카제인을 분해하고 락타아제라는 효소를 사용하여 우유 안에 들어 있는 당을 분해하며, 이러한 분해 과정을 통하여 생성된 분해산물들은 발효 과정fermentation을 위하여 세균에 의하여 궁극적으로 사용된다.

발효 미생물

발효는 빵, 맥주, 와인, 샴페인, 요구르트, 치즈를 포함한 다양한 식품과 음료를 생산할 때 미생물에 의하여 일어나는 중요한 과정이다. 발효 미생물은 생명공학에서 매우 중요한 역할을 한다. 초기 미생물 응용 방법 중 하나는 효모로 발효시켜 맥주나 와인을 양조하는 것이었다. 맥주, 와인, 빵을 만들 때 미생물이 어떠한 역할을 하는지 알기 위해서는 발효 과정에 대해 자세히 알아야 한다.

동물세포와 식물세포, 그리고 많은 미생물은 아데노신삼인산adenosine triphosphate, ATP이라고 불리는 분자를 만들기 위해 당으로부터 나온 전자를 사용하여 포도당과 같은 탄수화물로부터 에너지를 얻는다. ATP 생산반응은 연속적으로 일어난다. 첫 번째 중요한 반응인 해당과정glycolysis은 포도당을 2개의 피루브산 분자로 전환한다. 이러한 전환과정 동안 전자는 포도당으로부터, NADH를 생성하기 위해 전자들을 포획할 수 있

[그림 6.11] 대표적인 발효식품인 빵

는, NAD$^+$nicotinamide adenine dinucleotide라 불리는 전자운반체 분자로 이동한다. NADH는 세포호흡cellular respiration의 후속반응에 전자를 전달하며, 이러한 현상은 산소가 존재할 때 ATP를 대량 생산하는 결과를 초래한다. 산소가 존재하는 조건(호기적 조건)에서 세포호흡을 진행하기 때문에 ATP를 생산하기 위하여 산소를 이용하는 미생물을 호기성균aerobes이라고 부른다.

많은 미생물이 동물의 장관 또는 심해나 토양같이 산소가 거의 없거나 존재하지 않는 곳에서 살아간다. 이러한 미생물은 산소가 없는 조건에서 생존해야 하기 때문에 산소가 존재하지 않는 조건(혐기성 조건)에서 당으로부터 에너지를 생성할 수 있는 능력을 가지도록 진화하였다. 이것이 발효이며, 발효를 이용하는 미생물을 혐기성균anaerobes이라고 한다.

발효는 NAD$^+$가 전자를 획득하여 NADH와 피루브산을 생성하기 위하여 NAD$^+$가 이동한다는 점에서는 해당작용과 비슷하다. 그러나 위의 과정을 통하여 생성된 NADH와 피루브산은 다른 경로를 통하여 사용되지 않는 한 산소 유무에 따라서 아래 대사과정에 다시 이용된다. 호기성 대사에서 ATP를 생성하기 위하여 NADH와 피루브산으로부터 전자를 사용하는 데 산소가 요구되지만, 산소가 희박하거나 존재하지 않는 혐기성 조건에서는 ATP 생성에 NADH나 피루브산이 사용되지 못한다. 모든 생물은 NAD^+로부터 NADH를 만들어야 한다. 발효는 많은 혐기성균이 산소 부재하에서 ATP 생성을 가능하게 하고 몇몇 혐기성균은 산소의 유무에 따라 발효 또는 호기성 호흡을 할 수 있다. 산소 부재하에서 혐기성균은 NAD^+로부터 NADH를 생산하는 문제점을 풀기 위한 방법으로 발효반응을 할 수 있도록 진화했다. 발효 미생물은 NADH로부터 전자를 취하여 NAD^+로 재전환할 때 전자 수용체 분자로서 피루브산을 이용한다. 발효의 가장 일반적인 유형 두 가지는 젖산 발효lactic acid fermentation와 알코올 발효alcohol(ethanol) fermentation이다.

젖산 발효에서 NADH로부터 나온 전자는 피루브산을 젖산으로 전환하는 데 사용되고, 알코올 발효를 하는 동안 NADH로부터 나온 전자는 피루브산을 에탄올로 전환하는 데 사용된다. NAD^+는 전자가 NADH로부터 제거되어 발효의 마지막 단계에서 젖산이나 에탄올을 만들기 위해 피루브산으로 전이될 때 생성된다. 또한 알코올 발효를 하는 동안 노폐물로서 이산화탄소가 생성된다.

이 밖에도 다양한 발효 세균과 효모가 존재한다. 또 다른 종류의 발효는 배추로부터 김치를 만들고 식초의 아세트산, 과일주스의 구연산, 실험실에서 유리기구 세척을 위해 사용되는 아세톤, 메탄올과 같은 유용한 산물을 만든다. 또한 이와 같은 미생물에 의한 생성물은 다른 방법보다 효과적이고 저렴하게 생산된다는 장점이 있다. 젖산 발효는 운동을 하는 동안 인간의 근육세포에서도 일어난다. 우리가 수업에 늦어 달릴 때 다리에서 타는 듯한 느낌이 나는 것은 근육세포가 젖산을 생성하는 발효 때문이다.

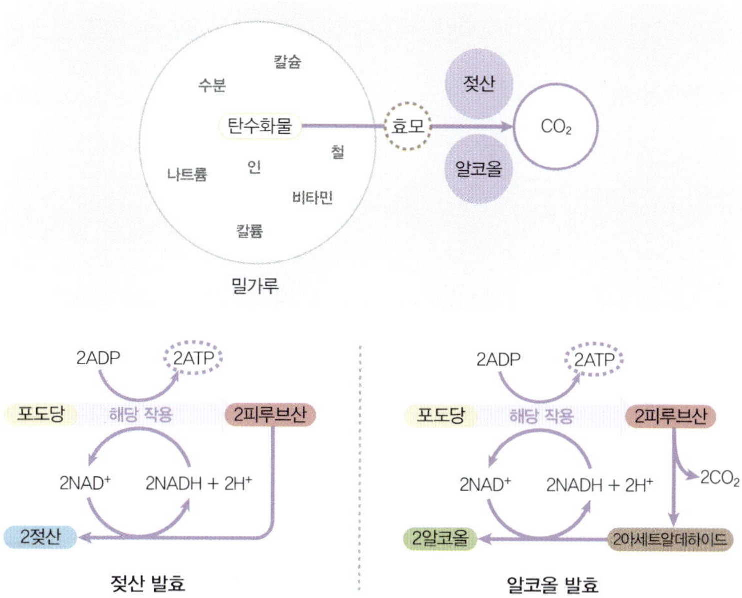

[그림 6.12] 효모를 이용한 발효의 원리

그러면 음식과 음료를 만드는 데 발효 미생물을 어떻게 이용할까? 맥주나 와인을 만드는 많은 과정은 포도나무에 서식하는 효모의 야생균주나 알코올 발효가 뛰어난 *Saccharomyces cerevisiae*와 같은 효모의 작용을 이용한다. 세심하게 관리되는 조건에서 으깬 포도와 효모를 큰 통이나 발효조 안에 함께 넣어 섞어 준다. 효모가 발효를 거치면서 포도의 당을 알코올로 전환한다. 발효 속도는 발효조 안의 산소량이나 온도 변화에 따라 신중하게 조절된다.

원하는 알코올 농도와 풍미를 얻을 때까지 발효 속도를 와인제조기로 조절함으로써 양조된 와인의 알코올 함량을 조절할 수 있다. 샴페인이나 그 밖에 다른 스파클링 와인에는 마개가 씌워져 있지만, 효모는 여전히 액체 내에 남아 그 안에서 활발하게 발효를 진행한다. 발효가 진행되면서 생성된 이산화탄소는 병 안에 갇혀 있게 되고, 병이 열릴 때에만 샴페인 병에서 '빵' 소리를 내며 밖으로 방출된다. 몇몇 와인은 *Oenococcus oeni*와 같은 젖산균이 발효하는 동안 형성된 말산의 쓴맛을 부드러운 맛인 젖산으로 전환하여 와인에 부드러운 맛과 향을 준다.

치즈, 사워크림, 요구르트는 젖산을 발효하는 세균에 의해 만들어지고, 젖산에 의해 강렬한 신맛을 띠게 된다. 요구르트는 불가리아에서 처음 만들어졌으며 몇 세기가 넘도록 생산이 계속되고 있다. 요구르트 제조는 일반적으로 *Streptococcus thermophilus*, *Lactobacillus*(*Lactobacillus delbrueckii*와 *Lactobacillus bulgaricus*), 그리고 또 다른 균주인 *Lactococcus*(*Lactococcus lactis*)와 같은 혐기성 젖산 발효 미생물들의 혼합을 수반한다. 젖산 발효 미생물 배양액은 적절한 온도를 유지하는 발효조에 담긴 당과 우유 혼합물에 첨가된다. 혼합물 안에서 미생물은 당을 이용하여 젖산을 생성한다. 구성 성분의 변화를 방지하기 위하여 냉장온도(4~5℃)로 식히기 전에 과일이나 다른 맛을 요구르트에 첨가할 수 있다. 요구르트를 한 스푼 가득 즐길 때 요구르트에 존재하는 다량의 발효 미생물도 더불어 섭취하는 것이다. 젖산과 다른 발효 생성물들이 요구르트에 단맛과 신맛을 부여하고 요구르트 응고에도 도움을 준다.

또 다른 젖산균인 *Lactobacillus sakei*는 신선한 육류와 생선에서 자연적으로 발견된다. *L. sakei*는 소시지와 같은 육가공제품에서 식품의 부패나 질병을 유발하는, 원하지 않는 미생물들의 성장을 막아 주는 천연 생물 보존제로 작용한다. 더불어 이 미생물은 다른 미생물을 사멸시키는 항균 역할을 하는 박테리오신bacteriocin을 생성한다.

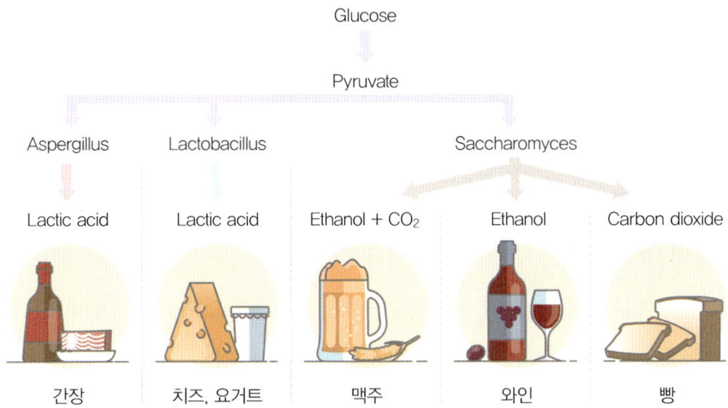

[그림 6.13] 미생물 종류별 제조 가능한 발효 식품

치료용 단백질

재조합 DNA 기술이 개발되면서 치료 단백질과 같은 중요한 의학적 생산물을 생성하기 위한 세균 이용이 가속화되었다. 인간에게 사용하기 위해 세균에서 발현시킨 최초의 재조합 분자는 인슐린이다. 치료 단백질을 만드는 데 미생물이 어떻게 이용되는지를 알아보기 위한 한 가지 예로서 인슐린 제조 과정을 살펴보자.

재조합 인슐린의 생산

인슐린은 췌장의 베타세포에 의해 체내에서 생산된다. 인슐린이 췌장에서 혈류로 방출될 때 인슐린은 탄수화물 대사에서 필수적인 역할을 한다. 인슐린의 중요한 기능 중 하나는 에너지원인 ATP를 생산하기 위하여 포도당이 분해될 수 있는 근육세포와 같은 체세포 내로 포도당의 흡수를 촉진하는 것이다. I형 혹은 인슐린 의존성 당뇨병insulin-dependent diabetes mellitus은 베타세포가 인슐린을 제대로 생성하지 못해 발생한다. 인슐린

부족은 결과적으로 고혈압, 혈액순환장애, 백내장, 신경손상과 같은 많은 건강 문제를 일으킬 수 있는 혈당량 증가를 초래한다. 그러므로 I형 당뇨병 환자들은 혈당량을 조절하기 위하여 정기적으로 인슐린 주사를 맞아야 한다.

DNA 재조합 기술을 이용하기 전까지 인슐린은 돼지나 소의 췌장으로부터 정제되어 당뇨병 치료에 사용되었다. 인슐린 정제 과정은 까다롭고 비용이 많이 들었으며, 종종 불순물이 섞인 채로 생산되기도 하였다. 또한 정제된 인슐린은 일부 사람에게는 효과가 없었고, 소에서 추출한 인슐린은 많은 사람들에게 알레르기 반응을 일으키기도 하였다. 1978년에 캘리포니아주 샌프란시스코에 있는 생명공학회사 제넨텍의 연구원들은 인슐린을 발현 벡터 플라스미드에 클로닝하고, 세균세포 내에서 발현시킨 후 분리하였다. 1982년에 개발에 성공한 휴물린Humulin이라고 불리는 재조합 인간 인슐린은 인간에게 적용 가능하다는 FDA 승인을 받은 최초의 생명공학 생산품이다.

세균은 원래 인슐린을 만들지 못한다. 그러므로 재조합된 세균으로부터 인간 인슐린을 생산하는 것은 생명공학에서 중요한 진보이다. 이것은 미생물 생명공학에서 눈에 띄는 예로 남아 있다. 인간 인슐린은 A(21가지 아미노산)와 B(30가지 아미노산) 사슬이라고 불리는 두 가지 폴리펩티드 혹은 서브유닛으로 구성되어 있다. 두 사슬은 서로 이황화 결합을 하여 활성을 띠는 호르몬을 생성한다. 췌장의 베타세포에서 함께 분비된 A, B 각각의 사슬은 효소작용에 의해 인슐린 전구체로부터 절단되고, 이 두 사슬이 결합되면 인슐린이 생성된다. 인간의 인슐린 유전자가 세균 내에서 클로닝되어 발현될 때, 각 서브유닛의 유전자들은 베타 글루코시다아제를 암호화하는 *lacZ* 유전자를 가지고 있는 발현 벡터 플라스미드에 각각 클로닝된 다음 세균을 형질전환하는 데 이용된다.

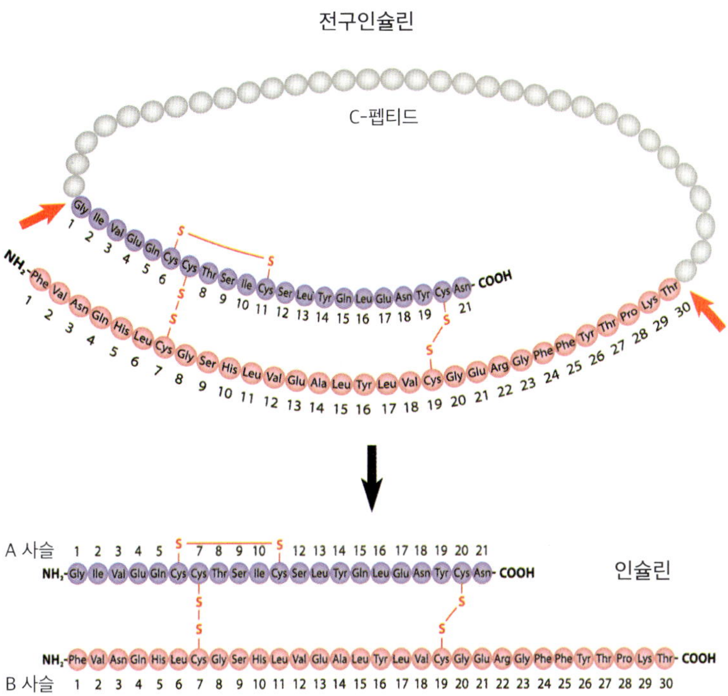

[그림 6.14] 인슐린 구조. 인슐린은 췌장의 베타세포에서 분비되는 펩티드성 호르몬으로 21개의 아미노산으로 구성된 A 사슬과 30개의 아미노산으로 이뤄진 B 사슬이 2개의 이황화 결합에 의해 연결된 구조이다. 인슐린은 초기에 더 긴 단일사슬로 구성된 전구호르몬인 전구인슐린(proinsulin)으로부터 31개의 아미노산으로 이루어진 C-펩티드가 분리되면서 만들어진다.

인슐린 유전자들은 *lacZ* 유전자와 연관되어 있기 때문에, 이 플라스미드로부터 단백질을 합성할 때 세균들은 베타 갈락토시다아제 인슐린 융합 단백질을 만들기 위하여 인간 인슐린 단백질에 베타 갈락토시다아제가 접합되어 있는 단백질을 생성한다. 과학자들이 이와 같은 융합 단백질을 만드는 것은 인슐린과 같은 관심 있는 단백질의 분리나 정제를 용이하게 하기 위해서다. 세균 추출물로부터 베타 갈락토시다아제 인슐린 융합 단백질을 분리하기 위하여 세균 추출물을 친화컬럼 내로 통과시킨다. 컬럼을 통과하여 분리된 융합 단백질로부터 베타 갈락토시다아제를 잘라내기 위하여 융합 단백질을 화학적으로 처리하면 인슐린 단백질만 용출된다. 그 후 정제된 인슐린 사슬 A와 B가 혼합되면 두 가지 서브유닛이 결합되어 마침내 활성 호르몬을 형성하게 된다. FDA 지침을 준수하여 더욱더 완전하게 정제한 재조합 호르몬은 당뇨병 환자를 위한 약물로 사용될 수 있다.

재조합 인슐린 사용이 가능해진 이후로 얼마 안 돼서 왜소증으로 고통받는 아이들을 치료하는 데 사용되는 성장호르몬이 세균에서 클로닝되어 이용할 수 있게 되었다. 과거에는 단시간에 얻기 어려운 의학적으로 중요한 다양한 단백질들이 지금은 재조합 DNA 기술과 세균 내에서의 단백질 발현 기술에 의하여 단시간에 사용할 수 있게 되었다.

다른 미생물을 퇴치하기 위한 미생물의 사용

항생제antibiotics는 다른 미생물의 성장을 억제하는 미생물에 의해 만들어진 물질이다. 항생제는 일반적으로 미생물을 억제하는 약물(미생물 혹은 미생물이 아닌 다른 것으로부터 생성)로 정의되는 항균 약물antimicrobial drug 중 한 가지 유형이다. 페니실린은 인간에게 널리 사용되고 있는 최초의 항생제이며, 페니실린의 발견은 일부 미생물이 항균물질을 만들어 다른 미생물로부터 어떻게 자신을 보호하는지를 알려 주는 훌륭한 예이다. 1928년, 미생물학자 플레밍Alexander Fleming은 곰팡이의 한 종류인 *Penicillium notatum* 집락이 *Staphylococcus aureus*의 생장을 억제시킨다는 사실을 발견하였다. 이 두 가지 미생물이 하나의 배지 안에서 함께 배양되었을 때 곰팡이 집락 주변에서는 *S. aureus*가 생장하지 못했다. 그로부터 12년 후,

과학자들은 *P. notatum*으로부터 약물을 분리하여 대량 생산한 후 세균으로부터 감염된 인간을 치료하는 데 사용하였고, 그 약물을 페니실린이라고 불렀다.

항생제의 대부분은 세균으로부터 분리되며, 이러한 물질의 대부분은 다른 세균의 생장을 억제시킨다. 페니실린의 발견 이후로 다른 항생물질을 생성하는 수천 개의 미생물들이 발견되었고, 수백 개의 다른 항생제들이 분리되었다. 항생제와 기타 항균 약물들은 어떻게 세균세포에 영향을 줄까?

이러한 물질 대부분은 몇 가지 중요한 방식(소위 작용 기작이라 불림)으로 작용한다. 대표적으로 이들은 미생물을 직접적으로 사멸시키거나 세균

[그림 6.15] 알렉산더 플레밍. 1928년 포도상구균 배지에서 인플루엔자 바이러스에 관한 연구를 하던 중 우연히 배양기에 발생한 푸른곰팡이 주위가 무균 상태라는 사실을 알아내면서 페니실린을 발견하였다.

으로 하여금 복제를 하지 못하도록 하며, 이로써 감염된 세포들은 복제를 할 수 없게 된다. 항생제는 세포벽을 손상시키거나, 세포벽 합성을 방해하거나(페니실린이 작용하는 방법), 단백질 합성을 방해하거나, DNA 복제를 억제시키거나, 혹은 세균세포 대사에 필요한 중요한 효소 합성이나 활동을 억제할 수 있다.

어느 날 갑자기 재채기를 하거나, 몸에 통증이 느껴지며, 코가 막히고, 목이 아프거나 잠이 안 올 수도 있다. 하지만 다음 날 시험이 있다. 어떻게 할 것인가? 의사에게 가서 항생제를 처방해 달라고 할까? 하지만 정말 항생제가 필요한 걸까? 항생제는 세균에 대해서만 효과가 있기 때문에 위 증상과 같은 독감의 원인이 되는 바이러스에는 작용하지 않는다.

항생제에 대한 세균의 내성 또한 큰 문제가 된다. 인간과 가축에게 쓰이는 항생제의 부적절한 처방이나 남용으로 인해 항생제에 내성을 가진 세균이 급증하였으며, 과거에는 효과가 있었던 많은 항생제에 전혀 반응을 보이지 않는 몇 가지 변종도 생겨났다. 2017년에 항생제 내성 미생물의 확산을 최소화하기 위한 노력의 일환으로 FDA는 성장 촉진만을 위해 가축사료에 항생물질을 첨가하는 것을 금지하였다.

항생제에 내성을 갖는 *S. aureus, Pseudomonas aeruginosa, Streptociccus pneumoniae, M. tuberculosis*의 변종들과, 인간에게 치명적인 병원성 균주(질병유발 미생물)인 다른 많은 균주들이 병원과 농장에서 주요한 문제를 일으킨다. 이들과 새롭게 출현하고 있는 다른 약물 내성 미생물 변종들은 종종 슈퍼박테리아superbug로 불린다. 그리고 최근 몇 년 동안에 이 세균들은 미국에서만 매년 200만 명이 넘는 사람들을 감염시켜 2만 5,000 명 이상을 사망에 이르게 하였다. 치명적인 피부, 폐, 혈액 감염을 일으킬 수 있는 미생물인 MRSA(메티실린 내성 포도상구균, methicillin resistant *Staphylococcus aureus*)에 대해 들어 본 적이 있을 것이다. MRSA는 심각한 문

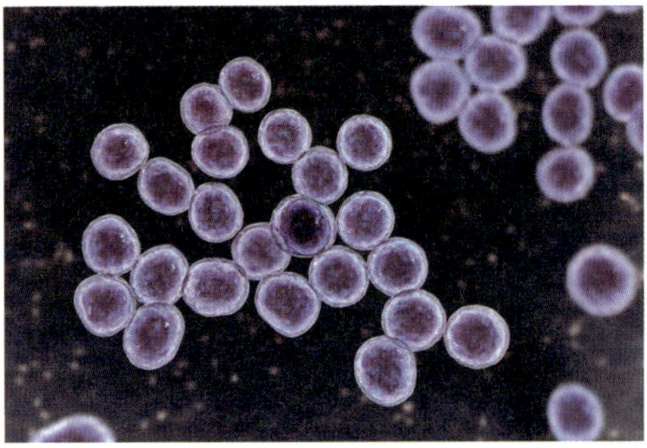

[그림 6.16] MRSA의 3D 이미지

제이다. 왜냐하면 이 슈퍼박테리아는 *S. aureus* 치료에 가장 흔하게 사용되는 항생제인 메티실린methicillin을 포함하는 몇몇 중요한 항생제 종류에 대하여 이미 내성을 가지고 있기 때문이다. 합성 레티노이드retinoid 항생제라고 불리는 새로운 항생제 종류들이 생쥐에서 MRSA 치료에 가능성을 보여 주고 있으나, 이러한 약품이 인간에게도 안전하고 효과가 있는지는 더 많은 연구를 통하여 밝혀져야 한다.

대부분의 항생제가 세균세포를 공격하는 방법은 제한되어 있기 때문에 한 종류의 항생제에 대해 내성이 생기면 다른 약물에 대해서도 내성을 가지게 된다(다제 내성으로 알려져 있음). 그러므로 항생제 내성 병원균의 확산은 주요한 문제를 제기한다. 지난 50년 동안 새로운 작용 기작을 갖는 항생제로 사용되고 있는 것은 단 하나뿐이다. 결과적으로, 애완동물과 소, 돼지, 닭과 같은 가축의 치료뿐만 아니라 인간에게도 사용할 수 있는 몇 가지 다른 작용 기작을 갖는 새로운 항미생물 약제의 발견과 개발이 시급하다. 연구자들이 현재 새로운 작용 기작을 창출하기 위하여 사용하고 있는 접근방법은 기존 항생제들의 화학적 특성을 변화시키는 것이다.

그러나 분명하게 새로운 항생제가 개발되어야 할 필요가 있다. 과학자들은 나무 꼭대기, 북극의 빙하, 사막 그리고 심해에 서식하는 많은 미생물들을 새로운 항균물질을 가진 잠재적인 근원으로 평가한다.

새로운 항미생물 약제를 만들기 위한 다른 접근방법은 세균 병원성을 연구하고 질병을 유발하는 독소와 특징을 찾아서 확인하는 것이다. 이러한 요인을 이해함으로써 과학자들은 세균을 사멸시키거나 저감화할 수 있는 새로운 전략을 개발할 수 있다. 동시다발적으로 발생하는 방법(정족수 감지)으로 미생물 집단 내에서 미생물들이 의사소통하기 위하여 이용하는 화학적 신호전달 물질을 방해하는 항생제들을 연구하고 있으며, 이러한 정족수 감지quorum sensing 방법은 세균 바이오필름(bacterial biofilm, 의료기기나 인간의 치아를 포함한 물질 표면에 미생물이 축적되어 형성된 미생물 피막층) 형성을 초래할 수도 있다. 이에 대한 하나의 예로서, 낭포성 섬유증 감염을 야기하는 주된 병원성균인 *P. aeruginosa*가 폐에서 바이오필름을 형성하면 치료하기가 매우 어렵다.

플로리다의 오라제닉스Oragenics라는 회사는 재조합 미생물인 *Streptococcus mutans*의 안전성과 충치 감소에 대한 효능을 평가하는 임상실험을 시작하기 위해 FDA로부터 승인을 받았다. 자연적인 *S. mutans*는 구강 내에서 발견되는데, 재조합된 *S. mutans*는 당을 대사하여 젖산을 만들지 못한다. 젖산은 치아의 에나멜과 상아질을 녹여 충치를 유발한다. 과학자들은 재조합되지 않은 자연적인 *S. mutans* 대신 재조합 *S. mutans*를 사용하여 구강 내에 집락을 형성시키고 충치가 감소하는지 확인하였다. 최근 UCLA의 과학자들이 개발한 *S. mutans*를 죽이는 성분을 함유한 무설탕 막대사탕은 현재 상품으로 상용화되었다.

마지막으로, 다른 미생물들을 표적물로 하여 파괴하도록 미생물을 조작하는 방법은 하나의 잠재력이 있는 기회가 될 것이다. 금으로 피막이 입혀진 니켈과 주석으로 만들어진 나노 입자들로 비병원성 *E. coli*를 코팅한 것이 그 예이다. 이러한 세균이 병든 조직이나 병원성 *E. coli*에 부착된 후에 나노 입자 구슬들이 적외선 빛에 의하여 가열되면 코팅된 비병원성 *E. coli* 주변에 있는 세포가 파괴된다. 또 다른 주제로서, 병든 세포에 나노 입자들을 운반하기 위하여 세균을 미생물 '봇bots'으로 사용하려는 연구도 진행 중이다.

뒤에서 인체 미생물군 프로젝트Human Microbiome Project와 우리 몸속에 있는 '좋은' 미생물들이 병원균으로부터 우리 몸을 보호하는 분자를 어떻게 생산하는지 논의할 것이다. 궁극적으로 항미생물 약제로 개발될 수 있는 새로운 종류의 작은 분자들을 확인하기 위하여 이러한 미생물로부터 유래된 유전자에 대한 연구도 활발히 이루어지고 있다.

환경유전체학 연구

환경유전체학metagenomics은 세계 도처의 바다, 빙하, 광산 등의 물, 공기, 토양 등 세계 구석구석으로부터 채취된 환경 검체 내의 전체 미생물 집단에 대한 유전체들의 염기서열을 결정하는 과정을 포함한다. 환경유전체학 프로젝트들이 전 세계 여러 곳에서 시작되었다. 인간 유전체의 개척자인 크레이그 벤터는 2003년에 셀레라를 떠나서 크레이그 벤터 연구소를 설립했다. 이 연구 집단은 유전체 연구의 새롭게 부상하는 분야로서 환경유전체학을 확립하는 데 중심 역할을 했다. 연구소의 주요 계획 중 하나는 전 세계를 탐험하여 해양 및 지상 미생물들의 검체를 확보한 후 그 유전체의 염기서열을 결정하는 것이다.

지구해양검체수집Global Ocean Sampling 탐험이라 불린 이 계획에서 벤터와 그의 연구진들은 2004년부터 2006년까지 전 세계 3만 2천 해리에 달하는 곳을 범선 항해와 요트를 이용해 여행하였으며, 이는 HMS 비글Beagle호를 타고 탐험했던 찰스 다윈의 유명한 경로의 현대판 버전으로 묘사되었다. 이 연구 집단의 초기 연구 결과물 중 하나는 버뮤다 주변의 사르가소해 지역에서 세균 유전체들의 염기서열이 도출된 것이다. 이 프로젝트는 이전에는 알려지지 않았던 148종의 세균을 포함하여 1,800여 종의 미생물종으로부터 새로운 120만 DNA 염기서열을 도출하였고, 수백 개의 광수용체 유전자를 확인하였다. 과학자들은 광합성을 연료원으로 사용하여 수소를 생산할 수 있는 방법을 개발하는 데 도움이 되는 광수용체에 대한 연구에 관심을 기울이고 있다. 인간과 많은 다른 종에서 눈의 광수용체는 시력과 관련되어 있기 때문에 의학 연구원들의 관심사이기도 하다.

환경유전체학의 중요한 점은 아직까지 특성이 파악되지 않은 대략 백만 종 이상의 세균에 대한 많은 정보를 제공할 수 있다는 것이다. 또한 많은 새로운 바이러스들, 특히 박테리오파지가 물과 토양 검체들의 환경유전체학 연구를 통하여 확인되어 왔다. 환경유전체학은 미생물 군집과 그들의 환경 사이의 복잡한 상호작용을 이해하고, 또한 새롭게 발견되는 미생물들의 계통발생학적 분류를 가능하게 하는 데 중요한 역할을 하는 미생물들 내에서의 유전적 다양성과 관련한 중요한 새로운 정보를 제공한다. 또한 새로운 기능을 하는 유전자를 발견하는 데 활용될 가능성이 높으며, 그와 같은 유전자 몇몇은 의학과 생명공학 분야에서 가치 있게 이용될 수 있다.

환경유전체학에 사용되는 일반적인 방법은 종종 미생물이나 바이러스를 배양하는 절차 없이 환경 검체로부터 직접 DNA를 분리한 후 DNA

염기서열을 결정하는 과정을 포함한다. 미생물들이 배양액에서 생존하기 위하여 필요한 일련의 복잡한 성장조건을 재현하기가 종종 어렵기 때문에 이러한 접근방법이 필요하다. 현재까지 알려진 미생물 다양성의 99% 이상이 배양될 수 없는 생물체의 형태로 존재하는 것으로 추정되지만, 배양액에서 미생물을 배양할 필요 없이 환경 검체로부터 직접 염기서열을 확보할 수 있다는 점은 환경유전체학이 가져온 진일보라 할 수 있다.

환경유전체학이 우리 주변의 미생물 세계에 대한 새로운 통찰력을 어떻게 제공할 수 있는지를 보여 주는 하나의 실례는 뉴욕 지하철에서 발견된 미생물군에 대한 연구이다. 이 프로젝트에서는 비록 *Bacillus anthracis*와 같은 병원성 세균들이 발견되긴 했지만, 존재하는 미생물 대부분은 사람 피부와 위장기관에 정상적으로 상주하는 질병을 야기하지 않는 세균임이 밝혀졌다. 그러나 염기서열이 결정된 DNA의 거의 절반은 진핵생물, 원핵생물, 고세균, 그리고 바이러스 유전체 데이터베이스에서 발견되는 어떠한 생물체와도 일치하지 않았다.

인체 미생물군 프로젝트

2007년, 미국 국립보건원(NIH)은 인체 표면과 내부에서 서식하는 세균, 바이러스, 효모, 그리고 다른 미생물 등의 600~1,000개 유전체의 염기서열을 완전 해독하기 위한 1억 7천 만 달러 규모의 인체 미생물군 프로젝트Human Microbiome Project, HMP를 시작하였다. 소화기관에 있는 E. coli와 같은 많은 미생물들은 인체 건강에 중요한 역할을 한다. 그리고 물론 다른 미생물들은 우리를 아프게 한다. 이 프로젝트가 시작될 당시 비록 정확한 숫자는 알지 못했지만, 미생물이 인체의 약 1~2% 정도를 구성하고, 미생물 수가 인체 세포의 수보다 약 10배 정도 더 많을 것으로 생각하였다. 대략 1,200종류의 다른 박테리오파지들이 장내에서 발견되었지만, 우리는 그 파지의 절반 이상에 대하여 아무것도 알지 못한다. HMP는 다음과 같은 몇 가지 주요한 목표를 가진다.

- 개인들이 핵심 인체 미생물군을 서로 공유하는지 여부를 결정한다.
- 인간이 어떻게 미생물 군집을 획득하고 유지하는지 이해한다.
- 미생물군 내에서의 변화가 인체 건강에서의 변화와 미생물군에 영향을 미칠 수 있는 (스트레스와 다이어트 같은) 상황들과 어떠한 상관관계가 있는지 이해한다.

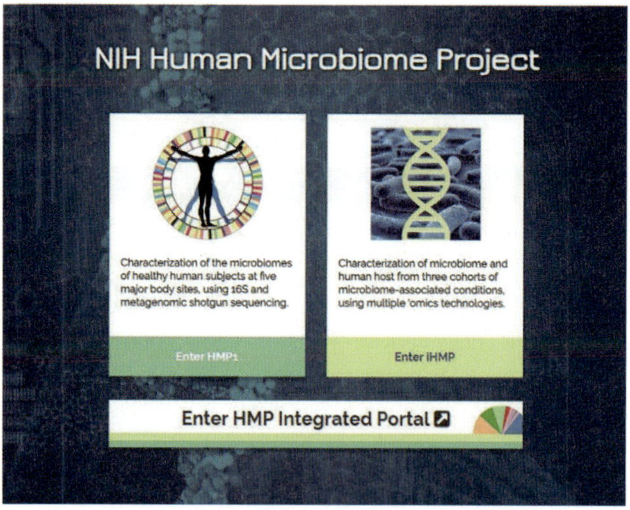

[그림 6.17] Human Microbiome Project(HMP) 홈페이지

- 미생물군의 분석을 지원하기 위하여 생명정보학 도구를 포함한 새로운 방법을 개발한다.
- 인체 미생물군 연구에 의하여 파생되는 윤리적·법적·사회적 영향을 파악한다.

HMP는 80개 기관의 약 200명의 과학자들이 참여하였다. 2012년에 HMP의 발견사항을 요약하여 일련의 논문이 발표되었다. HMP는 미국 내 거주하는 242명의 건강한 사람들을 대상으로 하여 남성의 신체 부위 15곳과 여성의 신체 부위 18곳을 각각 분석하였고, 여기에 존재하는 미생물과 바이러스에 대하여 전유전체 시퀀싱Whole Genome Sequencing, WGS 기술을 적용하였다. 각 개인별로 거의 2년에 걸쳐 최대 세 번까지 검체를 취하였다. 또한 거의 모든 세균종마다 특이성이 있는, 16S 리보솜(rRNA) 유전자들의 시퀀싱 기술도 사용되었다. 인체로부터 분리된 미생물에 대하여 3천 개 이상의 참고용 염기서열들이 개발되었다. HMP는 인간 게놈 프로젝트HGP에 의하여 생성된 염기서열 데이터보다 천 배 이상 많은 염기서열 데이터를 축적하였다. 인체 미생물군에 관하여 우리가 현재까지 파악한 몇 가지 핵심 개념을 보자.

- HMP로부터 얻은 염기서열 데이터를 이용하여 남성과 여성의 신체 부위에 분산되어 있는 미생물과 바이러스 중 추산하기로는 81~99%를 발견하여 확인하였다.
- 각 사람마다 무려 천 개나 되는 세균 균주가 존재할 수 있다.
- 미생물군은 태어나면서 바로 형성된다. 아기는 어머니의 미생물군으로부터 세균을 얻는다.
- HMP 과학자들이 놀란 한 가지 사실은 미생물군은 사람마다 각각 근

본적으로 다를 수 있다는 것이다. 개인들 간 변화의 폭을 고려했을 때 추산하기로 약 1만 개 정도의 세균종이 전체 인체 미생물군의 일부분일 수 있다.

- 비록 미생물군이 사람마다 각각 상이할지라도, 사람의 장내 미생물군은 시간이 경과하여도 한 개인 내에서는 상대적으로 안정적으로 유지된다.

이러한 발견사항을 고려해 볼 때, 사람들을 비교할 때 사용될 수 있는 단일 종류의 참고용 인체 미생물군은 없다. 미생물 다양성은 개인마다 크게 차이가 있으며, 한 개인 내에서는 미생물군의 개인화가 발생한다. 한 가지 실례를 들면, 유사한 연령대의 건강한 사람 두 명의 미생물군의 염기서열을 비교해 보면 아주 다른 미생물군이 도출된다. 그러나 어떤 특정한 위치에 특이적인 시그니처 세균들과 관련된 특징적인 유전자들을 고려해 보았을 때에는, 신체의 특정 부위 내에서는 유사성을 보인다. 몇몇 과학자들은 미래 범죄 현장에서 용의자 신원을 확인하는 데 DNA 핑거프린팅용으로 미생물군이 사용될 수 있을 것으로 기대한다.

미생물군의 개인화된 특성에 관한 지식은 이미 인간의 건강과 의학 수준 향상을 위하여 가치가 있다는 것이 입증되고 있으며, 머지않아 이 분야는 미생물군 특이적인 치료법을 사용하게 될 것이다. 최근 프로바이오틱스(건강에 유익한 살아 있는 미생물들)의 홍보와 사용이 증가된 현상은 우리의 건강과 관련하여 많은 측면에서 미생물군이 공헌하는 결정적인 역할에 관하여 우리가 이미 인지하고 있다는 직접적인 반증이다. 건강한 미생물군을 정의하기 위하여 필요한 판단기준이 세워지고 있으며 이는 정상적인 건강을 유지하는 데 있어 세균의 역할을 결정하도록 도와줄 것으로 기대된다.

이러한 현상은 한 개인의 미생물군을 교란하는 요인들과 또한 어떤 특정한 개인들이 그들의 미생물군을 근거로 하여 특정한 질병, 특히 건선, 과민성대장증후군, 그리고 비만과 같은 만성 질환에 더 민감한 이유를 밝히는 데 통찰력을 제공할지 모른다. 개나 다른 동물들의 미생물군을 연구하기 위하여 유사한 프로젝트가 진행되고 있다. 미생물 존재에 관한 매우 흥미로운 데이터를 제공하는 이와 같은 환경유전체학 프로젝트에 더 많은 관심을 가지는 것은 중요하다.

바이러스유전체학

또 다른 인기 있는 연구 분야로서 바이러스유전체학이 있다. 이것은 어느 정도 사실인데, 많은 치명적인 바이러스가 백신이나 항바이러스제 치료에 대응할 수 있도록 빠른 변이 속도를 보이기 때문이다. 항바이러스제는 여러 가지 방법으로 작용하도록 설계되었다. 항바이러스제는 세포 표면에 결합하여 세포를 감염으로부터 차단하기도 하고, 바이러스가 체내 세포를 감염시키면 그것의 복제를 차단하기도 한다. 바이러스 유전체에 대한 연구는 바이러스가 질병의 원인인 이유를 자세히 밝히고 새로운 항바이러스 약물을 개발하는 데 도움이 될 것이다.

바이오연료 생산을 위한 미생물

미국 단독으로만 봐도 현재 수요를 충족하기 위하여 매년 약 1,400억 갤

런의 연료가 필요한 상황에서 곡물을 이용한 바이오연료로서 매년 약 50억 갤런의 에탄올이 생산된다. 바이오연료 생산은 대체에너지원을 제공하고 화석연료의 연소로 인한 지구온난화를 감소시킬 잠재력을 지닌다.

에탄올 생산을 위하여 알코올 발효 미생물들이 곡물에 있는 포도당과 다른 당류를 에탄올로 전환하는 과정은 비용 면에서 효과적이지 않고 효율적이지도 않다. 이 과정은 상대적으로 적은 양의 에탄올을 생산하기 위하여 많은 양의 옥수수 알갱이를 소비한다. 비록 옥수수대와 같은 셀룰로스 함유 바이오매스는 에탄올을 만들기 위하여 쉽게 확보할 수 있고 풍부하게 존재하는 당류원일지라도, 셀룰로스를 포도당으로 분해하는 과정은 간단한 작업이 아니다. 셀룰로스를 포도당 분자로 개별적으로 분해해야 하며, 그다음에는 분해된 포도당 분자들만이 발효에 의하여 에탄올을 생성하는 데 사용될 수 있다. 식물 세포벽에 존재하는 셀룰로스는 주변 환경에서 자연적으로 쉽게 분해되지 않는다. 또한 우리가 다이어트

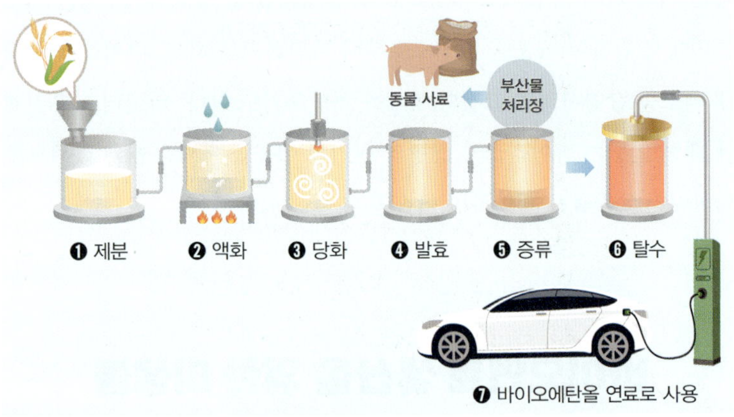

[그림 6.18] 바이오에탄올의 제조 과정

를 할 때 섬유질로서의 역할을 통하여 이미 알고 있듯이 셀룰로스는 소화할 수 없다. 몇몇 기법은 셀룰로스 구조를 느슨하게 하기 위하여 화학적 처리 방법을 사용하지만 이때 사용되는 화학물질들은 에탄올을 만드는데 사용되는 많은 미생물들의 성장을 억제한다.

대체 에너지원에 대하여 연구 중인 많은 기업은 화석연료에 대한 전 세계 의존도를 줄이기 위하여 바이오연료의 지속가능한 공급원으로서 셀룰로스 함유 당류를 고려하고 있다. 한 가지 개념은 바이오리파이너리 bio-refinery를 만드는 것이다. 옥수수 껍질과 줄기 그리고 나무칩, 톱밥, 마당에서 파생된 나무 조각 같은 나무폐기물 등 전통적인 농작물로부터 파생된 잔류 바이오매스를 모두 모아서 미생물 효소를 통해 바이오매스로부터 연료를 생산하기 위하여 매우 효율적으로 당류를 처리하는 것을 말한다. 이러한 처리 과정 개발에 일조하기 위하여 연구자들은 *Zymomonas mobilis*와 같은 세균 균주를 개발하고 있다. 효모보다 더 높은 비율로 당류를 에탄올로 전환할 수 있는 효소들을 코딩하는 핵심 유전자들을 조작하여 이 세균 안으로 넣는 작업을 시도했으나, 에탄올을 만들기 위한 스케일-업 과정에서 해당 세균의 유효성은 아직 입증되지 않았다.

알코올 발효에 의하여 당류를 에탄올로 전환하는 발효능이 증가된 세균뿐만 아니라 에탄올 생성능이 증가된 *E. coli*를 만들기 위하여 재조합 DNA 기술이 사용되고 있다. 다른 연구자들은 셀룰로스 분해효소를 분비하도록 *E. coli*를 유전적으로 조작하였으며, 바이오연료 생산에 관련된 효소를 생산할 수 있는 일련의 유전자들을 미생물 안에 주입하여 발현시키기 위하여 합성 생물학 접근방법을 연구하고 있다. 이 방법은 광합성에 의하여 당류를 생산할 수 있는 미생물들을 포함하며, 이렇게 생성된 당류는 인공적으로 조작된 동일한 미생물이나 혹은 다른 미생물들에 의하여 연료로 분해될 수 있다.

2017년, 캘리포니아대학교 버클리 캠퍼스의 한 연구팀은 *Moorella thermoacetica*라 불리는 자연에 존재하는 비광합성 세균 균주에 적은 양의 카드뮴을 첨가하였을 때, 해당 세균이 세포 표면에 황화카드뮴 결정체를 생성할 수 있다고 보고하였다. 이러한 결정체는 작은 광합성 태양 전지판으로 작용하면서, 세포들로 하여금 이산화탄소, 물, 그리고 빛으로부터 초산(식초의 주요 성분)을 생산하도록 한다. 이 세균들은 초산을 영양원으로 사용하여 부탄올(라이터 연료 성분)과 플라스틱으로 전환될 수 있는 고분자를 생성할 수 있도록 유전적으로 조작된 *E. coli*와 함께 혼합될 수 있다. 실험실에서 이 세균들은 식물세포보다 훨씬 더 효율적으로 햇빛을 활용하였다. 미래에 이 연구가 어떠한 방향으로 진행되어 바이오연료 생산에 적용될 수 있을지 지켜보는 것도 흥미로울 것이다.

한편 바이오매스를 연료로 처리하는 것을 도울 수 있는 효소를 생산하는 세균을 발견하고 확보하기 위한 생물자원 탐사 노력들이 전 세계적으로 진행되고 있다. 물에서 자라는 방식 때문에 조류와 자주 혼동되는 시아노박테리아는 당을 생성하여 물속으로 배출한다. 적당한 조건에서 배양된 시아노박테리아는 바이오매스 1 L당 상당한 양의 당류를 생산할 수 있다. *Prochlorococcus*라 불리는 세균은 현재까지 발견된 것들 중에서 해양에서 크기가 가장 작으나 가장 풍부하게 존재하면서 활발하게 광합성을 하는 세포이다. 몇몇 연구자들은 이 작은 세균이 전 세계 광합성의 약 5%를 책임지고 있다고 추정한다. *Prochlorococcus*의 다른 균주들은 약 8만 개의 유전자를 가지고 있는 것으로 추정된다.

미생물 생명공학이 에너지 문제에 대한 하나의 주요한 해결책으로서 바이오연료를 생산하여 화석연료에 대한 의존도를 감소시키는 데 도움이 될지는 아직 분명하지 않다. 그러나 다음 10년에 걸쳐 진행될 연구는 바이오연료기술 분야에서 의미 있는 진전을 가져올 것으로 기대된다.

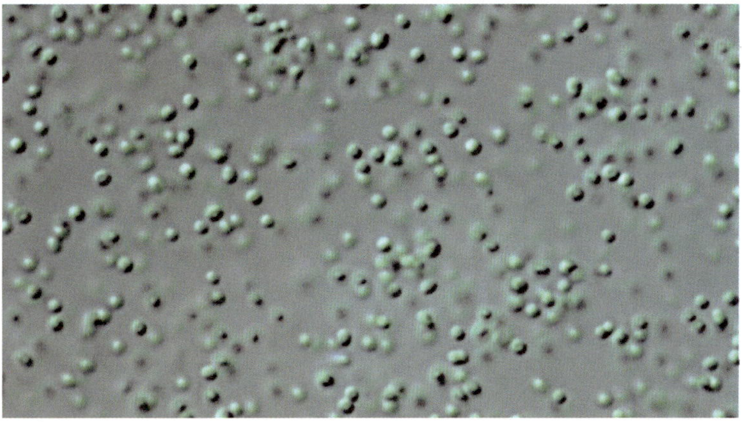

[그림 6.19] *Prochlorococcus*

생물무기로서의 미생물

감염성이 있으며 잠재적으로 치명적인 신종 병원균 균주들이 전 세계에서 매일매일 진화하고 있다. 생물무기bioweapon로 사용될 수 있는 이러한 질병유발 미생물의 위협은 공상과학소설에 등장하는 이미지에 불과할 수도 있다. 그러나 생물테러 공격이 가진 잠재성은 실현가능성이 충분하며, 현대 사회에서 중요한 관심사 중 하나이다. 비록 인간을 감염시킬 수 있는 수천 가지 다양한 생물체가 생물무기로서 잠재적으로 선택될 수 있을지라도 대부분의 전문가들은 단 12가지 정도의 생물체만이 배양과 정제를 거쳐야 생물테러에 사용 가능하다고 본다. 생물테러제는 탄저병을 유발하는 그람양성 간상세균인 *Bacillus anthracis*와 천연두나 에볼라 같은 치명적인 세균을 포함한다. 알려지지 않은 미생물들이 생물무기로 이

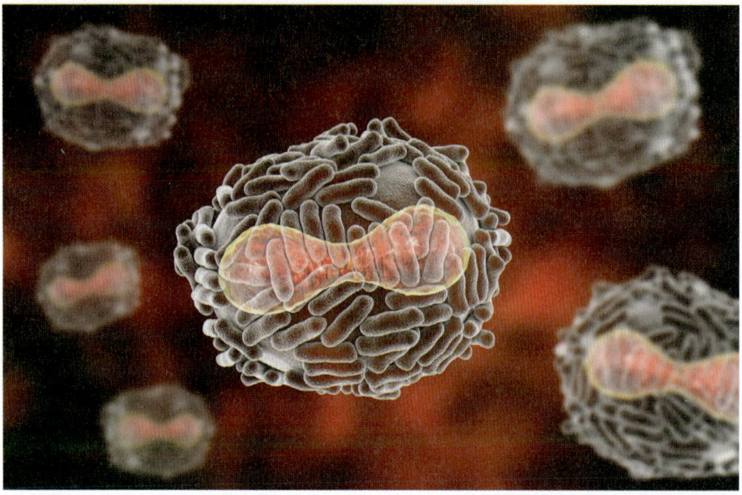

[그림 6.20] 천연두 바이러스 3D 이미지

용된다면 검출 및 무력화하기가 어렵기 때문에, 이와 같은 미생물들이 생물무기로 사용될 가능성이 우려되고 있다. 그러나 반대로 이와 같이 조금밖에 알려지지 않은 미생물이 생물무기로 사용되기는 현실적으로 어렵다.

천연두 바이러스가 일으키는 질병인 천연두가 생물무기로 사용되는 것을 우려하는 몇 가지 이유가 있다. 30년 전에 광범위한 종두 접종이 중단되었기 때문에 사실상 전 인류가 천연두에 감염되기 쉬운 상태이다. 1977년과 1980년에 마지막으로 확인된 천연두 환자들이 보고되었고, 그 이후에 WHO는 대부분 백신의 결과로서 전 세계에서 이 질병이 근절되었음을 선언하였다. 그러나 최근 원숭이 천연두 균주로 인한 사고가 발생함으로써 천연두에 대하여 다시 많은 관심을 기울여야 할지 모른다.

2001년 이후 미국 질병통제예방센터CDC는 천연두 백신의 대량 생산과 공급으로 상당한 비축량을 확보하기 위하여 생명공학 회사들과 협업하였다. 특정 군대 요원에 대한 의무적인 예방접종을 실시하고, 의료서비스 종사자, 그리고 천연두 바이러스와 접촉할 가능성이 상당히 높은 응급의료 요원을 대상으로 예방접종을 위한 자발적인 캠페인 제도 또한 도입되었다.

BIOTECHNOLOGY

1. 신체의 방어체계
2. 면역계 세포
3. 염증반응은 비특이적 면역반응
4. 후천적 면역은 맞춤형 방어체계
5. 골수는 면역세포의 고향
6. 자기와 비자기의 구별 원리
7. 체액성 면역은 항체가 관여하는 면역
8. 세포성 면역은 침입자의 직접 제거
9. 2차 방어의 핵심은 기억세포
10. 항체
11. 항체의 구조와 다양성
12. 백신의 등장
13. 백신 제조를 위한 병원체 표적물
14. 백신의 원리와 종류
15. 핵산 백신
16. 백신 제조 방법
17. 면역관련 질환
18. 암 백신

7

면역과 백신

면역과 백신

미생물이 사람에게 일으키는 수많은 전염병을 치료하는 데 백신의 사용은 매우 효과적인 것으로 증명되었다. 이 방법은 일반적으로 사람과 동물의 질병유발 미생물을 퇴출시키는 데 매우 효과적으로 작용한다. 그러나 널리 이용되는 항생제와 백신에 대해 저항성을 갖는 병원균pathogen이 출현하여 백신과 항생제의 효과에 도전한다. 미생물의 감염을 통해 발생하는 전염병은 모든 인간에게 영향을 미칠 수 있다. 전 세계적으로 4세 이하 아동에서의 질병으로 인한 사망 중 60% 이상이 전염병 때문이라는 보고가 있다. 의심할 여지 없이 전염병을 예방, 진단, 치료하는 생명공학자의 능력은 생명공학의 중요한 분야이고, 백신은 이 과정에서 중요한 역할을 한다. 이 장에서는 면역이 구체적으로 무엇을 의미하며, 이것이 백신과 어떤 관계에 있는지, 그리고 백신의 종류와 그 기전에 대해 살펴볼 것이다.

신체의 방어체계

질병이 성립되려면 병원체가 몸 안으로 들어와서 신체의 방어 시스템을 통과해 몸에 피해를 입혀야 한다. 신체는 이러한 침입에 대비하기 위한 특별한 방어체계를 가지고 있다. 흔히 면역immunity이라고 하는 것이다. 면역이란 쉽게 말해 질병으로부터 우리 신체를 방어하는 것을 의미하며, 크게 선천적 면역(비특이적 면역 또는 1차 면역)과 후천적 면역(특이적 면역 또는 2차 면역)으로 구분할 수 있다.

비특이적 면역은 신체에 침입한 병원체의 종류에 관계없이 몸을 지키는 면역체계를 말하며 피부, 위산, 눈물 등이 해당된다. 피부가 세균, 바

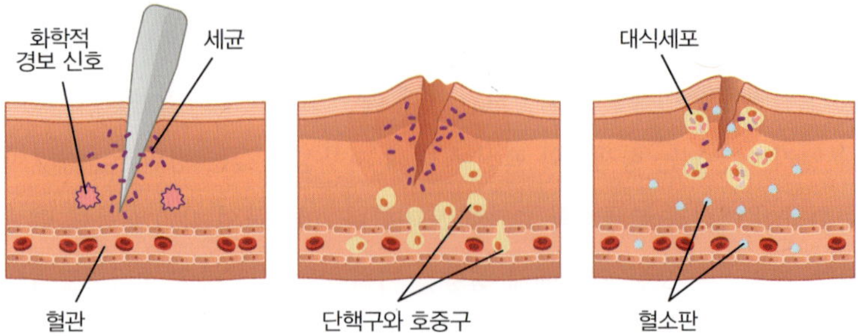

[그림 7.1] 염증반응

이러스, 또는 모기와 같은 독을 가진 해충 등 침입자의 종류에 관계없이 신체의 침입을 억제하듯이 비특이적 면역은 우리가 태어날 때부터 함께 가지고 있는 선천적인 면역체계이다. 반면에 특이적 면역은 신체 침입자의 종류에 따라 특이적으로 작용하는 맞춤형 면역을 의미한다. 특이적 면역은 비특이적 면역체계를 통과한 병원체 혹은 침입자를 제거하기 위해 구축된 2차 면역체계라 할 수 있다.

면역계 세포

신체 면역계에서 핵심 역할을 담당하는 세포는 백혈구이다. 백혈구는 한 종류를 지칭하지 않으며, 이는 세부적으로 많은 세포를 포함하고 있기 때문이다. 백혈구는 선천적인 1차 면역에 관여하는 식세포와 자연살해세포, 후천적인 2차 면역을 담당하는 B세포와 T세포가 핵심세포라 할 수 있다. 보다 구체적으로 알아보자. 우선 식세포phagocytic cell는 외래

[표 7.1] 면역계 세포

세포 유형		기능
보조 T세포 (T_H세포)		항원제시세포의 외부 펩타이드를 특이적으로 인식하여 B세포 또는 대식세포를 활성화하는 사이토카인 분비를 유도한다.
세포독성 T세포 (T_C세포)		바이러스로 감염된 세포 또는 암세포와 같은 "변형된 자기" 세포를 특이적으로 인식하여 살해한다.
B세포	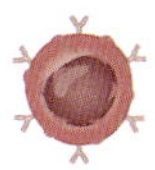	막에 결합한 항체를 이용하여 수용성 항원에 특이적으로 결합한다. T_H세포에 대한 항원제시세포로 작용한다. 활성화되어 형질세포와 기억세포로 분화된다.
형질세포		활성화된 B세포로부터 분화한다. 항원에 특이적인 항체를 분비하는 기능을 수행한다.
자연살해세포	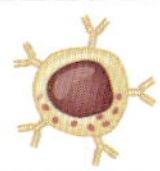	바이러스로 감염된 세포 또는 암세포를 신속히 인식하고 살해한다.
단핵구		대식세포의 전구세포로 혈액에 존재한다.
대식세포		인체 방어를 담당하는 첫 번째 세포로, 조직에 존재하는 식세포이다. T_H세포에 대한 항원제시세포로 기능한다.
호중구	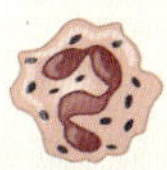	인체 방어를 담당하는 첫 번째 세포로 식세포이다. 염증 조직으로 이동하기 전까지 대부분 혈액에 존재한다.
호산구	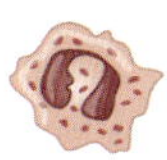	기생충 제거에 중요하며 만성 염증성 질환에 관여한다.
호염구	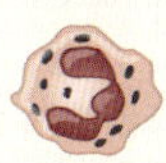	염증을 촉진하는 히스타민과 같은 매개물을 분비하는 순환계 세포이다.
비만세포		점막 표면 아래 존재하며 염증을 촉진하는 히스타민과 같은 매개물을 분비한다. 염증반응과 알레르기 반응을 모두 촉발한다.
수지상세포		항원과 접촉한 적이 없는 T_H세포에 대한 주요 항원제시세포이다. 항원 경험이 없는 T_C세포의 활성을 돕는다.

병원체나 죽은 세포들로부터 나오는 세포찌꺼기나 분자를 식세포작용phagocytosis을 통해 삼켜 소화시키는 기능을 한다. 한마디로 쓰레기 청소부인 셈이다. NK세포라고도 하는 자연살해세포natural killler cell는 바이러스에 의해 감염된 체세포나 암화된 세포를 찾아내 특정 화학물질의 분비를 통해 해당 세포를 죽이는 기능을 한다. B세포는 골수의 줄기세포에 의해 만들어진 후, 골수에서 성숙하는 T세포와 함께 림프구로 정의되는 세포이다. 항체를 만들어 외부 병원체 혹은 항원의 인식을 통해 체액성 면역과 세포성 면역을 개시하는 데 중요한 역할을 한다. 림프구로 정의되는 또 다른 세포인 T세포 역시 2차 면역반응인 후천적 면역반응의 핵심 세포이다. B세포처럼 골수에서 만들어지지만 흉선thymus에서 성숙한다. T세포는 자기세포와 비자기세포를 구별하며, 정상세포와 비정상세포를 구별하여 공격하는 특성도 가진다. 이들 세포 외에 우리 면역계에는 비만세포, 수지상세포, 호중구, 호염구, 호산구 등 다양한 세포가 포진되어 있다.

염증반응은 비특이적 면역반응

우리 몸은 미생물이나 바이러스와 같은 병원체가 몸 안에 침입하여 피해를 입히는 감염으로부터 보호하기 위한 여러 단계의 방어체계를 가지고 있다. 미생물이 침입하거나 날카로운 바늘에 찔리는 등 상처에 대응하는 비특이적 면역의 대표적인 반응이 염증반응이다. 우리 신체는 다양한 경로로 신체 조직이 손상되었을 때 병원체에 대해 대항하기 위해 염증반응을 일으킨다. 한마디로 염증반응은 우리 몸에 침입자가 들어왔다는 강력한 경고 반응이라고 할 수 있다. 염증inflammation은 말 그대로 불에 대인 것과 같은 반응으로서 열이 나고, 붓고, 아프고, 피부가 붉어지는 과정 중 조직의 파괴와 복구가 이루어진다.

상처가 생기면 상처 부위의 비만세포는 히스타민이라는 신호물질을 분비하여 주변 환경과 세포들에게 병원균의 침입을 알린다. 이 신호에 따라 혈관이 확장되면서 혈류량이 증가하고 혈관의 투과성도 증가하면서 백혈구의 일종인 식세포들이 혈관에서 빠져나와 조직액에 있는 병원균을 잡아 먹는다. 이 과정에서 생겨난 식세포의 사체와 조직액이 뭉쳐진 고름이 만들어진다. 모세혈관이 확장되는 단계에서 열이 나며 통증이 발생한다. 식균작용이 종료되면 염증반응이 서서히 멈추고 피부는 회복되며 혈관 역시 원래 상태로 수축된다.

염증반응은 침입자의 종류에 상관없이 일어나며 식세포는 침입자와 마주치면 둘러싸서 먹어 치운다. 식세포는 비특이적 면역, 즉 선천적 면역의 최전선에서 모든 침입자들과 1차적으로 맞대응하는 강력한 파수꾼인 셈이다.

후천적 면역은 맞춤형 방어체계

비특이적 면역을 통과한, 신체 깊숙이 들어온 침입자에 대항하기 위해 우리 몸은 좀 더 정교하면서도 침입자별로 특이적으로 반응하는 면역체계를 구축하고 있다. 이와 같이 서로 다른 종류의 병원균에 대항하는 맞춤형 면역체계를 특이적 면역이라고 한다. 특이적 면역의 특징은 특정 병원균이나 이물질을 인식하고 공격하는 동시에 해당 침입자를 기억해 동일한 침입자가 나중에 재침입했을 때 이전보다 더 빨리 그 침입자를 격퇴할 수 있다는 점이다. 고대 아테네에 역병이 창궐했을 때 어느 학자가 한 사람이 같은 병을 두 번 앓지는 않는다고 말했다는 기록에서처럼 특이적 면역, 즉 후천적 면역은 처음 침입한 병원체를 똑똑히 기억하고 있다가 재침입 시 첫 번째 감염 때보다 더 빨리 물리칠 수 있다.

특이적 면역의 핵심은 자신과 타인의 구별이다. 몸에 있는 세포나 물질과는 다른 것(비자기)에 해당되는 물질 혹은 침입자, 병원체를 항원antigen이라고 한다. 항원에는 세균이나 바이러스는 물론 집 먼지, 복숭아털, 꽃가루는 물론이고 단백질, 탄수화물 같은 영양소도 포함된다. 또한 침입자나 병원체의 특정 구조나 일부분도 항원이 될 수 있다. 몸 안에 항원이 들어오게 되면 몸에서는 각 항원의 독특한 구조를 인식하는 면역세포를 선택하여 준비시킨다. 몸 밖 세상의 삼라만상이 항원이 될 수 있는 만큼 각각의 항원에 맞춰진 면역세포의 종류도 항원에 대응할 만큼 다양하다. 특이적 면역에 참여하는 면역세포로서 T세포와 B세포는 항원을 인식하고 결합할 수 있는 항원수용체를 자신의 세포막 표면에 가지고 있으며 항원수용체의 종류는 무척 다양하다. 하나의 면역세포는 한 종류의 항원수용체를 가지기 때문에 수많은 종류의 항원에 대항하기 위해서는 당연히 수많은 종류의 면역세포를 준비하고 있어야 한다.

골수는 면역세포의 고향

림프구 혹은 면역세포에는 뼈 속에 있는 부드러운 조직인 골수에서 만들어지고 성숙하는 B세포와 골수에서 만들어진 후 흉선으로 이동해 성숙하는 T세포가 있다. 성숙과정을 거치는 동안 림프구 표면에 특정 항원에 결합할 수 있는 항원수용체를 부착한다. 이렇게 만들어진 수많은 종류의 B세포와 T세포는 조직액, 혈관, 림프관 곳곳을 누비며 외부 침입자인 항원을 찾아다닌다. 림프구 대부분은 평생 동안 침입자를 접해 보지 못하지

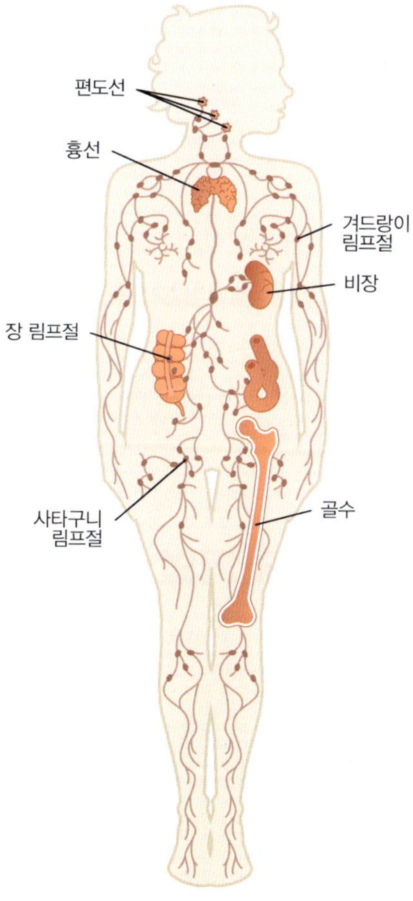

[그림 7.2] 특이적 면역에 관여하는 기관

만, 한번 침입자를 접한 림프구는 곧바로 증식하여 동일한 항원수용체를 가진 대량의 림프구 세포집단을 형성하여 침입자에 효과적으로 대응한다.

림프관은 우윳빛의 림프액을 함유한 도관으로 조직액으로부터 큰 분자의 물질을 받아들이거나 조직액으로 내보내는 기능을 한다. 림프액은 혈액과는 다르게 적혈구를 가지고 있지 않으며 백혈구, 지방 분자, 경우에 따라 병원균을 조직액으로부터 흡수해 림프관을 통해 온몸으로 연결된 림프계로 운반한다. 몸의 여러 곳에는 림프절이 있고 여기에 림프구와 식세포의 일종인 대식세포macrophage가 모여 있다. 조직액으로 침입한 병원균은 림프관을 타고 림프절로 보내져 이곳에 모여 있는 면역세포들의 공격을 받는다.

면역세포 중 B세포는 체액성 면역humoral immunity을, T세포는 세포성 면역cellular immunity을 담당한다. 체액성 면역은 항체를 활용하여 침입자에 대응하는 것을 말하며, 세포성 면역은 면역세포가 감염된 세포 혹은 침입자에 직접적으로 대응하는 면역을 의미한다.

자기와 비자기의 구별 원리

모든 세포의 표면에는 자기라고 하는 이름표가 붙어 있다. 이 이름표를 부착하고 있으면 면역세포들이 공격하지 않는다. 역으로, 이 이름표가 없으면 면역세포의 공격 대상이 된다. 즉, 이름표가 비자기와 자기를 구별하게 하는 핵심 표식인 것이다. 이 이름표에 해당하는 분자를 주요 조직접합 복합체Major Histocompatibility, MHC라고 한다. MHC는 여러 유전자들의 조합에 의해서 결정되는 단백질 복합체이다. MHC 유전자는 6

번 염색체에 모여 있으며 여섯 종류의 단백질을 만들어 낸다. 유전자가 같은 일란성 쌍둥이를 제외하면 개인 간의 차이로 인해 만들어지는 단백질은 서로 다르다. 쌍둥이가 아닌 다른 사람들 간에 장기 이식이 어려운 이유가 바로 이 MHC의 특성이 서로 다르기 때문이다. 다른 사람의 장기가 비자기에 해당하는 항원(이물질)으로 인식되어 장기 수여자의 면역 체계에 의해 공격당하는 조직 거부반응이 일어나는 것이다.

비자기를 구분, 구별 혹은 식별하여 공격하는 것이 면역반응의 핵심인데 T세포의 일종인 보조 T세포helper T cell가 비자기를 인식할 수 있다. 비특이적 면역에서 작용하는 대식세포는 항원을 삼켜 분해한 후 항원 조각을 자신의 MHC에 결합시켜 보조 T세포에 침입자의 정체를 제시한다. 보조 T세포는 이러한 비자기화된 대식세포를 인식해 특이적 면역반응인 세포성 면역과 체액성 면역을 모두 촉진한다. 이와 같은 비자기의 항원이 대식세포 표면으로 나오는 것을 항원제시antigen presentation라 한다.

체액성 면역은 항체가 관여하는 면역

감염된 세포를 직접 죽이는 세포성 면역과는 달리 체액성 면역은 세포 밖 용액이나 조직액에 떠돌아다니는 항원을 B세포가 분비하는 항체를 이용해 방어하는 면역체계를 말한다. 항체antibody는 항원에 특이적으로 결합할 수 있는 단백질로서 B세포 표면에 붙어 있는 항원수용체가 분비된 형태이다. 즉, 항원수용체와 항체는 동일한 구조를 가진다. B세포 표면에는 항원수용체가 붙어 있기 때문에 항원을 인식할 수 있다. 수많은 종류의 항원과 특이적으로 결합할 수 있는 여러 종류의 B세포들은 앞서 학습한 골수에서의 분화 과정을 통해 만들어진다.

항체가 관여하는 체액성 면역을 일으키기 위해서는 항원이 B세포와 대식세포로부터 보조 T세포에 제시되어야 한다. 예를 들어 침입자인 박테리아가 B세포와 대식세포에 의해 항원으로 제시되면 보조 T세포는 이들 두 항원제시세포로부터 제시된 항원이 동일한지를 검사하고, 맞다면 사이토카인을 분비해 항원을 제시한 B세포를 증식시킨다. 이 과정을 클론 선택clonal selection이라고 한다. 여기서 클론은 동일한 유전적 조합을 가진 세포집단을 말한다. 즉, 동일한 항원을 가진 B세포가 복제되어 침입자에 강력하게 맞설 수 있게 된다. 보조 T세포를 통해 B세포와 대식세포가 제시하는 항원이 동일한지를 이중으로 확인하는 과정은 잘못된 B세포 클론이 선택되는 것을 방지하기 위함이다.

유전적으로 동일한 조합을 가진 B세포 집단은 항체를 세포막으로부터 분비시키는데, 이런 B세포를 형질세포라고 한다. 하나의 형질세포는 1초에 약 2천 개 분자의 항체를 분비한다고 알려져 있다. 한편, B세포의 일부는 기억세포로 분화한다. 기억세포는 나중에 동일한 항원이 침입하면 이를 신속히 알아차려 형질세포로 전환해서 항체를 분비하는 역할을 한다. 어릴적 홍역에 한번 걸리면 평생 홍역에 대한 저항력을 갖게 되는 이유가 바로 이 기억세포 때문이다. 이들은 외부 침입자를 오랫동안 정확하게 기억하면서 다음번 침입에 대비한다.

세포성 면역은 침입자의 직접 제거

세포성 면역은 T세포의 한 종류인 세포독성 T세포cytotoxic T cell가 병원체에 공격당한(감염된) 세포를 죽이는 것과 관련된다. 세포독성 T세포가 반응하기 위해서는 보조 T세포가 반드시 필요하다. 대식세포가 제시한 항원(병원체의 일부 혹은 조각)을 인식한 보조 T세포는 사이토카인과 같은 특정 화학물질을 분비해서 동일한 항원을 인식하는 세포독성 T세포를 대

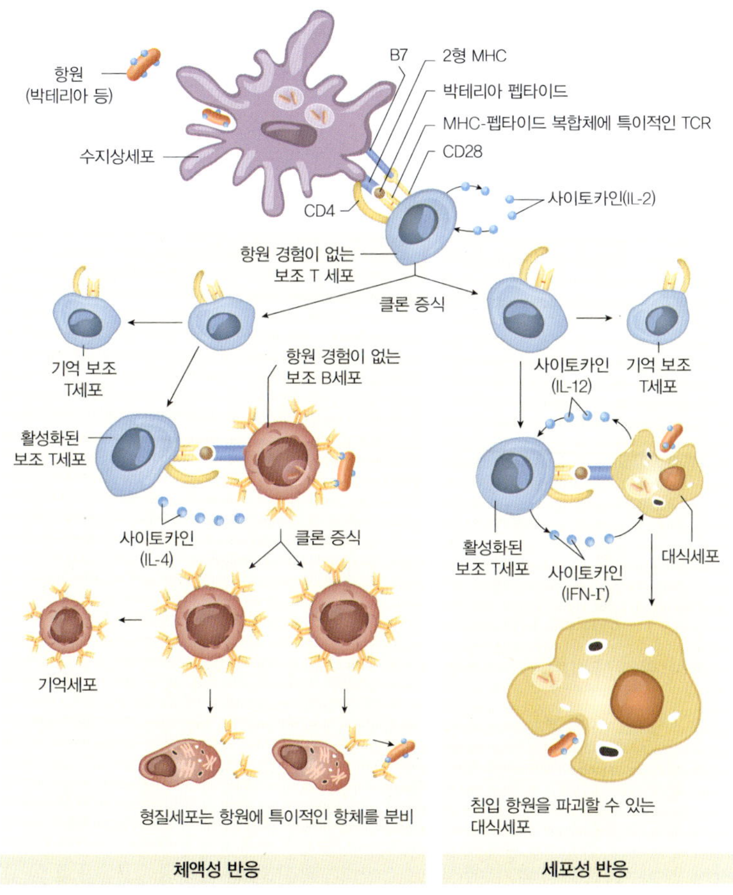

[그림 7.3] 체액성 면역과 세포성 면역

량으로 증식시킨다. 대식세포와 유사하게 병원체에 감염된 세포들이 병원체의 조각을 자신의 세포막에 노출시키면 세포막 표면에 그 조각에 잘 맞는 항원수용체를 가진 세포독성 T세포에 의해 인식된다. 대량으로 복제된 세포독성 T세포는 동일한 병원체에 감염된 세포만 선택적으로 구별하여 죽이는 세포성 면역에 주도적으로 관여한다. 세포독성 T세포는 감염된 세포의 원형질막에 구멍을 낼 수 있는 퍼포린perporin이라는 단백질을 분비해서 감염되거나 손상된 세포를 죽인다. 세포독성 T세포는 2차 면역과정에서 감염된 세포를 직접 죽이는 무서운 세포이다.

2차 방어의 핵심은 기억세포

처음 접한 침입자에 대해 일어나는 1차 체액성 면역반응은 일반적으로 강력한 면역반응은 아니다. 감염된 후 며칠에 걸쳐 항원과 결합한 B세포가 분열하여 형질세포와 기억세포를 만들기는 하지만 형질세포에 의해 만들어지는 항체의 절대적인 양이 적기 때문에 몇 주가 지나면 대부분의 항체가 혈액에서 사라진다. 그러나 1차 반응을 경험한 지 몇 주에서 수년이 지나면 동일한 침입자에 대한 1차 반응에서 만들어졌던 기억세포가 급격히 활성화되면서 재감염 후 수 시간 만에 많은 수의 형질세포가 만들어져 1차 반응 때보다 더 많은 항체가 만들어지는 2차 반응이 유도된다. 기억세포는 B세포와 T세포가 모두 갖는 특이적 면역의 공통 특징이다.

기억세포를 인위적으로 만들어 내는 방편이 백신이다. 병원체를 죽이거나 약화시킨 병원체가 백신vaccine이다. 백신은 감염병을 일으키지 않지만 항원으로서의 특성은 제공한다. 예방주사는 한마디로 백신을 접종하는 것으로 1차 반응을 일으켜 우리 몸에 특정 항원의 침입을 기억세포에 인식시켜 주는 기능을 한다. 예방주사를 미리 접종받게 되면 살아가는 동안에 동일한 항원을 가진 병원체의 침입에 대해 면역반응을 신속하고 강력하게 촉발하여 쉽게 병원균을 제거할 수 있다.

항체

사람과 동물의 면역체계는 매우 복잡하다. 우리 몸에 들어온 외부 물질을 인식하여 중화하거나 파괴하기 위한 공격을 수행하기 위하여 몸 전체에 분포되어 있는 많은 세포들이 복잡한 방법으로 협동한다. 면역반응을 유발하는 외부 물질을 항원antigen이라 부른다. 그들은 세균, 곰팡이, 바이러스 또는 꽃가루에서 발견되는 단백질이나 지방 같은 개개의 분자일 수 있다. 예를 들어, 식품 알레르기가 있는 사람들은 어떤 특정 식품 내에 존재하는 단백질, 탄수화물, 지방에 대한 면역반응을 가진다.

면역체계는 어떤 경우에 항체를 생산하여 대표적으로 항원에 반응한다. 이 반응을 항체매개면역antibody-mediated immunity이라고 한다. 항원에 노출되면 백혈구leukocyte의 한 유형인, B세포라고도 불리는 B림프구B lymphocytes가 항원을 인식하여 결합한다. T세포라고도 불리는 T림프구T lymphocyte는 B세포가 항원을 인식하여 반응하는 것을 돕는 데 필수적인 역할을 한다. 항원 노출 후 B세포는 항체를 생성하여 분비하는 형질세포plasma cell의 형태로 발달한다. 대부분의 항체는 혈류 속으로 방출되지만, 타액, 눈물, 그리고 다른 소화기관 내의 유체에도 항체가 있다. 항체 생산의 목적 중 하나는 항원에 대한 지속적인 보호를 제공하는 것이다. B세포가 발달하는 동안 일부 B세포는 몇 년 후까지 외부 물질을 인식할 수 있는 능력을 가지고 있는 기억세포가 되어 우리 몸을 항원으로부터 지속적으로 보호할 수 있는 더 많은 항체와 플라스마 세포를 생산하게 된다.

항체는 항체가 만들어진 항원에 대해 매우 특이적이다. 하지만 이러한 단백질이 어떻게 외부 물질로부터 몸을 보호하는 것일까? 많은 항체는 그들에게 특이적인 항원에 결합하여 항체 표면에 결합한다. 항원이 항체로 둘러싸인 후에는 대식세포macrophage라 불리는 백혈구가 항원-항체 결합물을 인식한다. 대식세포는 식세포작용(말 그대로 세포를 먹는다는 뜻으로, 그리스말로 'phago = 먹다, cyto = 세포'를 뜻함)을 매우 효과적으로 하는 세포이다. 식세포작용에서 대식세포는 항체에 덮여 있는 항원을 빨아들인 다음, 리소좀lysosome이라 불리는 대식세포 내의 소화기관들이 항원을 분해할 수 있는 소화효소 생성을 촉발한다. 항원이 세균 같은 다른 외부 세포일 때 일부 항체는 세포 용해cell lysis라 불리는 과정을 통하여 세균세포를 파괴할 수 있는 기작에 참여한다.

우리는 면역체계가 항체를 생성할 수 있는 항원에 끊임없이 노출되고 있다. 그러나 때때로 이와 같은 항체의 자가생산은 천연두, 간염바이러스, 에이즈를 일으키는 HIV 같은 병원체로부터 우리를 보호하기에는 불충분하다. 생명공학은 백신의 사용으로 면역력을 증폭시켜 신체의 면역체계를 도울 수 있다.

항체의 구조와 다양성

병원체의 작은 조각 혹은 일부인 항원과 이를 특이적으로 인식해서 결합하는 항원은 열쇠와 자물쇠처럼 자신만의 특수한 구조를 갖고 있다. 한 분자의 항체는 무거운 사슬(heavy chain, 중쇄)과 가벼운 사슬(light chain, 경쇄), 두 종류의 폴리펩티드 사슬이 각각 2개씩, 총 4개의 폴리펩티드로 결합된 구조를 가진다. 이 4개의 사슬은 항체들 간에 아미노산 순서가 서로 다른 가변 영역variable region과 순서가 동일한 불변 영역constant region으로 구분된다.

항체는 불변 영역에 의해서 항체 특유의 입체 구조를 갖게 되고, 가변 영역은 서로 달라 항체마다 서로 다른 입체 구조를 만드는 데 기여한다. 따라서 다양한 입체 구조를 갖는 항체는 다양한 항원과 특이적으로 결합할 수 있다. 특정 약물, 진드기, 꽃가루, 복숭아 털 등 다양한 종류의 항원에 대항해 각각에 특이적으로 결합할 수 있는 항체는 그 풀pool만 적어도 1억 개가 넘는다. 인간의 유전자 수가 2만 8천 개에서 3만여 개 정도라고 하는데 어떻게 사람 유전자 수보다 많은 항체를 만들 수 있을까? 해답은 유전자 재조합에서 찾을 수 있다. 항체의 다양성은 각 사슬을 구성하는

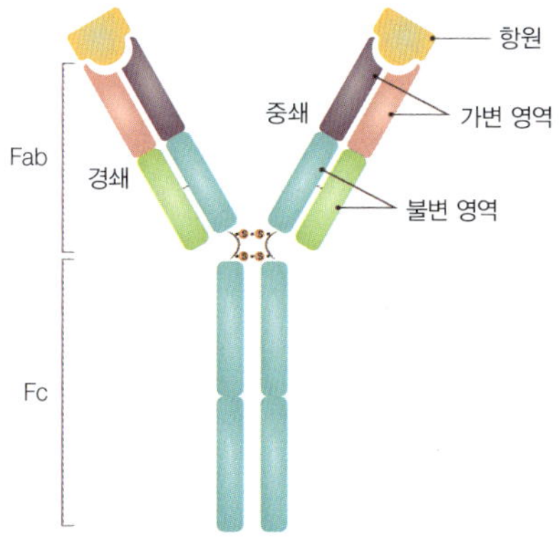

[그림 7.4] 항체의 구조

유전자군(V, D, J)의 다양한 조합에 의해 만들어진다.

무거운 사슬의 경우 V 유전자군은 수백 개, D 유전자군은 3개, J 유전자군은 4개가 있다. 이들 각 유전자군별로 각 1개의 유전자를 무작위로 선택하여 만들어지는 V-D-J 유전자가 하나의 무거운 사슬(폴리펩티드)로 만들어지는 것이라고 할 때, 몇십만 종류의 가능한 조합이 만들어진다. 가벼운 사슬도 다양한 조합으로 만들어진다. 무거운 사슬과 가벼운 사슬로 이루어지는 항체의 다양성이 더욱더 증가하는 것은 충분히 예측 가능하다. 유전자군들 간의 재조합 혹은 재구성 전략에 의해 수많은 항원에 대응하는 항체가 만들어지는 것이다. 동일한 원리로 T세포의 다양성을 제공한다. 앞서 설명한 것처럼, 면역세포가 흉선이나 골수에서 성숙하는 동안 이런 유전자 조작의 무작위 재조합을 통해 수많은 B세포와 T세포가 생성된다.

항체는 몇 종류나 있을까? 우리 몸속의 항체는 다섯 가지로, IgG, IgA, IgD, IgE, IgM이 있다. 이 중에서 가장 중요한 것은 면역글로불린 Gimmunoglobulin G, IgG이며, 질병을 치료하고 예방하는 과정에서 가장 많이 사용된다. 몸속 항체 중 75%를 IgG가 차지하니 IgG가 항체의 대부분이라고 생각해도 무방하다.

IgG는 앞서 학습한 것처럼 체액성 면역을 담당하는 면역물질(단백질)이다. 우리 몸속에 침입한 병원체나 항원에 특이적으로 결합해 이들을 움직이지 못하게 결박하는 역할을 한다. 이를 응집기능이라고 한다. 이 밖에 중화기능과 침전기능도 가진다. 대식세포의 탐식작용을 유도해서 항체와 결합된 병원체를 제거하고 면역단백질을 이용해 병원체를 제거하는 데 관여하기도 한다. 병원체, 독소 또는 다양한 항원과 결합해 이들의 활성을 무력화하는(중화) 것도 항체의 핵심 기능이다. IgG는 세포 내 단백질의 분해를 중계함으로써 체내에 침입한 병원체를 제거하기도 한다. 골수이식, 자가면역질환, 중증감염증 등 면역과 관련된 질환의 치료제로서 IgG를 활용하기도 한다. IgG는 태반을 통과할 수 있기 때문에 어머니로부터 물려받는 유일한 후천성 면역물질이다.

IgM은 고분자단백질이다. Y자 갈고리 형태 5개가 연결된 항체로 그 비율은 약 10% 정도이다. 침이나 눈물이 분비되는 점막 부위에서 신속한

[표 7.2] 5종의 항체

종류	기능
IgM 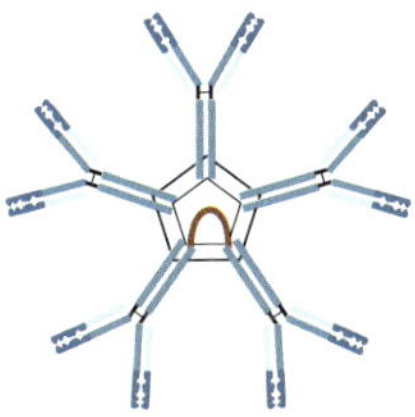	1차 면역반응 동안 분비되는 첫 번째 항체로서 응집반응과 침강반응을 촉진하고 보체를 활성화한다.
IgD 	B세포 표면에만 존재하며, 항원 수용체로 작용한다.
IgG 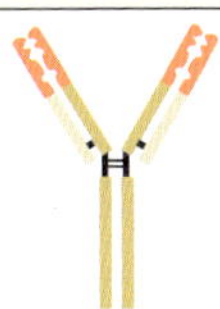	2차 반응 동안 분비되는 주요 항체로서, 항원을 중화하고, 식세포작용을 촉진하고, 보체를 활성화한다.
IgA 	인체 분비물에 존재하는 항체의 주요 유형으로서 MALT의 형질세포에서 분비되는 주요 항체이다.
IgE 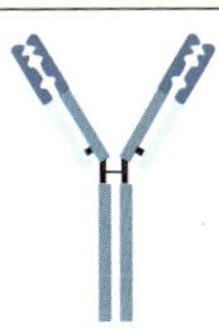	Fc는 비만세포와 호염구에 결합한다. 가변 부위에 알레르겐이 결합하면 알레르기 반응을 유발하는 매개체가 분비된다.

초기 면역을 담당한다. IgE와 IgD는 우리 몸속에 매우 적은 양이 존재한다. 이들의 명확한 기능에 대해서는 밝혀야 할 것들이 많지만 알레르기 반응에 관여하거나 B세포의 기능을 보조하는 것으로 여겨진다.

이 밖에 사이토카인cytokine은 세포 신호 전달에 중요한 기능을 한다. 사이토카인이 면역세포로부터 분비되면 다른 세포 혹은 분비한 자신에게 영향을 끼친다. 사이토카인 중 IL(인터루킨)-1α는 백혈구 중 대식세포에 영향을 미치고, IL-1β는 암을 제거하는 세포인 NK세포의 독성을 촉진하는 기능을 한다. 앞서 학습한 B세포의 항원-항체 반응은 T세포에서 분비되는 사이토카인이 이들 면역반응을 지시하는 신호로 볼 수 있다. 사이토카인은 면역반응에 꼭 필요한 물질이지만 항상 유익한 역할만 하는 것은 아니다. 과도한 양의 사이토카인이 방출되는 것을 사이토카인 폭풍cytokine storm이라고 하는데 이것은 생애주기 중 면역기능이 가장 뛰어난 젊은 층에서 볼 수 있는 현상으로 사이토카인 증후군이라고도 한다. 그 증상은 외부로부터 침입한 병원체에 대항하기 위해 우리 몸의 면역체계가 과도한 반응을 보여 면역세포가 정상적인 세포를 공격하는 것이다. 급성 염증, 고열 등이 일반적인 사이토카인 폭풍의 증상이며, 심한 경우에는 사망에 이르기도 한다. 코로나19 팬데믹 초창기에 매스컴을 통해 사이토카인 폭풍 증상으로 인한 젊은 연령대에서의 사망 소식을 접한 바 있다.

백신의 등장

세계 최초의 백신은 1796년에 에드워드 제너Edward Jenner가 살아 있는 우두바이러스를 천연두 예방을 목적으로 사람에게 접종할 수 있다는 것을 입증하면서 개발되었다.

천연두바이러스와 우두바이러스는 밀접한 연관성을 보이며 유사한 점이 많다. 천연두 전염이 확산된 유럽은 황폐해졌고, 북미에 정착한 유럽인들 중 천연두에 감염된 사람들로부터 전염된 미국 동해안의 북미 원주민들의 80% 이상이 사망했다. 우두는 소의 젖 표면에 수포와 병변을 유발하고 사람에게도 유사한 피부 궤양을 일으킨다. 소의 젖을 짜는 여성이 우두 감염을 통해 천연두 감염을 막을 수 있었다고 주장한 사실에서 착안하여 제너가 백신을 발명하였다. 그는 해당 여성의 몸에 난 우두 수포로부터 액체를 취한 뒤 이것이 담긴 주삿바늘을 건강한 지원자의 피부에 문질러 접촉시켰다. 그의 첫 번째 환자는 8살 소년이었다. 제너의 임상에 참가한 지원자 대부분은 백신접종 후 천연두 감염자에게 노출되어도 우두나 천연두에 걸리지 않았다. 우두 액체에 노출된 것이 제너와 지원자들의 면역체계를 자극하여 천연두에 대한 보호와 예방이 가능하도록 해 준 것이다.

질병에 대항할 수 있는 면역보호기능을 일으키기 위하여 감염원을 활용하는 이와 같은 실험들이 예방접종(vaccination, 소를 의미하는 라틴어 vacca로부터 파생됨)의 잠재력을 입증하였다. 미국에서는 천연두에 대한 통상적인 예방접종을 1972년에 중단하였으나, 1980년 이후까지도 백신을 널리 사용하여 1980년에 천연두를 퇴치하였다.

미국에서는 많은 백신이 통상적으로 갓난아이, 어린이 그리고 어른에게 접종된다. 태어나 처음 맞았던 예방접종(보통 출생 후 2개월에서 15개월 사이에 접종)을 기억할 수는 없겠지만, 아마도 diphtheria toxin, pertussis toxin, tetanus toxin이라 불리는 세 가지 세균 독소로부터 몇 년간 보호받을 수 있는 DPT백신DPT vaccine이었을 것이다. 또 다른 유아기 예방접종

[그림 7.5] 에드워드 제너(Edward Jenner) 출처: www.royalmint.com

백신은 MMRmeasles, mumps, rubella 백신이다.

Poliomyelitis라 불리며 척추신경에 감염될 경우 엄청난 마비를 야기하는 폴리오polio바이러스를 예방하기 위해 OPVoral polio vaccine 또한 접종받았을 것이다. 천연두 예방접종과 같이 OPV는 폴리오(급성 회백수염의 전용어)의 발생정도를 극적으로 감소시켰다. 사실상 북미와 남미 그리고 대부분의 유럽에서 사라지긴 했지만 폴리오는 여전히 세계의 일부 지역에서 존재한다. 조너스 소크Jonas Salk가 폴리오를 퇴치하기 위해 처음 백신을 개발한 1954년 이전까지 세계적으로 수백만 명의 어린이들이 그 당시 매우 흔한 질병이었던 폴리오로 고통받아 왔다. 소크가 개발한 백신은 주사 주입이 필요했으나 1961년에 앨버트 세이빈Albert Sabin이 경구투여할 수 있는 현재 버전을 개발하였다. 백신이 어떻게 작용하는지 이해하기 위해서는 인간 면역체계의 기본 개념을 이해하여야 한다.

백신 제조를 위한 병원체 표적물

병원체는 끊임없이 변화하기 때문에 의약품과 백신에 저항성을 갖는 균주와 질병을 유발할 수 있는 새로운 세균이나 바이러스 균주들이 계속해서 출현한다. 백신 종류보다 질병유발 미생물의 종류가 더 많다. 결과적으로 기존의 백신을 개선하고 새로운 백신을 생산하는 것이 연구의 우선순위이다. 신규 또는 개선된 백신의 대상 질환에는 간염(A, B, C, D), 성병(헤르페스, 임질과 클라미디아), HIV, 감기, 말라리아, 결핵 등이 있다. 이 중 몇 가지에 대해 고려하고자 한다.

감기는 인플루엔자influenza과에 속하는 수많은 바이러스로 인해 야기된다. 대부분의 사람들은 감기 증상을 경험해 봤을 것이다. 며칠 동안 감기 증상이 지속되다가 비처방 의약품으로 쉽게 치료되기도 하지만, 매년 전 세계 50만 명에서 100만 명 정도의 사람이 감기로 사망한다. 감기 바이러스가 빠르게 돌연변이를 일으키기 때문에 어떤 한 가지 백신에 의한 모든 변종 바이러스에 대한 방어는 불가능하다. 해마다 감기 시즌 동안 유행할 것으로 예상되는 세 가지 주요 감기 바이러스에 대한 새로운 감기 백신이 만들어진다. 이러한 백신용 바이러스는 달걀에서 배양된다.

전염병과 유행병을 감시하는 국제기구인 세계보건기구WHO가 감기 검체를 분석하기 위하여 수집하고 스크리닝하여 백신 치료 전략을 개발할 수 있도록 80개 이상의 국가에 센터를 설립했다. 감염질병 관련 과학자들은 전 세계 감기 바이러스를 모니터링하여 바이러스를 복제하고 검출된 새로운 바이러스 균주에 대응할 서브유닛백신을 생산하는 데 재조합 DNA 기술을 이용할 수 있는 '세계적 실험실'의 설립을 고려하고 있다. 이러한 전략은 새로운 병원균에 신속하게 대처하여 필요한 백신을 생산하도록 감시와 신속대응으로 구성되어 있다. 앞으로 많은 질병유발 미생물에 대하여 이와 같은 전략이 사용될 것으로 보인다.

빠른 변이를 보이는 인플루엔자 A는 세계적인 유행병으로, 세계적으로 확산되어 인간의 건강을 해칠 수 있는 가장 큰 잠재적 위협 중 하나이다. 인플루엔자 A의 유행성 바이러스는 과거에 출현한 적이 있었다. 1918년, 인플루엔자 바이러스는 최소 2천만 명을 사망에 이르게 하였다. 다른 세계적인 유행병이 1957년, 1968년에도 발생하였다. 전염병학자들은 앞으로의 세계적 유행병은 예전보다 더 파괴적일 것이라 예측한다. 특히 최근 출현으로 많은 언론의 주목을 받고 있는 조류독감avian flu 균주가 있다. 인플루엔자 A의 변종은 바이러스 표면으로부터 돌출되어 있는 hemagglutinin(HA)과 neuraminidase(NA)라 불리는 2개의 당단백질로부터 기인한다. 조류독감은 H5N1이라고 불리는 인플루엔자 A의 아형subtype이다. 왜냐하면 이 바이러스에 존재하는 2개의 변종 단백질(바이러스 이름으로 사용될 때 H와 N의 약자로 사용됨) 때문이다.

2003년에 조류독감 바이러스(H5N1)는 아시아에서 조류를 대상으로 세계적 유행병을 일으켰다. 그리고 그 확산을 막기 위하여 2억 마리의 조류가 살처분되었다. 과학자들은 다른 바이러스와 마찬가지로 이 바이러스의 변이형이 인간에게도 감염될 것을 우려하였다. 비록 일부 사람에서 감염 사례가 발생했지만 광범위한 감염은 일어나지 않았다. 하지만 조류로부터 돼지로 바이러스 전이가 일어났고 감염된 돼지를 통해서 변이된 바이러스가 사람을 감염시킬 수 있다는 심각한 논의가 일었다. 바이러스가 야기할 수 있는 파괴력 때문에 WHO는 어떤 백신보다 H5N1으로부터 보호받을 수 있는 백신 개발에 우선순위를 둔다고 선언하였다.

폐결핵tuberculosis, TB 세균인 *Mycobacterium tuberculosis*에 의하여 야기되는 결핵은 매년 200만 명에서 300만 명 정도의 사망자를 발생시킨다.

결핵균을 흡입하여 폐 조직이 감염되면 덩어리 조직인 결핵 결절이 생성된다. 항생물질과 백신은 세계의 많은 곳에서 발생하는 TB의 조기 확산을 효과적으로 억제해 왔다. 하지만 TB는 계속해서 일어나고 있다. 왜냐하면 결핵균은 적응력이 아주 뛰어나 새로운 치료에 저항성이 있는 새로운 균주로 진화하기 때문이다. 새로운 균주에 대한 관심이 커짐에 따라서 1993년에 WHO는 세계보건 비상사태를 선포하고 많은 연구 조사 계획에 착수하였다. 빌과 멀린다 게이츠 재단이 다른 단체들과 함께 3,000만 달러를 지원했다. 이러한 노력의 일환으로 1998년, 결핵균의 유전체에 대한 염기서열이 밝혀졌다. 그 결과로, 새로운 단백질이 발견되어 새로운 TB 백신을 만들게 되었다. 그중 많은 백신이 현재 임상시험 단계에 있다.

말라리아malaria는 원생동물 기생충인 *Plasmodium falciparum*(악성 말라리아 원충)에 의해 야기되며 곤충을 통하여 전파된다. 세계적으로 대부분의 말라리아 원충은 보편적으로 사용되는 항말라리아성 약품에 대한 저항성을 갖고 있다. 이런 항말라리아 약품이 세계 대부분의 지역에서 효과를 보이지만 말라리아에 의한 사망률은 아직까지 꽤 높은 편이다. 매년 약 5억 명에 가까운 아이들이 *Plasmodium*(말라리아 원충)에 감염되고 있고, 그중 300만 명 정도가 사망에 이른다. 미국 기업인 사나리아Sanaria의 연구원들은 약독화 백신을 개발해 냈고 곧 임상시험에 들어갈 예정이다. 이에 더해 연구자들이 기생충을 억제하는 데 필요한 새로운 유전자 표적을 찾아낼 수 있도록 *Plasmodium*을 대상으로 하는 전체 유전체 마이크로어레이가 제작되었다.

한편 세계적으로 3,400만 명 이상의 사람이 HIV에 감염된 것으로 보고된다(WHO 발표, 2010년 기준). 이 파괴적인 질병을 억제하고 궁극적으로 에이즈 유행을 차단하려면 HIV의 확산을 중지하고 치료할 수 있는 백신의 필요성이 대두된다. HIV 감염의 예방 또는 HIV에 감염된 개인의 치료를 위하여 몇 가지 백신이 사람을 대상으로 시도되었다. 이러한 백신 대부분은 바이러스 표면 단백질을 표적으로 하지만 현재까지 그 어느 것도 그 목적을 이루지 못했다. 현재 HIV 백신 관련 과학자들이 직면하고 있는 가장 큰 장애물 중 하나는 HIV의 높은 돌연변이율이다. 바이러스 복제를 차단하는 항바이러스 약품들의 혼합물인 칵테일cocktail이라고 불리는 멀티-서브유닛 백신들이 결과적으로 많은 혼합 바이러스 단백질과 백신 또는 항바이러스 약품을 단독으로 사용하는 것보다 HIV를 퇴치하는 데 더 효과적인 전략이 될 수 있다. 유사한 전략이 B형 및 C형 간염 바이러스를 비롯한 다른 바이러스들을 치료하기 위하여 개발되고 있다.

백신의 원리와 종류

백신vaccine은 병원체의 부분 혹은 전체 유기생물체로서, 직접 복용하거나 주입함으로써 병원체에 감염된 사람이나 동물의 면역체계를 자극할 수 있다. 인간이나 동물에게 백신을 접종하였을 때 그들의 면역체계는 백신을 항원으로 인식하여 항체와 B 기억세포를 만들어서 반응한다. 백신은 면역체계를 자극하여 면역체계에 강제로 항원을 저장하도록 한다. 그렇게 함으로써 실제 병원체에 노출되었을 때 면역 기억세포로 하여금 작용하도록 만든다. 백신접종은 애완동물, 농장과 동물원의 동물뿐만 아니라 많은 야생동물에게도 이루어진다.

백신을 이용해 인공적인 면역반응을 유발하기 위하여 일반적으로 다음과 같은 세 가지 주요 전략이 사용된다. 첫째, 서브유닛 백신subunit vaccine은 바이러스 혹은 세균의 단백질이나 지방질 같은 미생물 구조물의 일정 부분을 주입하여 만들어지고, 거기에 면역체계가 반응한다. B형 간염 바이러스에 작용하는 백신과 파상풍과 탄저병 백신도 서브유닛 백신의 예이다. 둘째, 약독화 백신attenuated vaccine은 백신 수혜자에게 주입된 후 자가 복제가 일어나지 않을 정도로 노화되었거나 성장조건을 변화시켜서 약화된 살아 있는 세균이나 바이러스를 사용하는 백신을 말한다. 소아마비에 작용하는 경구용 소아마비 생백신은 약독화 백신의 일종이다. MMR, 결핵, 콜레라, 수두 등의 백신도 약독화 백신의 다른 예이다. 셋째, 불활성화 백신inactivated (killed) vaccine은 병원체를 죽여서 죽은 병원체나 불활성화된 미생물을 백신으로 사용한다. 개발한 과학자의 이름을 딴 소크Salk 백신은 불활성화된 소아마비 바이러스 혼합체로서 소아마비에 작용한다. 또한 개나 고양이 또는 사람에게 투여되는 광견병 백신과 최근 아주 흔히 쓰이는 인플루엔자(flu) 백신도 불활성화 백신이다.

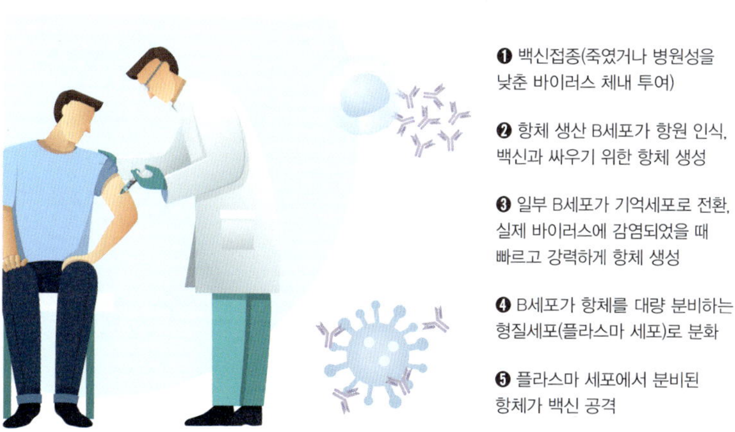

[그림 7.6] 백신의 작용 원리

DNA 백신은 지금까지도 시도는 하고 있으나 아직까지 충분한 면역 유발 효과가 입증되지 않고 있다. 그러나 2005년에 미국 농무부는 바이러스의 일종인 웨스트나일 바이러스WNV에 작용하는 DNA 백신을 세계 처음으로 승인했다. 아이오와주의 포트다지 연구실에서 개발된 이 백신은 모기 매개mosquito-borne 바이러스인 WNV로부터 말을 보호하기 위하여 개발되었다. 말이 WNV에 감염되는 속도는 계속 증가 추세에 있으며 WNV에 감염된 말 중에서 1/3 정도가 죽어 가거나 안락사가 필요한 상황이다. WMV에 대한 백신 개발이 시급한 이유이다.

백신접종으로 생겨난 면역력은 시간이 경과함에 따라 사라질 수 있다. 강한 면역반응을 일으키지 못하는 불활성화 백신이 특히 그렇다. 결과적으로 많은 백신은 몇 년마다 추가접종이 필요하며, 면역체계를 재활

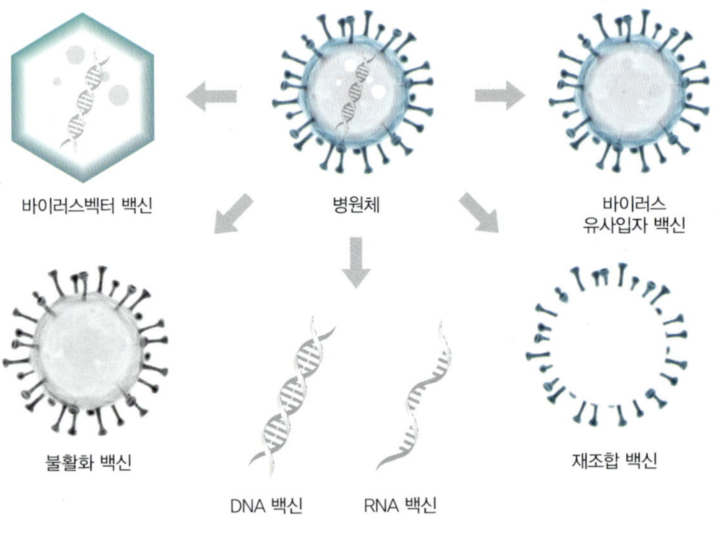

[그림 7.7] 백신의 종류

성화시켜 항체와 면역기억세포를 일정 수준 이상 유지할 수 있다. 예를 들면, DPT 백신은 약 10년 동안은 효과적이다. 파상풍 백신도 10년 동안은 효과를 보인다. 반면 새로운 종의 인플루엔자 바이러스가 매년 출현하기 때문에 독감 백신도 해마다 예방접종이 필요하다.

약독화 백신과 불활성화 백신이 최초로 개발된 백신이었다. 세균에 대항하는 몇몇 서브유닛 백신들은 재조합 DNA 기술 이전에 세균 병원체를 액체 배양하여 만들어졌다. 많은 세균은 단백질을 균체 주위 배지에 방출한다. 그리고 이런 단백질을 정제하여 사람에게 주사했을 때 면역반응의 활성화를 도울 수 있는 혼합물과 혼합된다. 그러나 과학자들이 많은 병원체의 분자 구조를 더 많이 밝혀내면서 재조합 서브유닛 백신을 만들려는 시도가 점점 더 보편화되었다.

예를 들면, B형 간염은 체액 노출, 성행위, 오염된 혈액의 수혈 등으로 전파 가능한 혈액 속에 존재하는 바이러스이다. B형 간염은 치명적인 간 질환이다. B형 감염에 대한 백신이 처음 만들어졌을 때 과학자들은 감염된 환자의 혈액으로부터 바이러스를 분리해 내고 생화학적 기술을 사용하여 바이러스 단백질을 정제하였다. 이런 단백질이 백신으로서 사람들에게 주입되었다. B형 간염 백신은 국제여행객, 특히 아프리카나 아시아를 방문하는 사람과 간염 환자나 그들의 체액과 접촉할 수 있는 의료계 종사자 등에게 추천된다. 현재 B형 간염 백신을 포함한 대부분의 서브유닛 백신은 미생물 내에서 백신이 생산되도록 하는 재조합 DNA 기술을 사용하여 만들어진다.

B형 간염에 대한 재조합 서브유닛 백신을 개발하기 위해 과학자들은 바이러스 외부 표면에 있는 단백질을 만드는 데 필요한 유전자를 플라스미드에 클로닝하여 넣는다. 플라스미드로 형질전환된 효모들이 바이러스성 단백질을 융합 단백질로서 대량으로 발현하는 데 사용된다. 이런

융합 단백질은 정제되어 B형 간염 백신으로 사용될 수 있다. 비록 융합 단백질이 세균에서 발현되거나 배양된 포유류 세포에서 발현되기도 하지만, 이 방법은 서브유닛 백신을 만드는 보편적인 전략이다. 많은 과학자들이 새로운 백신을 개발하는 데 도움이 되는 세균과 바이러스 유전자들의 특성을 규명하기 위한 미생물 유전체 프로젝트를 수행 중이다.

핵산 백신

백신의 종류를 구분하는 방법은 명확하지 않다. 과거에는 앞서 설명한 것처럼 약독화 생백신과 불활성화 사백신, 두 가지로만 구분했다. 하지만 백신 제조 방법과 기술이 진보하면서 유전자 재조합 백신과 핵산 백신 등, 백신의 종류는 최소 4개가 있다. 재조합 백신은 유전자 재조합 기술을 이용한 백신이며, 핵산 백신은 유전자, DNA 또는 RNA를 백신 소재로 이용하는 것이다. 재조합 백신이나 유전자 백신 모두 유전자를 편집하거나 재조합한 DNA를 이용한 형질전환 세균을 제조한 다음, 이 세균으로부터 항원이 될 물질을 분리해 백신으로 이용한다. 하지만 핵산 백신은 병원체의 특정 DNA 또는 RNA를 직접 사람에게 주사함으로써 인체 세포에서 병원체의 일부 물질인 항원이 만들어지도록 하는 백신을 말한다.

일반적으로 DNA라는 용어를 보면 유전자를 떠올리게 되지만 실제로 DNA는 유전 물질의 본질을 말하는 것이다. 반면에 유전자는 생물학적 기능을 가진 특정한 크기의 DNA를 말한다. 코로나19 팬데믹 이후 우리는 다양한 백신과 그 종류를 조금은 이해하게 되었는데 화이자, 바이오앤

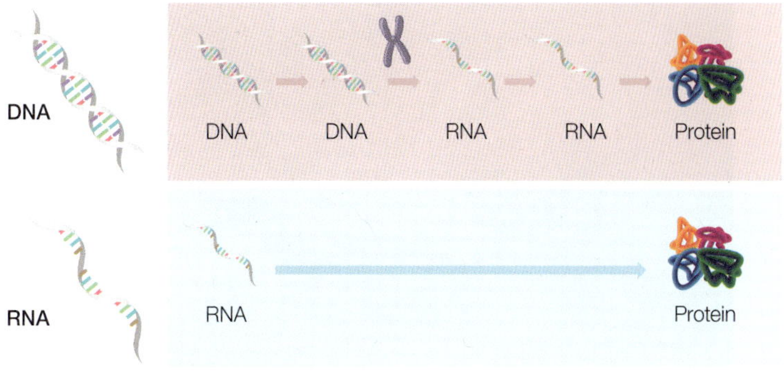

[그림 7.8] DNA 백신과 RNA 백신의 작용 기전 모식도

테크 등의 회사에서 개발된 mRNA 백신은 핵산 백신 중에서도 구체적으로 mRNA가 백신 소재로 이용되는 것을 말한다. 핵산 중 mRNA는 유전자가 단백질로 세포에서 해독되는 과정 중 중간 단계에 위치한 유전물질 중 하나이다. DNA 백신의 경우 세포 안에서 항원 단백질로 해독되기 위해서는 mRNA를 거쳐야 하는 데 반해 mRNA 백신은 세포 안에서 바로 항원 단백질로 해독되기 때문에 항원 단백질을 신속히 생산하여 면역효과를 가급적 빨리 얻는 데에는 DNA 백신보다 mRNA 백신이 보다 더 효과적이다.

불활성화 백신은 약독화 생백신과 비교해 볼 때 상대적으로 면역반응이 약하다. 살아 있는 항원이 아니어서 세포성 면역반응이 유도되기 때문이다. 물론 시간이 지남에 따라 항원을 기억하는 면역세포도 감소하게 되어 실제 해당 병원체 감염이 일어났을 때 면역반응이 약하거나 일어나지 않을 수도 있다. 이런 점에서 볼 때 약독화 생백신은 강력한 면역반응을 제공한다. 왜냐하면 약독화 생백신은 우리 몸속 세포가 항원의 형태를 기억해 체세포성 면역반응을 유도하기 때문이다.

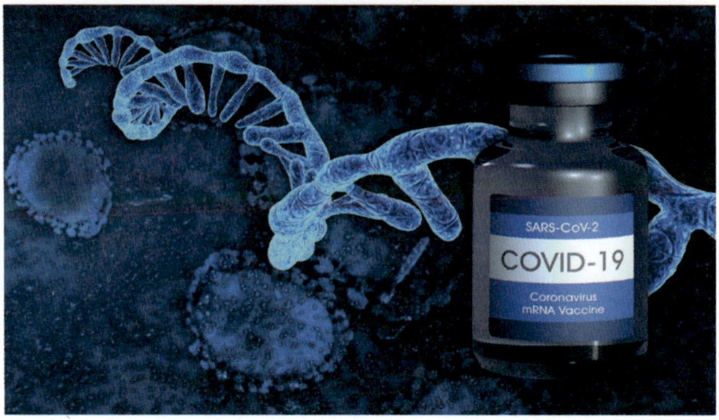

[그림 7.9] 코로나19 백신(화이자사의 mRNA 백신)

우리 몸의 면역세포가 병원체가 내 것인지 아닌지를 구별해 대응하는 특성이 바로 이런 부류의 백신이 가진 장점이기도 하다. 유전자 백신을 대표하는 세 가지 백신인 DNA 백신, mRNA 백신, 바이러스벡터 백신 모두 체액성 면역과 세포성 면역반응을 유도한다. 코로나19를 예로 들면, 주로 스파이크 단백질과 같은 항원 물질을 사람 세포가 가진 단백질 합성 기전을 통해 자체적으로 생산하도록 고안된 것이 유전자 백신의 가장 강력한 특징이고 이것이 다른 백신들과 비교해 가장 큰 백신 효과를 제공한다.

DNA 백신의 원리는 mRNA 백신과 유사한 점이 많다. 따라서 이들 백신 중 어느 것이 더 효과적이냐 하는 것은 쉽지 않은 질문이다. 다만 DNA 백신의 경우 미국 FDA나 WHO의 의약품 품목 허가를 받은 것이 없어 mRNA 백신과 비교하기가 어렵다. 하지만 백신의 원리와 특징을 통해 이 두 백신의 비교가 가능하다. 화이자와 모더나의 mRNA 백신은 앞서 설명한 것처럼 mRNA를 그대로 사용하므로 강한 면역을 빠르게 얻을 수 있다. DNA 백신은 주사한 DNA가 세포핵으로 들어가게 하는 과정이 필요하며 이후 세포핵에서 필요한 mRNA가 생산되도록 하는 과정도 요구된다. 이 두 가지 백신 모두 mRNA가 필요한데, DNA 백신은 mRNA를 세포핵 안에서 만들어야 하는 데 반해 mRNA 백신은 직접 주사를 통해 주입된 mRNA가 세포질로 들어가 단백질로 해독된다는 면에서 큰 차이가 있다. 따라서 효율성 면에서 보면, DNA 백신이 mRNA 백신보다 효율적이지 못하다. 다만 DNA 백신은 세포핵 안에서 복제와 함께 mRNA를 계속해서 합성할 수 있는 주형으로 제공되기 때문에 항원 단백질을 어느 정도 일정하게 유지하는 것이 가능해 면역 유지 기간이 더 길어질 수 있어 부스터샷의 필요성이 상대적으로 낮은 장점을 지닌다.

백신 제조 방법

현재 예방접종에 사용되고 있는 대부분의 백신은 죽어 있는 상태의 바이러스를 인체에 투입하는 불활성화 바이러스 백신(사백신)과 병원성을 크게 낮추었지만(순화) 아직 살아 있는 바이러스인 약독화 생백신이다. 이들 백신은 병원성을 지닌 병원체(바이러스 또는 세균) 자체를 주사하는 방식이기 때문에 병원체 전체 백신이라 할 수 있다. 소아마비, A형 간염, 인플루엔자 등이 대표적인 사백신이며, 수두, MMR(홍역, 볼거리, 풍진 혼합 백신) 등이 생백신이다.

병원체 전체를 사용하는 백신은 세포 배양과 유정란 배양을 통해 생산된다. 바이러스는 숙주세포 없이 스스로 자랄 수 없기 때문에 이를 키워주는 배양 과정이 필요하며, 바이러스가 잘 자랄 수 있는 조건을 갖춘 세포 내에서 바이러스를 배양하는 것이 핵심이다. 세포 배양 방식은 무균 상태에서 동물세포를 대량으로 배양한 후 바이러스를 동물세포에 감염시켜 배양한다. 동물세포는 주로 증식이 빠른 원숭이나 개의 신장세포가 사용된다. 유정란 배양 방식은 독감 백신을 만들기 위해 보다 특별하게 개발된 방식으로 주로 독감 백신의 제조에 활용된다. 특히 인플루엔자 바이러스가 유정란에서 잘 자라는 특성이 있음을 고려한 것이기에 유정란 배양 방식이 모든 백신 제조에 일반적으로 사용되지는 않는다. 전 세계 독감 백신의 90% 이상이 유정란 배양 방식을 활용해 생산되는 것으로 알려져 있다. 유정란 배양 방식은 1940년대부터 시작해 현재까지 오랜 기간 사용될 정도로 가장 안정된 제조 방법으로 알려져 있다.

이 방식을 구체적으로 살펴보면, 우선 무균 유정란을 약 열흘간 부화시킨 후 유정란 내 배아나 요막액에 독성을 약화시켜 순화된 바이러스를 접종한다. 약 사흘간 바이러스를 배양한 뒤 증식한 바이러스를 추출해 분리·정제하는 과정을 거친다. 유정란 방식으로 독감 백신을 제조하는 경우 백신 제조에는 약 80여 일 정도가 소요되며, 이후 약 1개월간 국가 검정이 더해져 총 3~4개월 정도 걸린다. 독감 백신 1도즈(dose, 1회 접종분)를 생산하기 위해서는 보통 유정란 1~2개가 필요하다.

재조합 단백질 백신은 일부 유정란 배양 방식으로 제조된 병원체 전체 백신이 접종 과정 중에 쇼크사로 사망을 일으키는 문제를 개선한 백신이다. 병원체에서 면역반응을 일으키는 항원 단백질만 분리해 사용한다. 병원체를 그대로 사용하는 백신과 달리 완제품과 생산 공정에서 모두 살아 있는 병원체 바이러스가 포함되지 않고 항원 단백질만 사용하기 때문에 안전성이 높다. 우리에게 친숙한 B형 간염 백신을 이 방법으로 만든다. 다만 단백질을 선정하는 과정이 까다롭고, 단백질이기 때문에 다른 백신에 비해 안정적으로 오랜 기간 보관할 수 없다는 단점이 있다.

[그림 7.10] 백신의 주요 제조방법

가장 최근에 개발된 방식인 mRNA 백신은 주요 항원을 단백질이 아닌 DNA 또는 RNA 형태로 제조해 투여한다. 이 백신은 항원 단백질을 만드는 명령어를 RNA에 담아 전달하는 방식을 응용한 것이다. 이때 사용되는 단백질 생성 명령어가 담긴 RNA를 mRNA(m은 messenger를 의미)

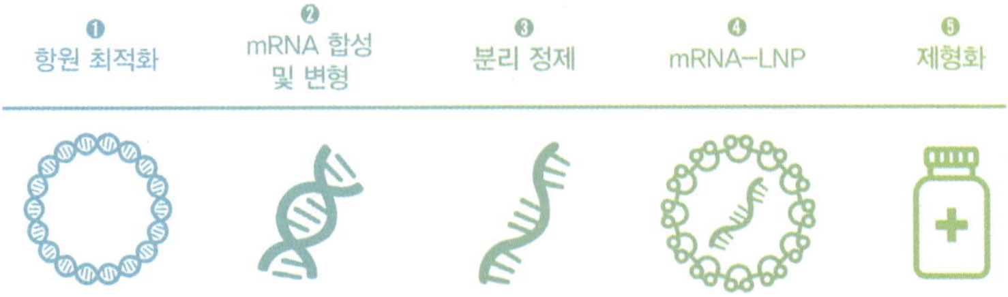

[그림 7.11] mRNA 백신의 제조 과정

라 하며 RNA 합성기를 통해 만든다. 이렇게 준비된 mRNA의 단점은 안정성이 떨어지고 쉽게 분해되어 인체의 세포질에 이를 수 없다는 점이다. 따라서 이 mRNA를 바이러스가 아닌 다른 물질에 담아 인체에 주입하면 항원 단백질이 형성되고 이에 대해 인체가 면역반응을 일으켜 항체를 형성하게 된다. 전달물질로는 지질 나노입자가 쓰인다. 이 전달물질을 만드는 것은 일반적으로 특허기술로 보호될 정도로 mRNA 백신의 핵심 기술이다.

mRNA 방식의 백신 제조 방법은 대량 생산이 쉽고, 바이러스가 변이를 일으키는 경우에도 대응이 수월하다. 최초의 코로나 백신인 화이자와 모더나 백신이 이 방식으로 제조된 것이다. 효과는 다른 백신과 동등하거나 그 이상인 것으로 알려지고 있으나 열에 대한 안정성이 떨어져 -20℃ 이하의 온도에서 보관해야 하는 불편이 따른다(일반 냉동고에서는 5일간 유효). 처음에는 암 세포에 대항하기 위해 만들어졌다가 학술적인 연구 단계에 머물던 중 코로나19 팬데믹 상황에서 신속 승인되면서 처음으로 상용화되었다. 향후 암 치료나 각종 유전병 치료에 널리 활용될 것으로 전망된다.

면역관련 질환

많은 선천성 혹은 후천성 면역결핍증이 있다. 어떤 사람들은 B세포나 T세포를 아예 만들지 못한다. 또 다른 사람은 B세포가 형질세포를 만드는 능력을 상실한다. 이와 관련된 문제를 가진 환자는 면역반응이 나타나지 않기 때문에 병원체에 대항하는 인체 방어벽 형성에 큰 문제를 겪는다. 보다 흔한 질병은 후천성 면역결핍증후군Aquired Immune Dificiency Syndrome, AIDS이며, 이는 인간면역결핍바이러스Human Immunodificiency Virus, HIV의 감염으로 일어난다.

HIV 감염 과정은 후천성 면역을 이해하기 위한 좋은 예이다. HIV는 혈액, 정액, 질액 또는 모유를 통해 사람 대 사람으로 전파된다. 감염되는 조직 부위는 보통 질이나 항문 같은 기관의 안쪽을 감싸고 있는 점막이다. HIV는 초기에 혈액과 조직에 있는 대식세포, 보조 T세포, 항원제시세포인 수지상세포가 주요 감염된다. 감염 초기에는 바이러스 감염에 대한 면역반응이 있고 일부 보조 T세포가 활성화되기도 한다.

하지만 HIV가 보조 T세포에 감염을 일으키기 때문에 보조 T세포는 HIV에 감염된 자신을 용해하는 세포독성 T세포에 의해 사멸된다. 결과적으로 보조 T세포의 수는 감염 후 한 달 정도가 되면 그 수가 현저히 감소한다. 그동안 감염된 세포에 의해 HIV가 왕성하게 생산되어 체액성 면역반응을 활성화한다. 항체가 HIV에 결합하고 이 복합체는 대식세포에 의해 제거된다. 이 상태에서 혈액 내 HIV 수준은 감소한다. 하지만 보조 T세포의 결핍 때문에 여전히 낮은 수준의 감염이 유지된다.

이와 같은 HIV의 잠복기 동안에 HIV 보균자는 특별한 문제 없이 살 수 있으며 보조 T세포 수준도 다른 감염에 대항해서 면역반응을 일으키기에 적절한 수준을 유지한다. 그러나 궁극적으로 바이러스는 보조 T세포를 파괴하여 이 세포의 수가 현저히 줄어들게 되면 감염자는 정상적이었다면 큰 문제 없이 대처할 수 있는 곰팡이 감염, 세균 감염에도 매우 취약한 상태가 된다.

현재 전 세계적으로 AIDS로 인한 사망자 수는 연간 120만 명 이상에 이르며, HIV와 그 생활사에 대한 분자생물학적 연구가 활발하게 진행되고 있다. 체내에서 바이러스 생활사의 일부 경로를 저해하는 약물에 초점을 맞춘 약물 치료가 AIDS 환자의 생명을 연장시키는 데 상당한 성공을 거두고 있지만 AIDS가 바이러스 감염을 통해 발병하기 때문에 예방적 관점에서 백신제 개발에 보다 많은 노력과 지원이 필요하다.

백혈병은 백혈구 세포에 생긴 암을 말한다. 백혈병 환자는 백혈구가 계속 만들어져서 혈액 내 적혈구, 혈소판 등과 같은 다른 세포나 구성물질의 생물학적 기능을 방해하고 혈액의 응고도 잘되지 않게 하며 빈혈 증세도 일으키는 매우 무서운 질병이다. 더구나 수적으로 많아진 백혈구는 기능적으로 문제가 많아 정상적인 백혈구로서의 기능을 못한다. 가장 효과적인 치료법은 정상인으로부터 골수을 이식받아 정상적인 백혈구를 생성하도록 하는 것이다.

혈액세포로 발전할 수 있는 혈액줄기세포를 이용해 백혈병을 치료하기 위한 다양한 시도가 이루어지고 있다. 만능세포라는 별명을 가진 줄기세포stem cell는 최근 백혈병, 류머티즘 관절염, 심장병 등의 치료에 이용되고 있다. 골수 속에 존재하는 조혈모세포는 성체줄기세포 중 하나로서 적혈구나 백혈구 등으로 분화할 수 있기에 이를 활용해 백혈병 치료에 이용하는 것이다. 이를 이용한 치료 과정은 우선 암화되어 있는 백혈구 세포들을 항암제나 방사능 또는 두 가지 방법을 동시에 이용해 제거한 다음, 기증받은 정상인의 줄기세포를 이식한다. 물론 이때 사용되는 줄기세포는 면역거부반응이 없어야 한다.

알레르기는 특정 음식을 먹거나 이와 접촉했을 때 보이는 반응, 또는 꽃가루에 민감하게 반응해 심하게 재채기를 하는 등 많은 사람에게서 볼 수 있는 면역과민반응을 말한다. 또한 페니실린 주사를 맞으면 생명이 위험할 정도로 민감한 반응을 보이는 경우도 있다. 이런 현상이 모두 알레르기 반응인데 면역계가 정상적이면 반응하지 않아야 할 이상과민 현상을 보이는 경우를 말한다. 알레르기를 유발하는 물질인 알레르겐allergen과 접촉하거나 섭취를 통해 심한 면역반응을 일으키게 된다. 체내에서 알레르겐과 면역체계가 과도한 반응을 일으켜 전신 조직의 혈관이 과도하게 확장되는 결과를 초래해 재채기, 콧물, 두드러기 등의 증상이 나타난다. 특정한 물질이 왜 특정한 사람에게서만 알레르기 반응을 일으키는지는 아직 밝혀지지 않았고 이를 치료할 약물도 아직 개발되지 않았다. 현실적으로 알레르기를 극복하는 것은 자신만이 알고 있는 특정 알레르겐의 섭취와 접촉 그리고 흡입을 가능한 한 피하는 것이다.

자가면역질환autoimmune disease은 면역계가 자신의 세포를 공격할 때 일어나는 면역질환이다. 전신홍반성낭창system lupus erythematosus인 루푸스lupus에서는 체세포가 정상적으로 파괴될 때 방출되는 히스톤이나 DNA와 같은 자신의 분자에 B세포가 반응하여 항체를 만들어 낸다. 루푸스는 피부 발진, 발열, 관절염, 신부전 등의 각종 문제를 일으킨다.

류머티즘 관절염rheumatoid arthritis은 또 다른 항체매개 자가면역질환이다. 면역계가 관절을 덮고 있는 얇은 조직인 연골을 공격하면서 관절부위의 뼈 손상과 심한 염증을 유발한다. 인슐린의존성 제1형 당뇨병type 1 diabetes mellitus은 췌장의 인슐린 생성세포인 베타세포가 세포독성 T세포의 공격을 받아 일어난다. 다발성 경화증multiple sclerosis은 T세포가 신경세포인 뉴런을 감싸고 있는 미엘린 수초myelin sheath를 공격해 근육을

마비시키는 자가면역질환이다. 소화계의 만성염증질환인 크론병Crohn's disease은 창자를 둘러싼 세포에서 나타나는 자가면역질환이다.

유전적·환경적 요소 모두 자가면역질환의 발병에 영향을 끼치는 것으로 알려져 있다. 많은 자가면역질환이 남성보다 여성에게서 더 많이 나타난다. 다발성경화증과 류머티즘 관절염의 경우 남성에 비해 여성에서 세 배 더 많이 발병하며, 루푸스의 경우는 아홉 배 이상이다. 이러한 성별에 따른 발병률 차이의 원인에 대해 많은 연구와 논의가 진행되고 있다. 대부분의 자가면역질환용 치료 약물은 면역을 억제시키거나 특정 증상 정도만을 완화시킨다. 하지만 과학자들이 이러한 질환과 면역계의 정상 작동에 대해 더 알게 된다면 좀 더 효과적인 치료제 개발을 기대할 수 있다.

자가면역질환과는 반대로 면역결핍성질환immunodeficiency disease은 면역계가 손상되었거나 약화되어 발병한다. 따라서 이 질환을 갖고 태어나는 사람들은 병원체 감염에 대단히 취약하다. 희귀한 선천성질환 중 하나인 중증복합면역결핍증Severe Combined Immunodificiency, SCID의 경우 B세포와 T세포 모두 없거나 비활성 상태이기에 이 병을 앓고 있는 환자는 가

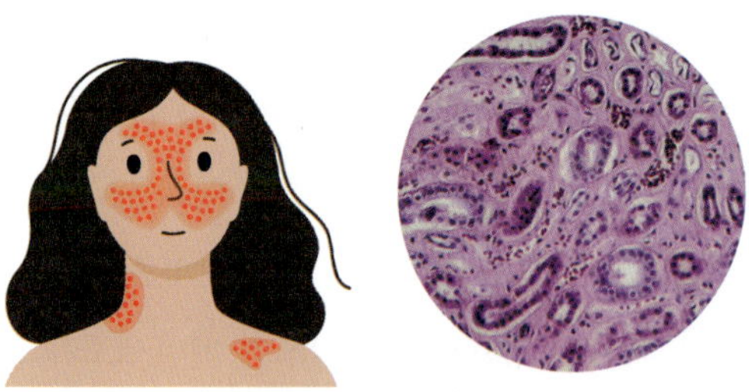

[그림 7.12] 전신홍반성낭창

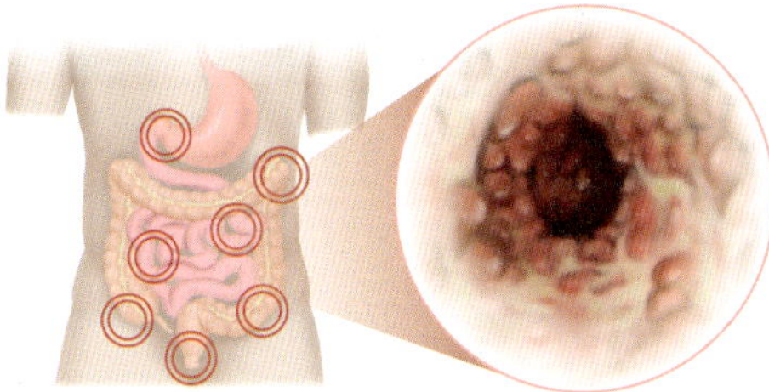

[그림 7.13] 크론병

벼운 감염에도 매우 위험할 수 있다. 최근까지 이 질병으로부터 살아남는 유일한 방법은 멸균된 특정 환경intensive care unit 안에서 지내거나 정상적인 기능을 가진 면역세포를 지속적으로 공급할 수 있는 골수이식 수술을 받는 것이었으나, 최근 유전자 치료제라는 첨단 기술을 적용해 골수이식 없이 이 병을 치료한 사례가 일부 보고된 바 있다.

암 백신

2005년, 제약회사 머크Merck가 가다실Gardasil에 대하여 FDA로부터 인가를 받았다. 가다실은 자궁암에 작용하는 재조합 서브유닛 백신이자 미국 식품의약국으로부터 승인된 최초의 암백신이다. 가다실의 타깃은 자궁암의 70%를 유발하는 HPV(HPV 16과 18)와 대부분의 생식기 혹을 유발하는 HPV(HPV 6과 11) 등의 네 가지 특정한 인유두종바이러스(human papilloma virus, HPV)들이다.

자궁암은 여성 130명당 1명 정도 꼴로 영향을 미치며, 이는 전 세계적으로 보면 50만 명 정도에 이른다. 이 숫자는 성적으로 활발한 여성들 중의 약 70%가 HPV에 감염될 수 있음을 의미한다. 미국에서 매년 1만 명 이상의 여성이 자궁암에 감염되고, 4천 명 정도의 여성이 이 병에 의해 목숨을 잃는다.

가다실은 세 번에 걸쳐 예방백신이 접종되고 HPV에 노출되기 전에 면역보호를 제공하며 9~26세의 여성을 대상으로 하는 예방용 백신으로 개발되었다. 머크는 성적으로 활동하기 전인 10대 여성들에게 가다실 접종을 추천한다. 미국 내 몇 개 주에서는 학생들에게 가다실 백신을 접종하도록 하는 입법안이 제출되었다. 한편 머크는 가다실에 포함된 HPV 6, 11, 16, 18형 외에 HPV 31, 33, 45, 52, 58형까지 추가적으로 포함된 9가 자궁경부암 백신인 가다실 9을 제품화했다.

병원체가 몸에 들어가자마자 면역세포가 공격할 수 있기 때문에 면역체계는 감염원에 노출된 후 초기 단계에 가장 효과적이다. 질병유발 바이러스는 복잡한 많은 방법을 사용하여 세포를 감염시키고, 자가 복제하여 마침내 질병을 일으킨다. 예를 들면, HIV는 대표적으로 세포에 결합한 후 RNA 유전체를 주입하여 인간의 면역세포를 감염시킨다. 역전사

[표 7.3] 자궁경부암 백신의 종류

구분	가다실 4가	가다실 9가	서바릭스
예방되는 바이러스 유형	HPV 16, 18, 6, 11	HPV 16, 18, 6, 11, 31, 33, 45, 52, 58	HPV 16, 18
적용증	자궁경부암, 생식기 사마귀, 질암, 항문암 등		자궁경부암
대상	만 9~26세 여성, 남성		만 9~25세 여성
접종 일정	0-2-6개월 3회 접종 (만 9~13세: 0-6개월 2회 접종 가능)		0-1-6개월 3회 접종 (만 9~14세: 0-6개월 2회 접종 가능)

효소는 HIV 유전체를 DNA로 복사한다. HIV나 다른 바이러스가 자신의 RNA 유전체를 DNA로 전사하는데, 이들을 레트로바이러스retroviruse라고 한다. 바이러스 유전체가 복사되고 나면 그것은 RNA를 만들기 위해 전사되고 바이러스 단백질을 생산하기 위해 번역된다. 그런 다음 바이러스 단백질끼리 서로 결합하여 바이러스 입자를 구성하며, 이후 바이러스 입자는 감염된 세포로부터 방출된다.

BIOTECHOLOGY

1. 바이오의약품의 개요
2. 바이오의약품의 기원
3. 바이오의약품의 분류
4. 바이오의약품의 종류와 특성
5. 항체의약품
6. 백신
7. 독소
8. 세포치료제
9. 바이오의약품의 세대

8

바이오의약품

바이오의약품

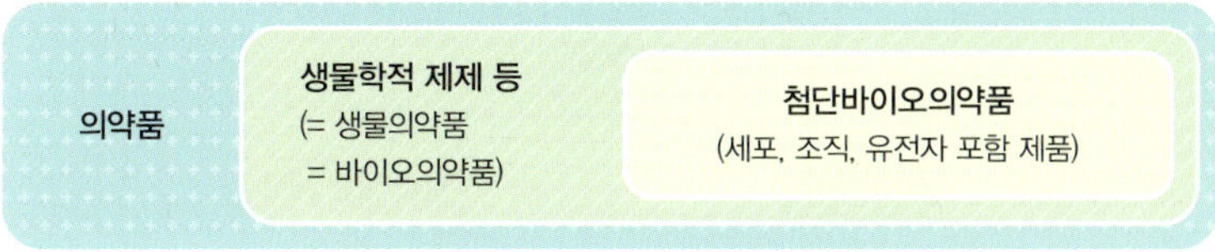

[그림 8.1] 바이오의약품의 위치

의약품을 정의해 보면, "사람이나 동물의 질병을 진단, 치료, 경감, 처치 또는 예방할 목적으로 사용하는 물품 중 기구, 기계 또는 장치가 아닌 것"으로 「약사법」 제2조 4항에 기술되어 있다. 이러한 의약품을 크게 합성의약품chemical drug과 바이오의약품biopharmaceuticals or biologics으로 구분할 수 있다.

합성의약품은 저분자 유기화합물로서 분자량이 통상 500~1,000돌턴인 것을 말한다. 분자량이 매우 작기 때문에 경구투여가 불가능한 환자를 위한 주사제형도 가능하지만 우리가 흔히 접할 수 있는 경구투여 의약품들이 주로 합성의약품이다. 합성의약품은 100% 전합성에 의한 것이 대부분이지만 그 기원이 식물, 동물 혹은 미생물에서 유래한 천연물질도 있다. 또한 이러한 천연물질을 유기합성 기술을 통해 구조 변경하여 효력을 더욱더 증진시킨 물질도 많은 부분을 차지한다.

한편 바이오의약품은 사람이나 다른 생물체에서 유래된 것을 원료 또는 재료로 하여 제조한 의약품으로 생물학적제제, 유전자 재조합 의약품, 세포 배양 의약품, 첨단바이오의약품 및 기타 식품의약품안전처장이 인정하는 제제를 포함한다.

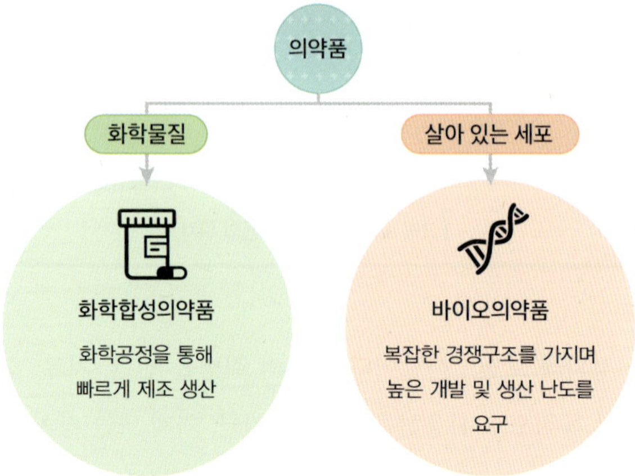

[그림 8.2] 화학합성의약품과 바이오의약품의 구분

바이오의약품의 개요

바이오의약품은 고분자의 단백질, 당단백질 혹은 탄수화물제제로서 분자량이 적게는 수천에서 많게는 수십만, 심지어는 안과 수술보조제로 사용되는 히알루론산과 같이 수백만 돌턴에 이르는 분자량 범위를 가진다. 주로 사이토카인, 성장인자, 호르몬, 혈액제제, 백신, 치료용 항체, 치료용 천연 고분자, 체외진단 시약, 핵산치료제, 세포치료제 등이 바이오의약품에 해당된다.

바이오의약품은 과거에는 극히 미량 존재하는 활성 성분을 사람이나 동물 등에서 추출, 정제하여 얻어야 하는 양의 한계 때문에 극히 제한된 범위 내에서만 사용되거나 아예 사용 자체가 불가능하였다. 하지만 근래에는 재조합 DNA 기술이나 세포융합 기술 같은 분자생물학 기술의 발

[표 8.1] 합성의약품과 바이오의약품 비교

합성의약품	바이오의약품
여러 가지 화학물질을 적절히 배합하여 인공적으로 만든 의약품	재조합 DNA 기술을 응용하여 미생물 세포 배양조직세포에서 대량 생산한 의약품
• 제품을 저렴하고 쉽게 생산 가능 • 정해진 방법을 따르기 때문에 효능이 일정 • 분자 크기가 작기 때문에 약물 전달 속도가 빠름 • 복용이 편리 • 대부분 알약 형태의 경구제 • 다양한 방법으로 약물 투여 가능	• 세포를 배양해 만들기 때문에 큰 생산시설 필요 • 제조 환경이 달라지면 약효 차이가 발생 • 생산 절차가 복잡하고 생산 비용이 높음 • 특정 환자를 타깃으로 함 • 효과가 크고 부작용이 적음 • 정맥주사나 근육주사 방식으로 투여
예: 진통제, 감기약, 소화제, 항균제, 항생제, 항암제	예: 단백질의약품, 항체치료제, 세포치료제, 유전자치료제

달로 미생물이나 동물세포에 유전자 조작을 가하여 유용 유전자가 도입된 재조합 미생물이나 재조합 동물세포를 이용하여 대량 생산이 가능하게 되었다.

바이오의약품의 특징은 대부분 분자량이 크고 단백질이기 때문에 경구투여를 하게 되면 소화기관에서 소화효소의 공격을 받아 분해되어 약리학적 활성이 소실된다는 것이다. 설사 소화기관에서 분해되지 않는다고 하더라도 분자량이 커서 장내 세포를 통해 체내 흡수가 불가능하다. 따라서 바이오의약품은 경피주사, 근육주사, 정맥주사 등 주사제로만 투여가 가능하다. 또한 바이오의약품의 가격은 합성의약품에 비해 상당히 비싸다. 재조합 단백질은 대개 바이알당 약 2~5만 원, 치료용 항체의 경우는 약 백만 원 이상이며, 최근 개발되어 인기가 급상승 중인 면역항암제는 1회 주사에 수천만 원에 달하는 경우도 있다. 따라서 값싼 합성의약품으로 치료가 가능한 질병의 경우 바이오의약품이 경쟁에서 이기기가 어렵다.

불리한 투여경로와 가격 경쟁력으로 볼 때 바이오의약품은 합성의약품으로는 치료가 불가능한 분야에서 경쟁력을 발휘할 수 있고, 그렇지 않으면 경쟁력을 상실한다. 예를 들면 왜소증 치료제로 사용되는 성장호르몬은 신체에 존재하는 단백질 유전자에 재조합 DNA 기술을 적용한 결과물인 재조합 단백질을 치료약으로 사용하기 때문에 합성의약품으로는 그 대안을 찾을 수 없다. 하지만 불과 수년 전까지만 해도 C형 간염 치료제로 인기를 누리고 있던 인터페론 알파의 경우, 오랜 연구 개발 끝에 합성의약품이 개발되고 나서 2015년 인터페론 알파의 시장은 절반 정도 줄었다.

바이오의약품의 기원

바이오의약품의 기원은 1909년 독일의 면역학자인 파울 에를리히Paul Ehrlich의 연구에서 출발한다. 그는 매독균만 선택적으로 배양할 수 있는 화학물질 배양에 성공하였고, 이를 이용한 매독 치료제는 맞춤치료제의 출발로 마술탄환magic bullet이라 불리며 큰 인기를 누렸다.

한편 바이오의약품의 기원을 백신에서 찾을 수도 있다. 1796년에 에드워드 제너가 천연두를 예방하기 위해 우두바이러스cowpox virus를 인간에게 접종한 사건이 바이오의약품을 환자에게 적용한 첫 사례일 것이다. 그 이후로 전통적인 백신이 계속해서 개발되면서 많은 사람을 죽음으로 내몰았던 여러 가지 전염병들이 예방되기 시작하였다.

치료용 바이오의약품의 기원은 1930년대에 돼지 췌장으로부터 인슐린을 대량 생산하여 당뇨병 환자에게 사용한 것을 그 시작으로 볼 수 있다. 또한 1920년대에 발견된 성장호르몬도 죽은 사람의 뇌하수체에서 추출, 분리 후 정제해서 극히 제한적으로 사용된 적이 있었으나, 이 호르몬이 극미량 존재한 탓에 양적인 한계와 높은 비용, 여기에 추출·정제된 성장호르몬 투여 환자에서 크로이츠펠트-야코프Creutzfeldt-Jakob병이 발병되었다는 사실에서 안전성 문제가 대두되며 사용이 중단된 사례도 있다. 죽은 사람의 뇌하수체에서 성장호르몬을 추출, 분리, 정제하는 과정에서 우리가 알지 못하는 감염성 세균이나 바이러스에 오염될 가능성에 대해 알 수 있는 예이기도 하다.

또한 1959년 바이러스나 항종양 효과가 우수한 것으로 알려진 인터페론이 발견된 후로 여러 가지 치료 목적으로 유용하게 사용될 수 있는 많은 인체 유래 단백질이 발견되고 상용화됨으로써 그 당시까지만 해도 도저히 치료가 불가능했던 일부 난치병을 치료할 기틀이 마련되었다. 하지만 이렇게 새로 발견된 많은 유용 단백질에 의한 다양한 난치병 치료의 가능성이 제시되었음에도 불구하고 실제 환자에게 사용하는 것은 현실적인 측면에서 거의 불가능하였다. 앞서 설명한 것처럼 이들 유용 단백질은 신체에서 극미량 생산되었기에 이들을 추출, 분리, 정제하여 치료제로 사용하는 데는 한계가 있을 수밖에 없었다. 이와 같은 한계를 극복할 수 있는 혁신적인 계기가 있었으니 그것은 다름 아닌 1973년 스탠리 코헨Stanley Cohen과 허버트 보이어Herbert Boyer에 의해 개발된 재조합 DNA 기술과 1975년 세사르 밀스테인César Milstein과 게오르게스 쾰러Georges Köhler의 하이브리도마hybridoma 기법을 통한 단클론 항체 생산이 성공한 것이다.

DNA 재조합 기술과 세포융합 기술의 개발은 유전자 조작 미생물이나 동물세포를 이용해 목적하는 단백질을 대량 생산할 수 있는 길을 열었다. 따라서 양적 생산의 한계를 극복할 수 있게 되었고 직접 추출, 정제하여 사용한 경우에서 보았던 질병을 유발하는 세균이나 바이러스의 오염에 대한 안전성 문제를 극복할 수 있는 계기가 되었다. 더 나아가 천연 단백질보다 더 우수한 2세대 재조합 단백질, 즉 단백질공학 기술을 이용한 변형된 단백질의 출현도 충분히 가능하게 되었다.

유전공학 기술에 의한 재조합 단백질 생산방법은 여러 가지 장점을 가지고 있으나 아직도 사람의 특정 조직에서 추출, 분리, 정제해 생산되는 단백질의약품이 시장에 다수 존재한다. 이러한 경우는 재조합 DNA 기술에 의한 생산보다 재래식 방법이 아직도 비용적인 측면에서 경제성이 있거나, 아니면 혼합물 형태의 제품이 치료 효과가 더 크기 때문이다. 전자의 경우에 해당하는 예가 사람 혈청 알부민이고, 후자의 경우에 해당하는 예는 혈액분획에 의해 얻어지는 혈액응고인자이다.

바이오의약품의 분류

우리가 예전부터 접종받아 왔던 전통적인 예방백신과 1980년대부터 상업화되기 시작한 바이오의약품들이 급성장하고 있음에도 불구하고 여전히 의약품의 주류는 저분자 유기합성 의약품이다. 합성의약품을 생산하는 전 세계 제약회사는 줄잡아 1만여 개 이상이며 그중에서 세계적으로 1백여 개 이상의 회사가 흔히 말하는 '빅파마big phama'로 알려져 있다.

앞서 설명한 것처럼 의약품을 합성의약품과 바이오의약품으로 나눌 수 있지만, 예전부터 의약품을 분류해 오던 방식은 대개 질병의 영역별로 구분하는 것이다. 예를 들면 심장순환기계 치료제, 중추신경계 치료제, 항감염제, 암 치료제 등으로 의약품을 구분한다. 각 질병에 대해 수많은 치료제들이 판매되고 있으며 그중 대부분이 과거에서부터 사용되어 오던 합성의약품들이고, 일부만이 30여 년 전부터 실용화되고 있는 바이오의약품이다. 시장성으로 보면 심장순환기계통의 약물에 대한 시장 규모가 가장 큰데 대부분 고혈압 치료제, 고지혈증 치료제, 혈소판저해제, 항응혈제 등이고, 그다음으로 시장성이 큰 것은 중추신경치료제 분야로, 항우울증제, 조현병, 뇌전증, 다발성 경화증 등의 치료제가 포함된다.

세계적으로 널리 알려져 있는 다국적 제약 기업들은 역사가 길고 대부분 합성의약품을 중심으로 성장하였다. 바이오의약품에 대해서는 전문성이 떨어져 초반에는 주로 바이오벤처기업으로부터 제품을 라이선싱받아 제품화하였지만 시간이 지남에 따라 바이오벤처기업을 인수하거나 합병함으로써 자체적으로 기술력을 확보하고 있다.

바이오의약품은 영어로 biopharmaceuticals 또는 biologics 혹은 biotechnology medicines 등으로 표현된다. 원래 biologics는 유전공학 기술에 의한 재조합 단백질이나 치료용 항체 등이 시장에 등장하기 전부터 사용되던 것으로서 주로 백신이나 혈액 유래 제품 혹은 독소나 알레르겐 유래의 제품을 일컫는 용어였다. Biopharmaceuticals라는 용어는 1980년대 처음으로 사용되었다. 주로 유전공학 기술인 재조합 DNA 기술에 의해 생산된 재조합 단백질이나 세포융합 기술 등에 의해 생산된 단클론 항체 등을 총칭하는 용어로 사용되고 있다. 최근에는 유전자치료제나 안티센스 기술 등과 같은 핵산 유래 치료제들도 biopharmaceuticals라고 통칭하고 있다.

여러 문헌이나 논문, 상업적 자료 등을 보면 biopharmaceuticals 혹은 biologics를 주로 사용하고 있고, 이 용어들은 최신의 재조합 단백질, 치료용 항체, 백신, 체외진단 시약, 혈관 관련 제품, 독소 혹은 알레르겐 유래 제품 및 치료용 효소 등을 모두 포함하는 용어로 생각하면 되겠다. 우리말 용어를 살펴보면 과거부터 biologics에 대해 '생물학적제제'라는 용어를 널리 사용하고 있다. 생물학적제제는 백신 및 혈액 유래 제품을 일컫는 용어이다. 유전공학 기술에 의한 재조합 단백질이 국내에서도 다수 상업화되고 많은 환자들에게 처방되면서 바이오의약품, 생물의약품, 혹은 생물학적제제 등의 용어가 혼용되어 왔다고 볼 수 있다. 바이오의약품이라는 용어는 영어의 biopharmaceuticals와 동등한 의미를 가진다고 볼 수 있으며 전통적인 백신, 혈액 유래 제품 등은 물론 최근 등장한 재조합 단백질, 치료용 항체, 체내진단용 단클론 항체, 핵산 제품 및 식물, 동물, 인체 유래의 모든 고분자 제품을 통칭하는 용어로 이해하면 되겠다.

바이오의약품의 종류와 특성

가장 대표적인 바이오의약품의 종류와 특성에 대해 살펴보자.

재조합 단백질의약품

단백질의약품은 유전자 조작 방법을 통해 유용한 유전자를 미생물이나 인간 또는 동물 유래 세포에서 발현시켜 필요한 단백질을 제품화한 것을 말한다. 단백질의약품은 유전자 재조합 기술이 1970년대에 보편화됨에 따라 대량 생산이 가능해지면서 개발이 확대되었고, 이를 이용하여 인슐린, EPO와 같은 다양한 제품이 출시되었다. 이후 늘어나는 수요를 충족하도록 저비용 대량 생산을 위한 세포주 개발, 세포 배양 기술, 바이오공정 기술의 최적화 기술이 개발되어 왔다. 2000년대 이후에는 기존의 단순 치환 단백질 재조합 기술의 한계를 극복하기 위해 효능을 개선할 수 있는 약물의 지속성을 높인 서방형 제제(약물전달시스템을 포함한 약물) 및 기존보다 효과가 개선된 개량신약(바이오베터) 위주의 개발이 이루어지고 있다.

전 세계 단백질의약품 시장은 2012년 790억 달러 규모에서 연간 7.5% 성장하여 2023년에는 약 2,100억 달러에 이를 것으로 예측된다. 최초의 단백질의약품은 미국의 바이오벤처기업인 제넨텍이 유전자 재조합 기술을 사용하여 개발한 인간 인슐린인 휴물린Humulin이며, 이후 성장호르몬을 출시하여 릴리, 노보노디스크 등에 의해 상업화되었다. 이런 단백질의약품은 천연 단백질과 동일한 구조의 단백질로서 1세대 바이오 제품으로도 불리며, 주요 제품으로 인슐린, EPO, 인간 성장호르몬, 혈우병 치료제인 혈액응고인자 등이 있다. 혈액이나 소변, 조직 등에서 정제하는 방식으로 생산되던 인슐린, 호르몬 등의 단백질의약품은 시료 확보의 어려움, 높은 오염 위험성, 제조공정 관리의 어려움, 높은 생산비용과 낮은 생산성으로 인해 대부분 재조합 DNA 기술을 적용하여 생산하는 방식으로 전환되고 있다.

바이오시밀러

바이오시밀러biosimilar는 특허가 만료된 오리지널 바이오의약품과 품질 및 비임상, 임상 비교 동등성이 입증된 복제약을 의미한다. 바이오의약품의 발전으로 많은 질병을 더 효과적이고 안전하게 치료할 수 있게 되었지만 바이오의약품의 높은 가격은 각국 정부와 보험사, 그리고 환자에게 큰 부담이 되었다. 따라서 특허 기간이 끝난 바이오의약품을 더 저렴한 비용으로 제공하는 바이오시밀러가 이러한 부담을 낮추는 데 기여하고 있다.

[표 8.2] 바이오신약, 바이오시밀러, 바이오베터의 비교

구분	유사성	개발 비용	개발 기간	규제	의약품 가격
바이오신약 (Biologics)	오리지널과 동일	20~30억 달러	약 10~12년	지금까지 미국 시장에서 바이오시밀러의 상호 교환 가능한 지정이 부족하여 보호됨	일반적으로 특허 독점기간 동안 높은 가격으로 책정
바이오시밀러 (Biosimilar)	유사하지만 오리지널과 동일하지 않음	1~3억 달러	약 5~7년	국가별 별도의 승인 트랙	오리지널 의약품의 50~80%
바이오베터 (Biobetter)	오리지널보다 우수	2~5억 달러	약 5~7년	오리지널 의약품보다 우수하므로 별도의 호환성 지정 필요 없음	안전성/효능이 우수하여 바이오시밀러 대비 20~30% 높음

출처: 대웅제약 뉴스룸(https://newsroom.daewoong.co.kr) 자료 수정

화학합성의약품의 경우 구조와 생산방법이 비교적 단순하여 용출 시험과 생물학적 동등성 시험만으로 오리지널 약과 복제약(제네릭)의 동등성이 인정된다. 그러나 미생물 또는 동물세포 배양 등의 생물공정을 통해 생산하는 바이오의약품은 제조공정에 따라 단백질의 3차 구조 등에 미세한 차이가 있을 수 있기 때문에 비임상 및 임상 시험을 거쳐 복제약으로 허가를 받고, 호칭 또한 바이오제네릭보다는 바이오시밀러로 주로 불린다.

바이오시밀러는 바이오신약에 비해 초기 연구 개발 부담은 물론 낮지만, 임상 개발 및 생산에는 역시 높은 비용과 역량이 요구된다. 따라서 화학합성의약품의 제네릭에 비해 진입장벽이 높아 국내외 유수의 바이오제약기업들이 경쟁하고 있는 분야이다. 인슐린, 성장호르몬 등 재조합 단백질의약품 위주로 형성되어 있던 바이오시밀러 시장의 관심은 최근

특허 만료가 시작된 항체 의약품에 집중되고 있다.

바이오베터 의약품

바이오의약품 원약을 기반으로 효능, 안전성, 편의성 등을 개량한 의약품을 바이오베터로 정의한다. 바이오베터 의약품은 기존의 의약품을 변형시키기 때문에 활성 약물 성분은 임상 효능이 검증되어 있어 다양한 약물에 적용이 가능한 것이 장점이다. 제네릭과 달리 신약과 같은 개발 단계를 수행해야 하고, 면역원성을 확인해야 한다. 현재까지 개발된 대표적인 바이오베터 기술은 당쇄화glycosylation, 페질레이션PEGylation, 단백질 융합, 아미노산 치환, Fc 엔지니어링 등이 있지만 아직까지 국내에서 개발, 출시된 제품은 전무한 상황이다.

항체의약품

항체의약품은 현재 의약품 가운데 성장 속도가 가장 빠른 분야로서 현재 80여 개 이상의 제품이 출시되었다. 주로 다양한 암 치료제나 관절염 치료제 및 자가면역질환 치료제로 사용되고 있다. 대표적인 제품으로는 비호지킨림프종에 사용되는 리툭산Rituxan, 유방암 치료제인 허셉틴Herceptin, 대장암 치료제인 아바스틴Avastin, 얼비툭스Erbitux 등이 있으며, 항염증제로서 주로 류머티즘 관절염 치료제로 사용되고 있는 휴미라Humira, 레미케이드Remicade, 엔브렐Enbrel 등이 있다. 특히 휴미라는 2017년 매출이 19조 원 이상인 블록버스터 제품이며, 앞에 설명한 제품들도 연간 매출이 1조 원 이상인 제품이다.

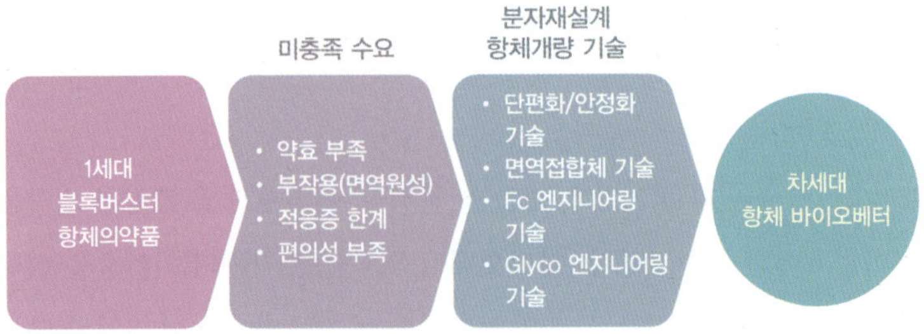

[그림 8.3] 바이오베터의 기술 개발 개념도

항체의약품은 1970년대에 다발성골수종 B세포가 단클론 항체를 생성한다는 것을 발견한 이후로 하이브리도마를 제작하는 기술이 개발되면서 시작되었다. 하이브리도마 제작 기술로 특정 항원에 반응하는 단클론 항체의 대량 생산이 가능해졌으나, 쥐에서 만들어진 항체치료제를 적용한 환자에게서 인간 항체가 생성되어 약효가 감소하고 부작용을 가져온다는 것이 밝혀졌다. 이러한 문제점을 극복하기 위해 유전자 재조합 기술을 이용한 키메라항체(1980년대), CDR-grafting 기술이 적용된 인간화항체(1990년대)뿐 아니라 파지 디스플레이phage display 기술 또는 형질전환 쥐를 이용한 100% 인간 항체(2000년대) 제조 기술까지 발전하게 되었다.

항체 제조 기술의 발전과 더불어 항체의약품의 단점을 극복하기 위해 affinity maturation 기술, Fc 엔지니어링 기술, 항체 fragment 기술, glyco 엔지니어링 기술, 접합체 기술, 이중타깃 기술, 유사항체 스케폴드 기술 등 항체 개량 기술이 개발되었고, 이를 융합하여 항체의약품 개발이 가속화되고 있다. 해외에서는 2017년에 기존 80여 가지 이상의 항체의약품에 대해 품목허가가 이루어졌으나, 국내에서 개발된 품목은 6종의 바이오시밀러 항체의약품이 전부일 정도로 우리나라는 아직까지 오리지널 항체의약품 개발이 이루어지지 않고 있다.

항체 개발 역사상 최초로 제작된 단클론 항체는 쥐의 비장세포와 골수종세포를 융합시켜 제작한 하이브리도마에서 생산된 항체를 정제하여 만든 OKT3 항체(1993년)이다. 이후 최근에는 특허성을 지닌 단클론 항체 스크리닝법으로 하이브리드도마 제작이 아닌 파지 디스플레이 방법이 기본적으로 사용되며, 이 외에도 형질전환 쥐를 제조하거나 단일 B 세포 배양 등 다양한 방법이 개발되고 있다. 파지 디스플레이 기술을 사용하여 스크리닝이 완료되고 생물학적 활성을 보이는 화합물 hit이 나오면 친화성 성숙affinity maturation을 통해 최종 개발 후보를 선정한 후, 항체를 발현하는 재조합 유전자를 삽입한 동물 세포주를 제작 및 배양 후 정제하여 단클론 항체의약품을 개발하게 된다.

항체의약품 개발에 필요한 공정 기술은 대부분 특허 만료 후 공개되어 향후 표적 단백질 선정 및 표적 단백질에 특이적으로 결합하는 부위의 항체 단백질을 만드는 유전자의 염기서열을 확보하는 것이 핵심기술이 될 것으로 보인다.

새로운 표적에 대해 특허성을 보유한 항체의 개발은 높은 기술적 난도로 인해 아직까지도 국내에서 개발된 단클론 항체 신약이 허가된 사례는 없다. 하지만 주요 국내 제약사와 벤처기업 등은 항체의약품 개발 역량을 확보, 내재화하여 항체 신약 개발에 힘쓰고 있다. 단클론 항체의 항원 인식 부분 등을 변형시켜 1개의 항체가 동시에 2개의 타깃을 인지하게 하는 이중항체, 암세포 특이적으로 약물을 전달할 수 있도록 고안되어 암세포, 특히 항원에 결합하는 항체와 항암제를 특수한 연결체linker를 통해 결합하는 ADCantibody drug conjugate 의약품은 단클론 항체의약품 개발과 더불어 최근 국내에서 활발히 개발되고 있는 추세이다.

백신

백신은 항원, 즉 병원체를 약하게 만들어 인체에 주입한 뒤 항체를 형성시켜 해당 질병에 대한 저항력과 면역성을 제공하는 바이오의약품 중 하나이다. 1796년 에드워드 제너에 의해 천연두바이러스 약독화 생백신이 개발된 이래로 전 세계적으로 현재까지 30종 이상의 감염성 질병에 대한 백신이 제품화되었다. 백신은 제품 개발에 적용된 기술에 따라 혈장 유래 무독화 백신, 재조합 백신, 바이러스 배양 백신, 접합 백신, mRNA 백신, 그리고 여러 가지 항원을 혼합한 혼합 백신으로 구분할 수 있다. 7장에서 백신에 대해 보다 구체적으로 살펴보았다.

혈장 유래 무독화 백신

인간 혈장을 사용하여 개발된 초기 형태의 백신으로는 B형 백신이 있다. B형 간염 백신은 HBs(B형 간염 바이러스의 항원) 항원 보유자의 혈장을 2회 초원심 분리하여 추출된 HBs 항원으로 생산된다. 추출된 HBs 항원을 펩신 효소 처리 및 우레아로 변성시킨 후 포르말린 또는 열 처리를 통해 불활성화시킨다. 이후 aluminum hydroxide 입장에 흡착시켜 최종 백신을 제조한 다음, 보존제 등을 첨가하면 B형 간염 백신이 만들어진다. 하지만 인체 유래 원료 물질을 사용함으로써 다른 질병 유발 바이러스의 오염에 대한 가능성을 배제할 수 없기 때문에 현재는 잘 사용하지 않는 백신 생산 방법이다. 대표적인 제품으로 국내 최초이자 세계에서는 세 번째로 개발된 헤파박스(1993년, 녹십자)와 헤팍신 B(1986년, CJ헬스케어)가 있다.

재조합 백신

병원성 바이러스로부터 표면항원 등을 암호화하는 유전자를 분리하여 이를 효모 등의 숙주세포를 이용해 제조한 백신을 말한다. 먼저 항원 유전자를 발현하는 숙주세포를 개발하고 이를 발효 또는 배양하여 고효율로 생산한 후 분리·정제 과정을 거쳐 백신의 원료를 제조한다. 원료에 면역원성을 증가시키기 위해 흡착물질인 보조제adjuvant와 보존제를 첨가하여 조제·충전하면 백신이 된다. 모든 병원성 바이러스에 대해 성공하는 기술은 아니며, 정제된 항원이 바이러스와 비슷한 구조를 갖는 VLPvirus like particle를 형성할 경우 성공 확률이 높은 것으로 알려져 있다. 현재까지 재조합 기술로 개발된 재조합 백신으로는 B형 간염 백신이 오래전부터 개발되어 보편적으로 사용되고 있으며, 최근 자궁경부암의 원인 바이러스인 인간 papiloma virus(HPV)의 여러 개의 항원 부위 유전자를 조작해 제조한 자궁경부암 백신도 재조합 백신의 일종이다.

바이러스 배양 백신

재조합 백신으로 면역이 어려운 바이러스 질병의 경우는 인체가 아닌 유정란이나 세포 배양을 통해 바이러스(대개 계대 배양으로 약독화된 변이 바이러스)를 증식한 후 포르말린 처리 등의 불활성화 또는 무독화를 거쳐 백신을 제조하게 된다. 이 방법의 장점은 혈장 유래 무독화 백신에 비해 대량 생산이 용이하다는 점이며, 다른 바이러스의 감염 위험에 대해 상대적으로 안전하다는 것이다.

유정란 숙주의 경우 수율이 높은 장점이 있는 반면에 원료 준비와 바이러스 배양 기간이 길고 공정으로 제어하기가 어려워 대량 생산하는 데 한계가 있다. 이러한 유정란 백신 제조 방법의 단점을 해결하기 위하여

[표 8.3] 백신의 세대별 종류와 특징

구분	세대	종류	내용	예시
전통적 백신	1세대	약독화 생백신	질병을 일으키는 바이러스 및 세균의 병원성을 약화시킨 형태	DTP, MMR
		불활성화 백신 (사백신)	병원체를 배양한 후 열 또는 화학물질 처리로 불활성화시킨 백신	인플루엔자
	2세대	서브유닛 및 결합 백신	서브유닛: 병원균의 단백질 중 면역체계를 활성화시키는 항원 단백질을 분리·정제한 백신 결합: 다당류 껍질을 가진 박테리아를 인식하도록 단백질에 다당을 결합시켜 면역체계를 활성화	폐렴구균, 간염
		톡소이드 백신	박테리아가 분비하는 독소를 열 또는 화학물질 처리로 비활성화시켜 질병을 유발하지 못하게 하는 백신	HPV
		재조합 백신	유전자 재조합 기술에 의해 생산된 항원을 이용하여 제조된 백신	암, 수두
차세대 백신	3세대	DNA 백신	병원균의 항원을 코딩하는 유전자가 포함된 플라스미드 DNA를 숙주세포에 삽입하면 스스로 항원물질을 만들어 면역반응을 활성화	
		재조합 바이러스 벡터 백신	병원성이 약하거나 없는 바이러스를 벡터로 활용하여 특정 미생물의 항원 유전자를 재조합해 체내로 전달하면 바이러스가 증식하면서 면역기능이 활성화되는 백신	에볼라
		RNA 백신	항원 유전자를 RNA 형태로 주입해 체내에서 항원 단백질을 생성해 면역반응을 유도하는 백신	

세포 배양기 내에서 숙주세포를 배양한 후 바이러스를 감염·증식시키는 세포 배양 바이러스를 적용하는 방법이 시도되고 있으나 독감 등 몇몇의 경우에는 수율 개선에 대한 기술 확립이 필요한 실정이다.

접합 백신

바이러스가 아닌 병원성 미생물 백신 중 폐렴구균이나 수막염구균 등은 항원으로 작용하는 다당류를 단독으로 사용할 때보다 운반체carrier 단백질을 다당류에 접합시킬 경우 더 좋은 면역원성과 장기기억을 촉진하는 것으로 밝혀짐에 따라 다당류-단백질 접합conjugate 백신이 새로운 백신 범주로 포함되었다.

독소

독소toxin가 의약품으로 쓰이는 예는 현재 성형 미용 분야에서 주로 주름살 제거 등에 사용되는 보톡스가 대표적이다. 보톡스는 상한 통조림이나 썩은 고기에서 발견되는 혐기성 세균의 일종인 클로스트리디움 보툴리눔*Clostridium botulinum*이 생산하는 신경 독소로, 보툴리눔균의 일곱 종류 신경 독소(A~G) 중에 A형 독소를 주로 정제해 희석한 것을 말한다.

보툴리눔 독소는 흔히 보톡스라고 불리는데 1995년 국내 최초로 식약처의 승인을 받은 보툴리눔 톡신 A형 제제로 앨러간Allergan사의 고유 상품명이다. 보툴리눔 독소는 콜린성 신경시냅스에 작용하여 아세틸콜린의 방출을 감소시켜 신경근 차단 효과를 일으킴으로써 작용한다. 1989년 사시와 안면경련의 치료 목적으로 미국 FDA의 승인을 받았으며 2002년 미용 목적의 사용에 대해서도 FDA의 승인을 받았다. 우리나라에서는 1999년부터 피부과 영역에서의 사용이 보편화된 이후로 주름, 다한증, 사각턱 등의 치료제로 주로 이용되고 있으며, 안과 질환, 신경 질환, 비뇨기과 질환 등의 다양한 영역에서도 사용되고 있다. 메디톡신은 앨러간의

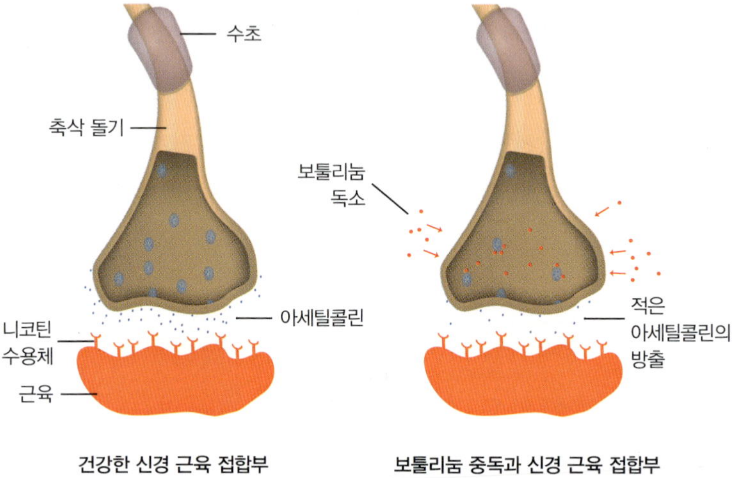

[그림 8.4] 보톡스(보툴리눔 독소)의 작용 기전

보톡스와 동일한 물질로 클로스트리디움 보툴리눔을 이용하여 ㈜메디톡스에 의해 2006년 세계에서 네 번째로 개발된 보툴리눔 독소제제이다.

세포치료제

세포치료제cell therapy는 재조합 단백질(1세대), 항체(2세대) 제품군을 이을 차세대 바이오의약품으로 일찍부터 주목받아 왔다. 세포치료제는 살아 있는 세포를 치료에 이용하는 것이다. 1990~2000년대에 허가받은 세포치료제는 주로 피부세포나 연골세포를 이용한 피부재생·연골결손 치료제였으나, 최근에는 암이나 퇴행성 질환을 타깃으로 하는 줄기세포 및 면역세포에 대한 연구가 활발해지면서 개발의 중심에 자리하고 있다. 세포

치료의 경우 기존 치료제에 비해 근본적인 치료가 가능하므로 암뿐만 아니라 신경퇴행성 질환, 유전병 등 난치성 질환의 치료를 가능하게 할 기술로 기대돼 왔으나, 그동안 세포치료제는 연구 개발과 상업화에 많은 어려움을 겪어 왔다. 체내에서의 효과 발현 미흡, 생명윤리와 관련된 이슈 등이 주된 원인이었다. 그러나 최근 들어 세포 배양·조작 기술, 유전자 분석·조작 기술 등의 발전으로 기술적 문제들이 조금씩 해결되고 있다.

세포치료제 시장이 본격적으로 성장해 나가기 위해서는 기술 및 상업화 측면에서 해결해야 할 몇 가지 이슈가 있다. 먼저 현재까지 허가된 줄기세포치료제의 경우 직접적이기보다는 간접적인 효능에 의존한다는 점이 문제로 지적되어 왔다. 임상 적용을 확대하기 위해서는 작용 기전을 좀 더 명확히 하는 것이 필수적이다. 최근 진행되고 있는 유전자 조작 줄기세포치료제 개발 시도가 하나의 해결 방안이 될 수 있을 것으로 기대된다. 면역세포치료제의 대표 격인 CAR-T 치료제의 경우, 심각한 부작용을 일으킬 수 있고, 대상 적응증이 혈액암에 한정되어 있다는 점도 문제로 지적된다. 부작용을 줄이는 동시에 환자 수가 많은 고형암을 대상으로 한 치료 성과를 얻는 것이 시장 확대를 위한 관건이 될 것으로 보인다.

세포치료제와 관련한 가장 현실적인 이슈 중 하나는 의약품의 가격이다. 이를 해결하기 위해서는 치료 과정을 단순화할 수 있도록 연구-생산-시술이 한곳에서 가능한 원스톱 서비스 모델 등이 요구된다. 근본적인 문제 해결을 위해서는 환자의 세포가 아닌 타인의 세포를 이용한 치료제 개발이 현실화되어야 할 것으로 보인다. 또한 비용 부담을 덜기 위한 다양한 지불 프로그램 개발도 기업과 보험자가 함께 고민해 나가야 하는 중요한 과제이다.

세포치료제는 기존 의약품과 비교해 가장 '개인 맞춤형'에 근접한 치료제라는 점에서 매우 혁신적인 제품이라고 할 수 있다. 물론 세포치료

[표 8.4] 세포치료제 유형

<table>
<tr><th>구분</th><th>종류</th><th>세부 유형 예시</th><th>적용 질환 예시</th></tr>
<tr><td rowspan="3">줄기세포</td><td>배아줄기세포</td><td rowspan="3">조혈모줄기세포,
중간엽줄기세포</td><td rowspan="3">심혈관질환,
척추손상,
관절염, 당뇨</td></tr>
<tr><td>역분화줄기세포</td></tr>
<tr><td>성체줄기세포</td></tr>
<tr><td rowspan="3">면역세포</td><td>T세포</td><td>종양 침윤 T세포
CAR-T세포
TCR-T세포</td><td rowspan="3">당뇨병, 림프종,
간암, 폐암, 전립샘암,
자가면역질환</td></tr>
<tr><td>자연살해세포</td><td>CAR-NK세포</td></tr>
<tr><td>수지상세포</td><td>유전자 조작 수지상세포</td></tr>
<tr><td rowspan="2">체세포</td><td>피부세포</td><td>표피, 진피 세포</td><td>피부화상, 흉터</td></tr>
<tr><td>연골세포</td><td></td><td>퇴행성 관절염</td></tr>
</table>

제 시장을 둘러싼 이슈들은 복잡하고, 대부분 단기간 내 해결이 쉽지 않기 때문에 세포치료제 제품들이 항체의약품과 같은 상업적 성과를 이루어 내기 위해서는 상대적으로 더 오랜 시간이 필요할 것으로 보인다. 그러나 세포치료제는 현재의 기술 장벽들이 해결되고 난 이후에는 급격히 성장할 수 있는 분야이며 그 파급력도 매우 클 것으로 기대된다.

세포치료제 분야는 신약개발을 목표로 하는 제약바이오 기업들의 새로운 성장 돌파구로서 의미가 클 것으로 보인다. 현재 글로벌 차원에서 절대적 경쟁 우위에 있는 기업들이 극히 소수라는 점에서 볼 때, 후발 기업들도 충분히 진입할 만한 분야이다. 그러나 병원 시술 과정이 중심이 되는 세포치료제는 기존 의약품과는 분명히 다른 사업 모델을 요구한다. 개발을 염두에 둔 기업들은 이러한 점을 명확히 인지하고 대비할 필요가 있다.

선도 기업들의 사례를 보면 연구 개발에서 판매 마케팅에 이르는 모든 단계에서 관련된 연구기관·기업·병원 등과의 협력을 적극적으로 추진하고 있다. 세포치료제 시장에서 성공하기 위해서는 의사·병원뿐 아니라 기반기술을 보유한 연구기관, 재료·기기 등 연구 개발 인프라에 해당하는 주체 등과의 협력이 매우 중요한 과제가 될 것이다. 한편 2022년 현재 국내의 세포치료제 허가 건수는 22건으로 세계에서 가장 많은 세포치료제가 국내 기업에 의해 제품화되고 있다.

체세포치료제

체세포치료제의 경우 원하는 조직으로의 분화가 필요 없어 기본적인 세포 배양 기술로도 개발이 가능하다. 체세포의 경우 다량 채취 및 증식이 용이하며, 자가체세포를 사용하는 경우 면역거부반응 및 윤리적 문제가 없다는 장점이 있다. 하지만 줄기세포 대비 재생 효능이 낮다는 한계가 있을 뿐만 아니라, 자가체세포의 경우 상업 생산 및 시술이 불가하여 치료비용이 높은 반면에 효능은 낮아서 시장성이 크지 않다. 체세포치료제의 경제성을 높이기 위해 타가세포를 이용하는 기술 개발이 필요하지만 효능이 더 뛰어난 성체줄기세포치료제 개발로 연구가 더 활발히 진행되고 있다.

국내에서 개발된 세포치료제는 대부분 골재생 또는 피부재생 치료제로 국한되어 있으며 콘드론(Chondron, 2001년 세원셀론텍)은 자가연골세포 배양·이식으로 국내에서 최초로 허가받은 치료제이다. 뒤이어 홀로덤(Holoderm, 2002년 테고사이언스), 칼로덤(Kaloderm, 2005년 테고사이언스) 등 피부각질세포를 이용해 피부화상 치료제를 개발하였고, 알엠에스 오스론(RMS Ausron, 2009년 세원셀론텍)은 뼈세포를 이용한 국소 골형성 촉진제로서 개발되었다. 이 외에 오토스템(AutoStem, 2010년 차바이오앤디오스텍)과 퀸셀(QueenCell, 201년 안트로젠)은 자가유래 지방세포를 사용한 피하지방

결손 치료제이며, 큐어스킨(CureSkin, 2010년 에스바이오메딕스)은 섬유아세포를 이용한 흉터 치료제로서 개발되었다.

줄기세포치료제

줄기세포는 체세포와 달리 다량 채취가 어렵고 안전성 및 윤리적 이슈, 분화 기술이 아직 확립되지 않는 등 해결해야 할 문제가 많다. 하지만 다양한 세포로 분화가 가능해 난치병 치료에 큰 도움이 될 것으로 전망되는 바이오의약품이다. 줄기세포치료제는 세포의 원천에 따라 배아줄기세포, 성체줄기세포, 역분화유도줄기세포로 구분된다.

성체줄기세포는 전 세계 줄기세포치료제 시장의 99% 이상을 차지할 정도로 상업화가 많이 진행되었다. 배아줄기세포는 생명윤리 문제와 분화 조절 기술 개발의 어려움, 변이 발생 및 암세포 분화 가능성 등 임상시험 적용에 많은 난관이 있어 여전히 초기 개발 단계에 머무른다. 하지만 적절한 자극을 통해 신체 내 210여 개의 장기를 구성하는 조직으로 분화할 수 있는 무한한 잠재력을 가지고 있기 때문에 바이오벤처기업을 중심으로 활발한 연구가 진행되고 있다.

배아줄기세포

배아줄기세포는 수정한 지 14일이 안 된 배아 상태에서 얻어지는 줄기세포로 신체의 모든 장기로 분화할 수 있는 특징을 가지고 있어 만능줄기세포로도 불린다. 배아줄기세포는 분화능력이 탁월하고, 계속해서 세포 수를 늘릴 수 있지만 암세포로도 분화될 수 있어 안전성 측면에서 아직 해결해야 할 부분이 많다. 원하는 조직으로 분화시키는 기술과 발암성을 감소시키는 것이 배아줄기세포치료제의 핵심기술이다. 안전성 문제뿐만 아니라 윤리적 문제도 계속 대두되어 배아줄기세포 연구는 그동안 다소

[표 8.5] 국내외 줄기세포치료제 허가 현황

구분	국내 품목허가				국외 품목허가	
	하티셀그램-에이엠아이	카티스템	큐피스템주	뉴로나타-알주	프로키말	홀로클라
허가연월	2011. 7.	2012. 1.	2012. 1.	2014. 7.	2015. 5.	2015. 2.
제품사진	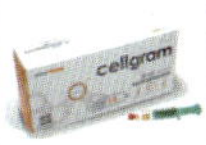				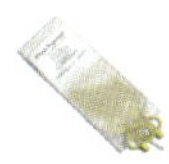	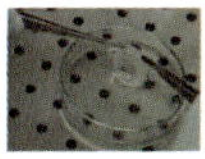
제조사	파미셀	메디포스트	안트로젠	코아스템켐온	(미국) 오시리스 테라퓨틱스	(이탈리아) 키에시 파르마슈티치
원재료 세포	자가 골수줄기세포	동종 제대혈 줄기세포	자가 지방줄기세포	자가 골수줄기세포	동종 골수줄기세포	자가 각막상 피줄기세포
적응증	급성 심근경색	무릎 연골결손	크론성 누공	루게릭병	급성 이식편대 숙주병, 크론병	각막 윤부줄기 세포 결핍증
희귀약	X	X	O	O	O	O

출처: 안트로젠 분기보고서 자료 수정

정체되었다. 그러나 지난 2010년 10월 세계 최초로 미국 제론사가 척추 손상 환자에게 인간의 배아줄기세포를 사용한 임상실시에 대해 FDA 승인을 받았다. 뒤이어 미국의 ACT Advanced Cell Technology가 스타가르트병, 황반변성증 환자를 대상으로 인간 배아줄기세포에서 유도된 망막색소상피세포를 이용한 임상을 시작하였다.

최근에는 줄기세포치료제를 개발하는 바이오기업들이 안전성과 효율성을 극대화한 새로운 기술로 차세대 줄기세포치료제 개발에 나서고 있다. 메디포스트는 2세대 줄기세포치료제 플랫폼인 '스멉셀SMUP-Cell'을 이용해 주사형 골관절염 치료제 'SMUP-IA-01'과 당뇨병성 신증 치료제·폐질환 치료제 'SMUP-IV-01'을 개발하고 있다. 스멉셀 배양 공정은 작은 크기의 고효능 줄기세포를 선별해 줄기세포 특성을 유지하는 배양법을 적용함으로써 바이오리액터를 통해 대량 생산이 가능하다. 또한 해동했던 제품을 다시 냉동할 수 있어 보관 및 유통 문제도 해소할 수 있다.

강스템바이오텍은 플랫폼 기술 셀럽SELAF을 이용해 중등도 이상의 만성 아토피 피부염 환자를 대상으로 한 치료제 '퓨어스템-AD주'와 중등도 이상의 류머티즘 관절염 환자를 대상으로 한 치료제 '퓨어스템-RA주'를 개발 중이다. 셀럽은 태아의 탯줄과 태반에 있는 탯줄 혈액인 제대혈 내에 극소량 존재하는 줄기세포를 순도 95% 이상으로 분리한 후 동결 제형으로 대량 생산하는 플랫폼 기술이다.

차바이오텍은 배아줄기세포를 이용해 중간엽줄기세포를 제조하는 방법으로 치료제를 개발하고 있다. 이 기술은 중간엽줄기세포를 만들 때 배아줄기세포로부터 직접 분화법을 이용해 제조 기간을 50% 단축하고, 유전적 안정성을 높게 유지해 효율을 향상한다. 이 기술로 배아줄기세포를 이용해 중간엽줄기세포를 만들면 돌연변이 확률을 낮추고 세포 노화를 늦출 수 있어 유전적으로 안정성이 확보된 세포치료제를 개발할 수 있다. 또한 배상체 형성 단계가 없어 제조 공정이 단순하고, 균일한 품질의 세포를 만들 수 있다. 차바이오텍은 현재 탯줄 유래 중간엽줄기세포를 이용해 퇴행성 요추 추간판에 의한 만성 요통 치료제 'CordSTEM-DD', 뇌졸중 치료제 'CordSTEM-ST', 아서만증후군 치료제 'CordSTEM-AS', 중증호흡기질환 치료제 'CordSTEM-ARDS' 등과 배아줄기세포 유래 조기난소부전 치료제 'ES-MSC', 황반변성 치료제 'hESC-RPE', 스타가르트병 치료제 'hESC-RPE' 등을 개발 중이다.

줄기세포 엑소좀을 활용한 치료제 개발에도 많은 기업이 뛰어들고 있다. 줄기세포 엑소좀은 줄기세포치료제와 효과는 유사하지만, 보관이 편리하고 대량 생산이 가능해 가격이 수백만 원에 달하는 줄기세포보다 비용 효율적인 데다가 부작용 우려도 적다. 엑소좀을 활용하면 항암치료 외에도 당뇨, 파킨슨병, 알츠하이머 등 세포의 문제로 생기는 질병은 모두 조기 진단이 가능해질 전망이다.

유도만능줄기세포

역분화줄기세포induced Pluripotent Stem Cell, iPSC는 이미 분화된 세포의 특성 유전자를 조작해 다시 분화능력을 유도한 줄기세포를 말한다. 2006년 일본 교토대학의 야마나카 신야 교수가 배아세포에서 활성화되는 4개의 유전자(Oct3/4, Sox2, Klf4, c-myc)를 레트로바이러스에 삽입한 후, 이를 쥐의 피부세포에 넣어 역분화줄기세포를 만드는 데 성공하였다. 연구 단계에서 배아줄기세포와 동등한 분화능력을 증명함으로써 수정란 파괴, 난자의 사용과 같은 윤리적인 문제 없이 환자와 유전정보가 같은 맞춤형 줄기세포를 얻을 수 있는 유도만능줄기세포는 현재 혁명적인 기술로 부상하고 있다. 하지만 바이러스를 이용해 유전자를 변형시키기 때문에 안전성에 대한 우려가 있고, 아직 초기 단계의 연구 성과이기에 상업화까지 넘어서야 할 기술 장벽들의 존재가 예상된다.

성체줄기세포

성체줄기세포는 성인 신체의 각 부위에서 얻어지는 줄기세포이다. 그 원천에 따라 지방, 골수, 제대혈 줄기세포 등으로 분류된다. 줄기세포 채취가 용이한 장점으로 인해 줄기세포 연구 중 성체줄기세포 연구가 가장 먼저 시작되었다. 배아줄기세포에 비해 안전성 문제가 적어 임상시험도 더 활발히 진행되었다. 특히 골수에서 얻어지는 조혈모세포는 혈액계와 면역계 세포로 분화가 가능하여 이미 백혈병, 혈액 질환 및 면역계 질환에 널리 사용되고 있다. 최근 가장 연구가 활발히 진행되고 있는 것은 골수,

제대혈, 지방에서 채취되는 중간엽줄기세포Mesenchyma Stem Cells, MSCs이다. 이들 MSCs는 비교적 배양이 용이하고 많은 양의 세포를 쉽게 증식시킬 수 있으며, 연골, 뼈, 근육과 같은 중배엽성 조직세포로 분화할 수 있을 뿐 아니라 손상된 조직에 이식될 경우 조직 재생에 도움이 되는 생리활성물질을 분비한다.

면역세포치료제

면역세포치료제는 혈액에서 분리한 NK세포, 수지상세포, T세포 등의 면역세포를 체외에서 증식시키거나 암세포 특이적인 항원 유전자를 삽입한 면역세포를 제조한 후 숫자를 늘려 다시 환자에게 주입함으로써 면역작용으로 질환을 치료하는 기전을 가진 첨단 바이오의약품 중 하나이다. 최근에는 T세포 또는 NK세포에 바이러스 벡터를 이용해 외래 유전자를 도입시켜 제작된 CAR-T세포Chimeric Antigen Receptor-T cell와 같이 유전자 치료 개념이 도입된 세포치료제 기술이 다양하게 개발되고 있다.

면역세포치료제 중 CAR-T세포는 가장 최근 기술이 적용된 것으로, 치료가 가장 어려웠던 혈액암에서 높은 치료 효능을 보이면서 적응증 확대, 효능 증대 및 타가이식이 가능한 기술 개발이 진행 중이다. 주요 기술로는 CAR에 해당하는 scFv(single-chain variable fragment, 유전자 재조합을 통해 항체의 variable region만 발현시켜 만든 단쇄 항체)를 제조하는 기술, CAR를 발현하는 벡터 제조 기술, T 세포 분리 기술, 타가이식이 가능이 가능하도록 하는 유전자 조작 기술, 세포치료제 운반 및 보관을 위한 동결 기술 그리고 안전성 확보를 위한 T세포 활성 조절 스위치 제작 기술도 요구된다.

유전자치료제

유전자 치료는 발병 원인이 되는 비정상 유전자를 대체하거나 치료용 단백질을 발현할 수 있는 유전자를 직접 환자의 세포 또는 조직에 주입하는 치료 기술을 말한다. 바이러스 벡터, 플라스미드 DNA, 리포좀, 유전자 편집 기술을 활용한 기술까지 유전자 치료의 범주에 포함된다. 유전자치료제 개발에 있어서 치료에 타깃이 되는 유전자의 선정 및 발현 벡터 제작 기술, 치료 유전자를 타깃 세포에 전달해 주는 유전자 전달 기술, 그리고 유전자치료제의 인체 전달 기술 등이 핵심기술이나 치료 유전자의 안전성 확보와 유전자 전달의 전달 효율 및 체내에서의 장시간 발현 유도는 아직 해결되지 않은 기술적 난제이다.

세계 최초의 유전자치료제인 젠디신Gendicine이 2003년 중국에서 허가된 이후 선진 시장인 유럽에서 글리베라Glybera가 2012년에 품목 승인을

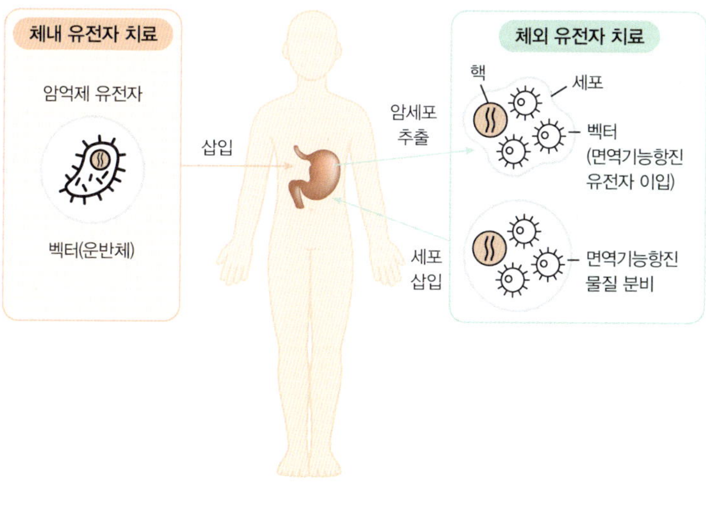

[그림 8.5] 유전자치료제의 원리

받았다. 국내에서는 인보사Invossa가 2017년에 국내 최초로 허가되었으나 이상 세포주가 확인되면서 2019년에 품목허가가 취소되었다.

바이오의약품의 세대

바이오의약품에도 세대 구분이 있다. 가장 먼저 나온 1세대 바이오의약품은 주로 단백질을 가지고 만들어 단백질의약품이라고 불린다. 췌장에서 분비돼 혈당을 조절하는 인슐린, 백신, 성장호르몬 등이 이에 해당된다. 백신은 전염병 예방이나 치료를 위해 사용하는 항원을 말한다. 1세대 바이오의약품은 분자 구조가 단순해 적은 비용으로 비교적 쉽게 제품 개발이 가능했다. 이들 1세대 바이오의약품은 주로 박테리아, 효모 등을 배양한 후 추출해서 만들었다.

2세대 바이오의약품이 항체의약품이다. 세균이나 바이러스 등 외부 물질인 '항원'이 침투할 경우 이와 맞서 싸우기 위해 혈액이 만드는 단백질인 '항체' 반응을 이용해 만든다. 처음에는 쥐에서 유래한 항체를 사용했지만 사람 몸에 맞지 않아 부작용을 일으켰다. 이후 쥐에서 나온 항체와 사람 몸에서 나온 항체를 결합한 '키메라 항체', 온전히 사람 유래로 만든 '사람 항체' 등 기술이 점점 발달하면서 다양한 항체의약품이 만들어졌다. 몇 년째 세계에서 가장 많이 판매되는 바이오의약품인 휴미라는 항체의약품이다. 그러나 항체의약품은 세포를 배양하고 정제하는 것이 쉽지 않아 다국적 제약사들의 전유물로 인식되었다.

앞서 설명한 것처럼 1세대 바이오의약품은 분자 구조가 단순해 낮은 비용으로도 비교적 쉽게 제품 개발이 가능했다. 하지만 2세대 바이오의

[표 8.6] 바이오의약품 세대별 분류

구분	종류	기술
1세대	백신, 인슐린, 인터페론	유전자 재조합 기술, 세포(동물) 배양 기술
2세대	항체의약품	유전자 재조합 기술, 단클론 항체(표적치료)
3세대	세포치료제, 유전자치료제	세포 배양 및 조작 기술, 유전자 조작 기술

출처: 한국바이오의약품협회(2020) 자료 수정

약품은 분자 구조가 상대적으로 복잡하고, 개발 난도도 더 높고, 글로벌 임상비용도 막대해 진입 장벽이 높았다. 특히 복잡한 항체의약품을 복제하는 것은 불가능에 가깝다는 의견이 지배적이었다.

하지만 세계에서 처음으로 항체의약품의 바이오시밀러를 개발한 곳이 바로 우리나라의 셀트리온이다. 셀트리온은 노벨생리의학상을 수상한 바루크 블럼버그Baruch Blumberg 박사 등 세계적인 생명공학 석학들의 조언을 받아 바이오시밀러 개발에 뛰어들어 2012년 7월 세계 최초의 항체 바이오시밀러 '램시마'를 국내에서 허가받는 데 성공했다. 램시마의 오리지널 의약품인 다국적 제약사 존슨앤존슨의 자가면역질환 치료제 '레미케이드'는 2017년 전 세계에서 약 6조 원이 판매된 항체의약품이다. 셀

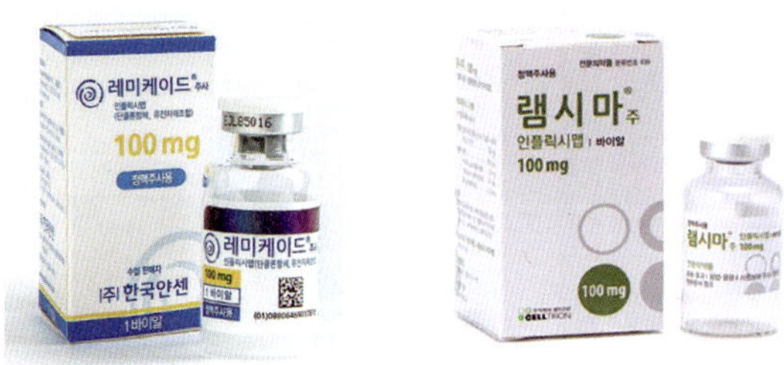

[그림 8.6] 존슨앤존슨의 레미케이드(왼)와 셀트리온의 램시마(오)

트리온은 유럽에서 램시마를 판매한 지 2년 만에 시장 점유율 40%를 넘어서는 등 항체의약품의 바이오시밀러 시장의 강자로 우뚝 섰다.

한편 삼성도 바이오의약품 산업에 적극 투자하고 있다. 삼성이 2011년 위탁생산CMO 전문업체로 설립한 삼성바이오로직스는 생산설비를 확대하고 지속적으로 투자한 결과, 설립 7여 년 만인 2018년에 세계 최대의 생산규모(연간 36만 2,000 L)를 보유하게 되었다. 삼성바이오에피스는 현재 4종의 바이오시밀러를 개발해 유럽과 미국, 국내에서 판매하고 있다. 이 중 매출의 대부분은 류머티즘 관절염 등 자가면역질환 치료제로 쓰이는 '베네팔리'(엔브렐 바이오시밀러)와 '임랄디'(휴미라 바이오시밀러), '플릭사비'(레미케이드 바이오시밀러)이며 유럽 판매가 진행 중이다.

미국 시장의 경우 2017년 레미케이드 바이오시밀러 '렌플렉시스'를 허가받아 2017년 7월 출시했다. 2019년 1월에는 유방암 치료제 허셉틴 바이오시밀러 '온트루잔트', 2019년 4월에는 자가면역질환 치료제 엔브렐 바이오시밀러 '에티코보', 2019년 7월에는 자가면역질환 치료제 휴미라

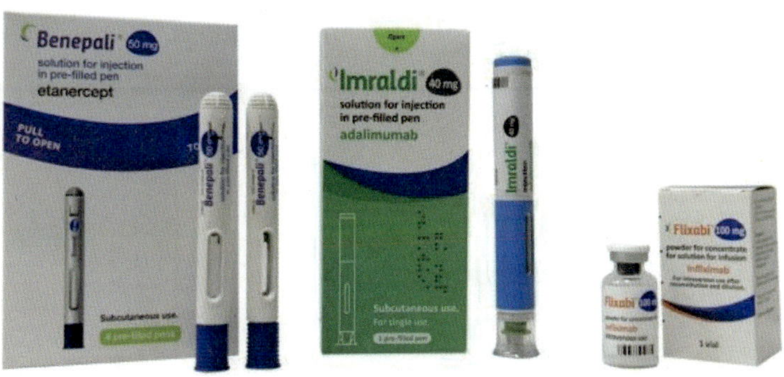

[그림 8.7] 베네팔리, 임랄디, 플릭사비 출처: 메디소비자뉴스

바이오시밀러 '하드리마'에 대한 제품 판매 허가를 받았다.

향후 삼성은 바이오를 제2의 반도체 산업으로 집중 육성한다는 계획이다. 시장조사기관에 따르면 최근 수년간 셀트리온, 삼성바이오로직스 등이 바이오시밀러 사업 투자를 확대한 결과, 두 기업의 매출이 세계 시장의 약 30% 이상을 차지할 것으로 전망하고 있다(BCC Research 보고).

3세대 바이오의약품에는 사람 세포를 추출한 뒤 배양·조작해 다시 이식하는 '세포치료제', 유전자 조작 기술을 활용해 유전자 결함을 제거하거나 치료 기능을 추가하는 '유전자치료제' 등이 있다. 인간 유전정보 데이터가 빠른 속도로 쌓여 가고 있고, 빅데이터 분석과 인공지능 기술의 진화가 급격하게 진행되면서 정밀의료에 대한 시장 수요가 급격히 증가하고 있어 앞으로 바이오의약품 시장의 최대 격전기가 될 것으로 전망된다.

BIOTECHNOLOGY

1. 암이란 무엇인가
2. 암은 체세포 수준에서의 유전적 질병
3. 암세포의 기원
4. 암은 다단계 돌연변이의 결과
5. 운전자 돌연변이와 동승자 돌연변이
6. 유전체 안정성, DNA 수리, 염색질 변형에 영향을 미치는 유전적 결함으로서의 암
7. 세포 주기 조절에 영향을 미치는 유전적 결함으로서의 암
8. 원암유전자와 종양 억제 유전자의 돌연변이
9. 다른 조직으로의 전이
10. 유전이 될 수도 있는 암
11. 암 발생에 기여하는 바이러스와 환경 요인
12. 항암제

9

암 생물학

암 생물학

암cancer은 대부분의 국가에서 주된 사망원인이다. 모든 연령대의 사람에게 영향을 미치며, 세 명 가운데 한 명은 일생에 한 번 암을 경험하게 된다. 미국에서는 해마다 백만 건 이상 암 진단이 내려지고, 50만 명 이상의 사람들이 암으로 사망한다. 지난 30여 년에 걸쳐 과학자들은 암이 체세포 수준에서의 유전적 질병이며, 돌연변이되었거나 잘못 발현되는 유전자 산물이 존재한다는 특징을 발견하였다. 여러 개의 비정상적 유전자 산물의 종합적인 효과가 암세포의 통제되지 않는 세포 성장과 전이를 일으킨다. 일부 돌연변이된 암 유전자는 유전될 수도 있지만, 대부분은 체세포 내에서 생기고, 그 후 분열하여 종양을 형성한다.

인간유전체 프로젝트의 완료와 다수의 빠르고 거대한 규모의 DNA 서열화 연구로 인해 세포를 암화시키는 돌연변이에 대한 새로운 정보가 엄청나게 쏟아지기 시작하였다. 암 생물학에 대한 이런 새로운 이해 역시 새로운 유전자 특이적 치료를 이끌어 내고 있으며, 그중 몇몇은 이제

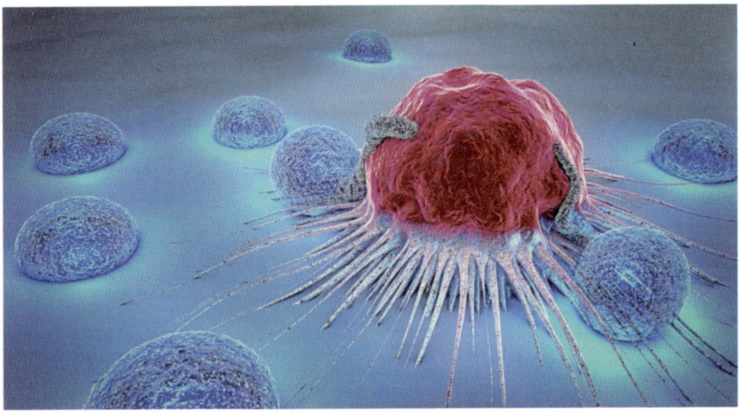

[그림 9.1] 정상세포와 암세포

임상실험을 거쳐 치료제까지 내놓았다. 과학자들은 향후 30년 내에 유전자 표적화 치료가 화학 치료를 대체하여 암의 완치가 가능할 것이라 예상하고 있다.

암이란 무엇인가

임상적으로, 암은 백여 가지에 육박하는 다수의 아주 복잡한 질병으로 정의되는데, 암이 발생한 세포 형태와 암의 각 형태에서 생긴 유전적 변화에 따라 다르게 행동한다. 암은 발병 연령, 성장 속도, 침투력, 예후, 그리고 처방에 대한 반응성 등이 매우 다양하다. 그러나 분자적 수준에서는 모든 암을 하나로 묶는 공통점을 나타낸다. 모든 암세포는 두 가지 기

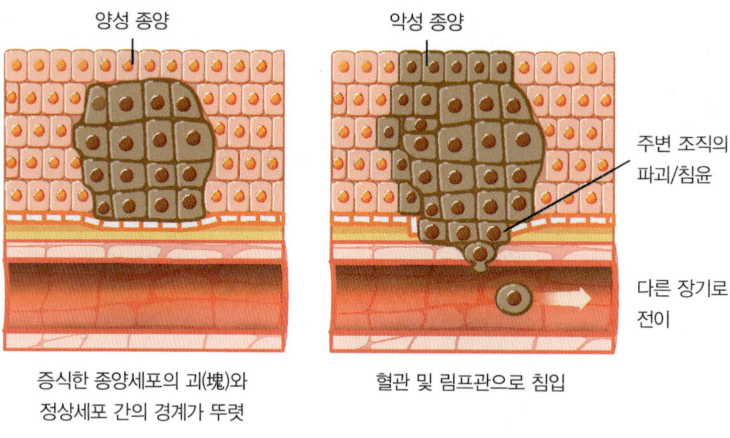

[그림 9.2] 양성 종양과 악성 종양

본적인 특징을 공유한다: (1) 비정상적 세포 성장과 분열, 즉 세포 증식cell proliferation과 (2) 세포가 퍼져 나가 신체의 다른 영역에 침투하지 못하도록 하는 정상적 제재력 손실, 즉 전이metastasis이다. 정상적인 세포에서는 이러한 기능이 시간과 공간에 알맞게 발현되는 유전자들에 의해 매우 엄격하게 통제된다. 암세포에서는 이러한 유전자가 돌연변이되었거나 부적절하게 발현된다.

통제되지 않은 세포 증식과 전이가 조합되어 암세포를 위험한 것으로 만든다. 한 세포가 단순히 세포 성장에 대한 유전적 통제를 상실하게 되면 여러 개의 세포 덩어리로 자라는데, 이것을 양성 종양benign tumor이라고 한다. 이러한 종양은 종종 수술로 제거될 수 있으며 심각한 해를 입히지 않는다. 그러나 만약 종양의 세포가 혈류 속으로 들어가 다른 조직에 침투할 능력을 가지게 되면 2차 종양을 형성하게 된다(전이). 이들은 악성이다. 악성 종양malignant tumor은 치료하기가 어렵고 종종 생명을 위협하기도 한다. 이 장 후반에 살펴보겠지만, 양성 종양을 위험한 악성 종양으로 변화시키는 여러 단계와 유전적 돌연변이가 존재한다.

암은 체세포 수준에서의 유전적 질병

아마도 암의 원인에 대한 이해에서 가장 중요한 발전은 암이 유전적 질병이라는 것을 알게 되었다는 사실일 것이다. 암과 관련된 유전체적 변화는 단일 뉴클레오티드 치환에서부터 거대한 크기의 염색체 재배열, 증폭, 결실에 이르기까지 매우 다양하고 넓다. 그러나 다른 유전 질병과 달리 암은 주로 체세포에서 발생하는 돌연변이에 의해 생긴다. 암의 오직 5%

정도만이 어떤 형태의 암에 대한 개인의 취약성을 높이는 생식세포성 돌연변이와 관련이 있다. 암과 다른 유전질환 간의 또 다른 중요한 차이는, 암이 단일 돌연변이에 의해서는 거의 발생하지 않고 여러 돌연변이의 축적에 의해 발생한다는 것이다. 암을 일으키는 돌연변이는 세포의 다양한 기능, 예를 들어 DNA 수리, 세포분열, 아폽토시스apoptosis, 세포 분화, 세포 이동, 세포-세포 접촉 등에 영향을 미친다.

암세포의 기원

비록 악성 종양이 수십억 개의 세포를 포함할 수 있고, 신체의 다양한 부분으로 침투하여 자랄 수 있지만, 모든 1, 2차 종양의 암세포는 클론이다. 즉, 그들은 여러 가지 특수한 돌연변이를 축적한 공동의 한 조상 세포로부터 기원한 것이다. 이것은 암의 분자적 원인에 대한 이해에서 중요한 개념이며, 암의 진단에 있어서도 의미가 깊다.

여러 자료들이 암의 클론성에 대한 개념을 지지한다. 예를 들어, 상호전좌는 백혈병leukemia과 림프종lymphoma을 포함하여 많은 암의 특징이다(두 가지 암 모두 백혈구 세포와 관련되어 있다). 버킷림프종Burkitt's lymphoma 환자의 암세포는 8번 염색체(c-myc 유전자 근처의 전좌 절단 지점)와 2, 14, 혹은 22번 염색체(면역글로불린 유전자나 그 근처에서 생긴 전좌 절단 지점) 사이의 상호전좌를 나타낸다. 버킷림프종 환자는 c-myc 유전자와 면역글로불린 유전자 DNA 서열에서 나름대로의 독특한 절단 지점을 나타낸다. 그러나 한 환자의 모든 림프종 세포는 동일한 전좌 절단 지점을 포함한다. 이것은 버킷림프종의 개별 사례에서는 모든 암세포가 단일 세포에서 기원했으며, 이 세포가 자신의 유전적 이상을 후손에 전달했음을 증명해 준다.

암세포가 클론이라는 또 다른 증거는 그들이 가진 X 염색체의 불활성화 패턴이다. 여성은 일부 세포에서는 부계 X 염색체를 불활성화하고, 다른 세포에서는 모계의 X 염색체를 불활성화하는 모자이크이다. X 염색체 불활성화는 발생 초기에 무작위로 일어난다. 한 종양 내의 모든 세포는, 여성의 경우 1, 2차 종양 모두에서 동일하게 불활성화된 X 염색체를 포함하고 있다. 이것은 환자의 모든 암세포가 공동의 조상 세포에서 기인한 것이라는 생각을 지지한다.

암은 다단계 돌연변이의 결과

비록 암이 조절되지 않는 세포 증식과 전이를 일으키는 돌연변이에 의해 시작되는 유전질환이라는 것은 알지만, 하나의 돌연변이를 가지고 정상 세포를 종양 형성 악성 세포로 만들기는 쉽지 않다. 만약 그 정도로도 충

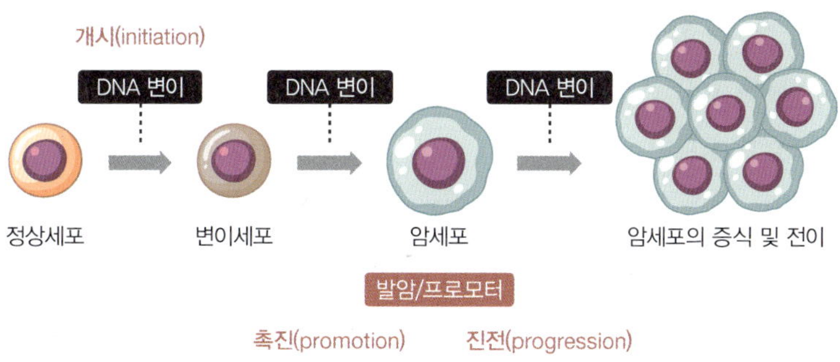

[그림 9.3] 암 발생 단계

분하다면 암은 아마 지금보다 훨씬 더 흔했을 것이다. 인간에서는 세포분열 때마다 한 유전자당 10^{-6} 정도로 자연돌연변이가 발생하는데, 주로 DNA 복제의 내생적 오류율 때문이다. 인간의 일생 동안 약 10^{16}번의 세포분열이 발생하므로, 한 사람은 일생 동안 신체 어느 부분에선가는 유전자당 10^{10}번의 돌연변이를 겪을 수 있다. 그러나 세 사람 가운데 한 사람만이 암으로 고생한다.

노화와 관련해 암이 나타나는 현상은, 암이 하나의 세포에서 발생하는 여러 돌연변이 사건의 축적으로 인한 것임을 보여 주는 또 다른 지점이다. 대부분의 암 발생은 나이와 함께 기하급수적으로 증가한다. 만약 하나의 돌연변이가 정상세포를 악성 세포로 만들기에 충분하다면 암 발생률은 나이와 무관하게 나타날 것이다. 암의 노화 관련 발병은 한 세포가 악성 암세포로 전환되기에 앞서 가능성은 낮지만 무작위로 발생하는 약 10개의 독립적인 돌연변이들이 필수적임을 보여 준다.

암이 다단계 과정이라는 것을 제시하는 또 다른 지점은 암을 일으키는 발암원carcinogen에의 노출과 암 출현 사이에 생기는 지연 현상이다. 예를 들어 히로시마와 나가사키의 원자탄 폭발로 인해 독립적으로 방사능에 노출된 사람들에서 백혈병이 발병하기까지는 약 5~8년의 잠복기가 있었다. 암 발생의 다단계적 성질은, 암이 종종 조금 잘못된 세포들로부터 시작해서 점차 종양을 만드는 악성 세포로 가는 진행성 단계를 보인다는 점으로도 설명된다.

악성 종양이 발달하는 종양형성tumorigenesis의 각 단계는 세포를 점차 정상적인 증식에 대한 통제로부터 벗어나게 하여 악성으로 만드는 둘 혹은 그 이상의 유전적 변화에 기인하는 것으로 보인다. 이러한 관찰은 암세포를 만드는 점진적인 유전적 변화가 세포에게 선택적 이점을 제공하고 종양형성 과정에서 세포분열을 통해 증식하도록 함을 시사한다.

암의 점진적 성질은 대장암colorectal cancer의 발생으로 잘 설명된다. 대장암은 몇몇 유전자에서의 유전적 결함이 단계적으로 축적되는 것을 특징으로 하는 몇 가지 임상적 단계를 통해 진행되는 것으로 밝혀졌다. 첫 번째 단계에서는 정상적인 상피세포들이 선종adenoma 혹은 폴립polyp이라고 불리는 작은 세포 덩어리로 바뀐다. 이 단계에는 선종성 대장 폴립증Adenomatous Polyposis Coli, APC 유전자가 불활성화되는 돌연변이 사건이 필요한데, 이 유전자는 장 세포의 정상적인 분화에 관여하는 단백질을 암호화한다. APC 유전자는 이 장 후반에 논의할 종양 억제 유전자이다. 결과적으로 선종이 천천히 자라고 양성 종양으로 인식된다.

대장암 발생의 두 번째 단계에서는 작은 선종 내 세포들 중 하나에서 두 번째 유전적 변화의 발생이 필요하다. 이것은 보통 Kras 유전자에서의 돌연변이로, 이 유전자의 정상적인 산물은 세포 성장을 조절하는 데 관여한다. 대장암 발생에 기여하는 Kras에서의 돌연변이는 Kras 단백질이 계속해서 활성 상태가 되도록 하여 결과적으로 통제되지 않는 세포분열을 일으킨다. APC와 Kras에서의 돌연변이를 포함하는 세포들은 성장하고 팽창하여 약 1 cm 직경의 커다란 중간 선종을 형성하는데, 이 과정은 클론성 팽창clonal expansion이라고 알려져 있다. 원래의 작은 선종(APC 돌연변이를 포함하는) 세포들은 이제 2개의 돌연변이를 포함하는 세포들보다 그 수가 훨씬 적어진다.

세 번째 단계는 커다란 선종이 악성 종양인 암종carcinoma으로 변화하는 단계로, p53, PI3K와 TGF-β 같은 몇몇 유전자에서의 결함에 의해 시작되는, 여러 번의 클론성 팽창 사건들이 관여한다. 이러한 유전자 산물은 아폽토시스, 성장 신호 보내기, 세포 주기 조절같이 정상적인 세포 성장과 분열이라는 주요 사건을 조절한다.

이렇게 생겨난 암종은 더 성장할 수 있게 되고, 대장의 기저 조직으로 침투하게 된다. 암종 내부의 소수 세포들이 종양을 뚫고 나올 수 있도록 하는 새로운 돌연변이를 하나 이상 획득하게 되면 신체의 다른 부분으로 이동하여 전이를 일으킨다.

운전자 돌연변이와 동승자 돌연변이

과학자들은 이제 암세포의 발달 과정에서 생기는 체세포성 돌연변이를 모두 규명하기 위해 DNA 서열화에서의 최근 발달을 응용하기 시작하였다. 이러한 연구는 암세포에서 얻은 유전체의 DNA 서열과 동일 환자의 정상세포에서 얻은 DNA 서열을 비교한다. 이 연구들에서 나온 자료는 수많은 체세포성 돌연변이들이 암세포에 존재한다는 것을 보여 준다. 대장암이나 유방암 같은 고형암은 70개나 되는 돌연변이 유전자를 가질 수 있다. 폐암이나 흑색종melanoma 같은 다른 암은 수백 개의 돌연변이를 포함할 수 있다.

연구자들은 각 종양에 존재하는, 운전자 돌연변이driver mutation라고 불리는 소수의 돌연변이만이 종양세포에 성장의 이점을 제공할 수 있다고 믿는다. 나머지 돌연변이들은 시간이 지나면서 습득된 것으로, 아마 증가된 수준의 DNA 손상 결과 암세포에 축적되었지만 암 표현형에 직접 기여하지는 않는 돌연변이일 수 있다. 이들은 동승자 돌연변이passenger mutation로 알려져 있다. 특정 암에서 생기는 운전자 돌연변이의 총수는 2~8개로 비교적 적다.

유전체 안정성, DNA 수리, 염색질 변형에 영향을 미치는 유전적 결함으로서의 암

많은 연구자들은 암세포에서의 기본적 결함이란, 세포가 정상적으로 DNA 손상을 고치지 못하는 것이라고 생각한다. 이렇게 유전체의 온전함을 상실하는 것은 그 유전체의 모든 유전자(그 산물이 세포 증식, 예정 세포사멸, 전이 등을 조절한다)에서 돌연변이율을 전체적으로 증가시키게 된다. 암세포에서 나타나는 높은 수준의 유전체 불안정성은 돌연변이 유발자 표현형mutator phenotype이라고 알려져 있다. 그리고 최근 연구에 의하면, 암세포는 염색질 변형의 위치와 형태에서의 변이를 포함하는데, 특히 DNA와 히스톤의 메틸화 양상이 달라져 있음을 보여 준다.

유전체 안정성과 DNA 수리 결함

암세포에서의 유전체 불안정성은 전좌, 이수성, 염색체 소실, DNA 증폭, 염색체 결실 등과 같은 대규모 결함이 특징이다. 종종 암세포는 암의 형태와 단계를 진단하는 데 사용되는 특수한 염색체 결손을 보인다. 예를 들어, 만성 골수성 백혈병Chronic Myelogenous Leukemia, CML에 걸린 환자의 백혈구 세포는 특수한 전좌를 가지고 있는데, 9번 염색체의 C-ABL 유전자가 22번 염색체의 BCR 유전자 내로 전좌되어 있다. 이러한 전좌로 인해 필라델피아 염색체philadelphia chromosome라고 알려져 있는 구조가 생긴다[그림 9.4]. BCR-ABL 융합 유전자는 키메릭 BCR-ABL 단백질을 암호화한다. 정상적인 ABL 단백질은 단백질 인산화효소protein kinase로, 신호 전달 경로에서 외부 환경에서 온 성장 신호를 핵으로 전달한다. BCR-

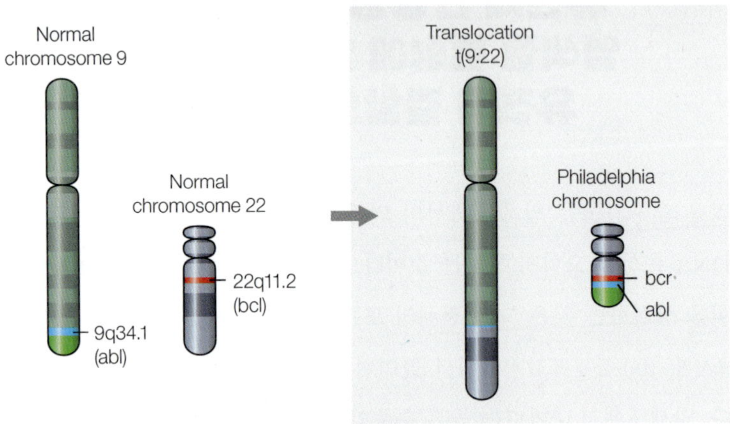

[그림 9.4] 필라델피아 염색체가 형성되는 과정

ABL 단백질은 CML 세포에서 잘못된 신호 중계 분자로 작용하여 외부의 성장 신호가 없어도 지속적으로 성장 신호를 촉발한다.

암 돌연변이 유발자 표현형 개념과 같이 다수의 유전성 암은 DNA 수리를 조절하는 유전자에서의 결손에 의해 발생한다. 예를 들어, 색소성 건피증Xeroderma Pigmentosum, XP은 자외선과 다른 암 유발원에 극도로 민감한 것이 특징인 희귀유전질환이다. XP 환자들에게서는 종종 피부암이 발생한다. XP 환자들의 세포를 보면 뉴클레오티드 절제 수리에서의 결함을 발견할 수 있는데, DNA 수리를 위해 필요한 것으로 보이는 7개의 유전자 산물 중 하나에 돌연변이가 있다. XP 세포는 UV에 의해 유발된 티민 이합체thymine dimer 같은 DNA 손상을 수리하는 능력이 결여되어 있다. 또 다른 유전성 암인 유전성 비용종성 대장암Hereditary Nonpolyposis Colorectal Cancer, HNPCC도 DNA를 수리하는 유전자의 돌연변이에 의해 발생한다.

HNPCC는 상염색체성 우성 증상으로, 약 200~1,000명당 1명꼴로 영향을 미친다. HNPCC의 영향을 받은 환자들은 대장암, 난소암, 자궁암, 신장암에 걸릴 위험성이 증가한다. HNPCC 환자에서 나온 세포는 정상보다 높은 돌연변이율과 유전체 불안정성을 보인다. 적어도 8개의 유전자가 HNPCC와 관련이 있으며, 이 중 4개가 DNA의 미스매치 수리에 영향을 미친다. 이 네 유전자(MSH2, MSH6, MLH1, MLH3)의 불활성화는 유전체 전체에서 빠르게 돌연변이가 축적되도록 하며, 여러 암의 연속적 발생을 일으킨다.

염색질 변형과 암의 후성유전학

암의 후성유전학이라는 분야는 암 유전학에 새로운 관점을 제시하고 있다. 후성유전학epigenetics은 유전자 발현에 영향을 미치지만 DNA의 뉴클레오티드 서열을 변화시키지는 않는 인자들에 대한 연구이다. 아세틸화와 인산화 같은 히스톤 변형과 DNA 메틸화는 후성유전학적 변형의 한 예이다. 암세포는 변형된 DNA 메틸화 양상을 나타낸다. 전체적으로, 암세포에서는 DNA 메틸화가 정상세포에서보다 적게 일어난다. 동시에 일부 유전자의 프로모터는 암세포에서 과메틸화된다. 이러한 변화는 정상세포에서는 침묵해야 할 암 유발 유전자를 포함한 다수의 유전자에 대한 전사 억제가 풀리게 하는 동시에, DNA 수리와 세포 주기 조절 같은 정상적인 세포 기능을 조절해야 할 유전자의 전사를 억제하는 것으로 생각된다.

암세포에서는 히스톤 변형 역시 망가져 있다. 히스톤 아세틸화효소, 탈아세틸화효소, 메틸기 전이효소, 탈메틸화효소 등을 암호화하는 유전자가 암세포에서 종종 돌연변이되거나 비정상적으로 발현되곤 한다. 종

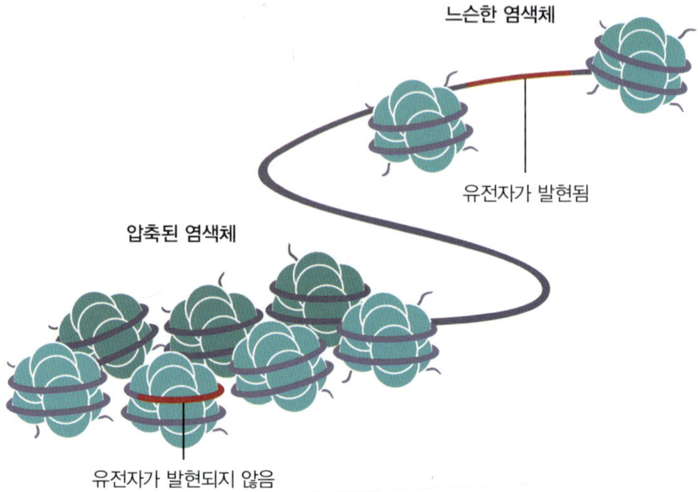

[그림 9.5] 유전자의 작동 여부를 조절하는 히스톤 단백질

양에 존재하는 다수의 후성유전학적 이상 때문에, 일부 과학자들은 암세포가 유전자 돌연변이보다는 후성유전학적 결함을 더 많이 가질 것으로 생각한다. 게다가 후성유전학적 변화는 가역적이기 때문에 후성유전학에 기반한 치료법을 이용하여 암을 치료할 수도 있을 것이다.

세포 주기 조절에 영향을 미치는 유전적 결함으로서의 암

모든 암세포에서의 기본적 이상 중 하나는 세포 증식에 대한 통제를 잃는 것이다. 비록 피부의 상피세포나 골수의 조혈세포는 생물의 일생을 통해 지속적으로 분열하고 성장하지만, 다세포 생물체의 성체세포는 대부분 분열하지 않으며, 분화되어 있는 상태로 조용하게 존재한다. 분화된 세포differentiated cells는 특정 기능을 위해 특수화된 세포로서, 망막의 광수용체 세포나 심장의 근육세포 같은 것이다. 세포 증식에 대한 정상적인 조절에는 세포 주기의 각 단계, 예정된 세포사멸, 외부 성장 신호에 대한 반응 등을 조절하는 많은 유전자 산물이 개입한다. 암세포에서는 이러한 기능을 조절하는 많은 유전자가 돌연변이되거나 부적절하게 발현되어 통제되지 않는 형태의 세포 증식을 유발한다.

세포 주기와 신호 전달

한 세포가 분열하여 다음 분열이 이루어질 때까지 일어나는 세포의 사건들이 세포 주기cell cycle를 구성한다. 세포 주기 중 G_0 상태의 세포는 종종 외부의 성장 신호에 의해 다시 세포 주기로 재진입하도록 자극받을 수 있다. 이러한 신호는 세포 표면 수용체에 결합하는 성장 인자나 호르몬 같은 분자에 의해 세포로 전달되며, 세포막으로부터 세포질로 중계된다. 외부 환경으로부터 세포의 핵으로 성장 신호가 전달되는 과정은 신호 전달signal transduction로 알려져 있다. 궁극적으로, 신호 전달은 세포를 G_0 상태에서 나와 다시 세포 주기로 돌아오도록 촉진하는 유전자 발현 프로그램을 개시하도록 한다.

암세포는 종종 신호 전달 경로에서의 결함을 갖는다. 때때로 부적당한 신호 전달 분자는 외부 성장 신호가 없는데도 핵에 지속적으로 성장 신호를 보낸다. 악성 세포는 주변 세포들로부터의 외부 신호인 성숙한 조직 내에서의 세포 증식을 막는 정상적인 신호에 반응하지 않을 수 있다.

세포 주기 조절과 검문점

정상적인 세포에서 세포 주기의 진행은 엄격하게 조절되며, 다음 단계가 시작되기 전에 반드시 그 전 단계가 완료되어야 한다. 세포가 세포 주기의 다음 단계로 진행하기에 앞서 외부의 성장 신호와 내부적 평형 상태를 감시하는 세포 주기의 지점이 적어도 세 군데 존재한다. 이들은 G_1/S, G_2/M, M 검문점checkpoint이다.

첫 번째 G_1/S 검문점에서 세포들은 자신의 크기를 감시하고 DNA가 손상되지 않았는지를 검사한다. 만약 그 세포가 적당한 크기에 도달하지 않았거나 DNA가 손상되었다면, 이러한 상태가 교정될 때까지 더 이상의 세포 주기 진행은 일어나지 않는다. 만약 세포의 크기와 DNA가 정상이라면, G_1/S 검문점은 통과되고 세포는 S기로 진행한다. 두 번째 주요 검문점은 G_2/M 검문점으로, 분열기로 진입하기에 앞서 세포의 생리적 조건이 검사된다. 만약 DNA 복제나 수리가 완료되지 않았다면, 세포 주기는 이 과정들이 완결될 때까지 정지된다. 세 번째 주요 검문점은 M 검문점이라 불리며, 분열이 진행될 때 발생한다. 이 지점에서는 방추사 시스템의 성공적 형성 및 동원체와 연계된 키네토코어kinetochore에 방추사가 잘 부착되었는지를 검사한다. 만약 방추사가 적절하게 형성되지 않았거나 부착이 부적절하다면 유사분열이 중지된다.

검문점에서의 세포 주기 조절 외에도 세포는 두 가지 종류의 단백질을 통해 세포 주기의 진행을 조절한다. 바로 사이클린(cyclin)과 사이클린 의존성 인산화효소Cyclin-Dependent Kinase, CDK이다. 세포는 세포 주기 동안 정확한 방식으로 사이클린 단백질을 축적시켰다가 분해한다. 사이클린이 존재하면, 이것은 특정한 CDK에 결합하여 CDK/cyclin 복합체의 활성을 촉발한다. CDK/cyclin 복합체는 세포 주기 진행에 필요한 변화를 일으키는 다른 단백질들을 선택적으로 인산화시켜 활성화한다.

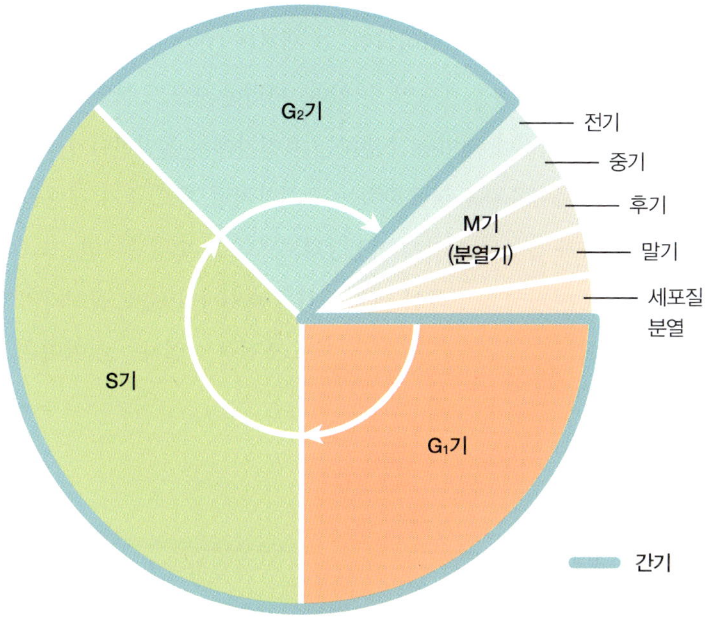

[그림 9.6] 세포 주기

예를 들어, G_1기에는 CDK4/cyclin D 복합체가 S기의 DNA 복제에 필요한 산물(DNA 중합효소 δ와 DNA 리게이스)의 유전자 전사를 활성화한다. 또 다른 CDK/cyclin 복합체인 CDK1/cyclin B는 초기 분열기 사건(핵막 분해, 염색체 응축, 세포골격 재구성 등)을 일으키는 데 필요한 수많은 단백질을 인산화한다. 그러나 분열은 사이클린 B가 분해되고, M기에 특징적인 단백질 인산화가 역전되었을 때에만 완성된다. 비록 많은 수의 서로 다른 단백질 인산화효소가 세포에 존재하더라도, 이 중 세포 주기 조절에 관여하는 것은 소수에 불과하다.

세포 주기를 조절하는 유전자 가운데 어느 것이라도 돌연변이되거나 잘못 발현되면 암이 발생할 수 있다. 예를 들어, G_1/S 혹은 G_2/M 검문점을 조절하는 유전자가 돌연변이되면, 그 세포는 DNA 손상을 수리하지 않은 채 성장하고 분열을 계속할 수 있다. 이러한 세포가 분열을 지속함에 따라 세포 증식이나 전이를 조절하는 유전자에서 돌연변이가 축적된다. 유사하게, 사이클린을 암호화하는 유전자처럼 세포 주기 진행을 조절하는 유전자가 잘못된 시기에 비정상적 수준으로 발현된다면, 그 세포는 지속적으로 자라고 분열하여 세포 주기를 빠져나와 G_0로 들어가지 못할 수 있다. 두 경우 모두 증식에 대한 세포 조절을 상실하는 것이며 세포가 암이 되는 경로로 작용한다.

아폽토시스(세포자살)의 조절

만약 DNA 복제, 수리, 혹은 염색체 조립이 부적절하다면 정상세포는 이 조건이 교정될 때까지 그들의 세포 과정을 멈추고 기다린다. 이것은 정상적으로 증식하는 세포에서 돌연변이의 축적이나 염색체 이상이 누적되는 것을 줄여 준다. 그런데 만약 DNA나 염색체 손상이 너무 심각해서 수리가 불가능하다면 세포는 두 번째 보호 대책을 시작한다. 바로 아폽토시스apoptosis 혹은 예정 세포사멸programmed cell death이라고 불리는 과정이다.

아폽토시스는 세포가 자살을 감행하도록 하는 유전적 조절 과정이다. 아폽토시스는 암을 막는 역할 외에도 정상 다세포 생물의 발생에서 최종적인 성체에 기여하지 않는 일부 세포를 제거하기 위해서도 발생한다. 손상된 세포나 발생 중에 제거되어야 할 세포를 위한 아폽토시스의 단계는 동일하다. 핵 DNA가 단편화되고, 내부 세포 구조가 파괴되며, 세포가 아폽토시스 소체apoptotic body라고 불리는 작은 구형 구조물로 분해된

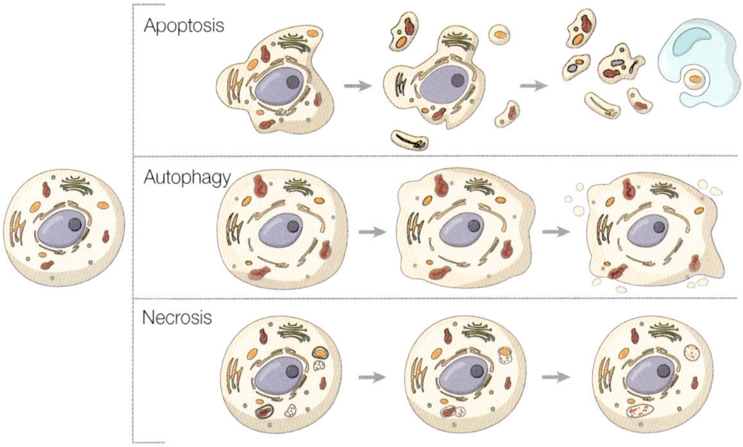

[그림 9.7] 세포자살, 오토파지 및 세포괴사의 차이

다. 마지막 단계에서는, 아폽토시스 소체가 면역계의 대식세포에 의해 삼켜진다. 캐스페이즈caspase라고 불리는 일련의 단백질 분해효소가 아폽토시스의 개시와 세포 내 성분의 소화를 일으킨다.

손상 세포들을 제거함으로써 예정 세포사멸은 암 유발 유전자에서의 돌연변이를 포함하여, 다음 세대로 전달될 수 있는 돌연변이의 수를 감소시킨다. 세포 주기 검문점을 조절하는 것과 동일한 유전자 중 일부가 아폽토시스를 개시한다. 이러한 유전자는 여러 암에서 돌연변이되는 것들이다. 이러한 검문점 유전자의 돌연변이나 불활성화의 결과로 세포는 자신의 DNA를 수리할 수 없게 되거나 아폽토시스를 일으키지 못하게 된다. 이렇게 되면 성장, 분열, 전이를 조절하는 유전자에 더 많은 돌연변이가 축적된다.

원암유전자와 종양 억제 유전자의 돌연변이

암세포에서는 두 가지 일반적인 유전자 범주가 변이되거나 잘못 발현되는데, 바로 원암유전자와 종양 억제 유전자이다. 원암유전자proto-oncogene는 다른 유전자들의 발현을 촉진하는 전사 인자, 세포분열을 촉진하는 신호 전달 분자, 세포 주기를 통과하도록 하는 세포 주기 조절 인자를 암호화한다. 이러한 산물은 정상적인 세포 기능, 특히 세포 성장과 분열에 매우 중요하다. 정상세포가 잠잠해지거나 분열을 멈추면 원암유전자 산물의 발현이나 활성은 대부분 억제된다. 암세포에서는 하나 혹은 그 이상의 원암유전자가 변화되어 그들의 활성이 정상적인 양식으로 조절되지 않는다. 때로 이것은 비정상적인 단백질 산물을 만드는 돌연변이에서 비롯된다.

다른 사례에서는 원암유전자가 과발현되거나 인핸서enhancer 요소 같은 유전자 조절 영역 내에 생긴 돌연변이 혹은 유전자 발현에 영향을 미치는 염색질 구조 변화 때문에 부적절한 시기에 발현될 수 있다. 만약 원암유전자가 지속적으로 '켜져 있는(on)' 상태라면, 그 산물은 세포를 계속 분열하도록 촉진할 수 있다. 원암유전자가 변이되었거나 비정상적으로 발현되어 암 발달에 기여할 때 이것을 암유전자(oncogene, 암 유발 유전자)라고 한다. 암유전자는 기능 획득gain-of-function 변화를 겪은 유전자이다. 결과적으로, 원암유전자 중 하나의 대립유전자만이 변화되거나 잘못 발현되어도 암을 일으킬 수 있다. 그러므로 암유전자는 우성의 암 표현형이 나타나도록 한다.

종양 억제 유전자tumor suppressor gene는 그 산물이 정상적으로는 세포 주기 검문점을 조절하고, 아폽토시스를 개시하는 것들이다. 정상세포에서는 종양 억제 유전자에 의해 암호화되는 단백질들이 DNA 손상이나 외부 환경에서의 성장 억제 신호에 반응하여 세포 주기를 정지시킨다. 종양 억제 유전자가 변이되거나 불활성화되면 세포는 정상적으로 세포 주기 검문점에 반응할 수 없거나, 혹은 DNA 손상이 심각해도 예정 세포사멸을 진행할 수 없다. 이것은 돌연변이를 더 증가시키고 암이 생기도록 한다. 종양 억제 유전자의 두 대립유전자가 모두 돌연변이나 후성유전학적 변형으로 인해 불활성화되거나, 세포에서의 다른 변화가 세포를 계속 자라고 분열하도록 하면 세포는 종양형성능tumorigenic을 갖게 된다.

다음에서는 돌연변이되거나 비정상적으로 발현될 때 암 발생에 기여하는 원암유전자와 종양 억제 유전자의 예를 알아본다. 약 4백 개 이상의 암유전자와 종양 억제 유전자가 알려져 있으며, 암 연구가 지속됨에 따라

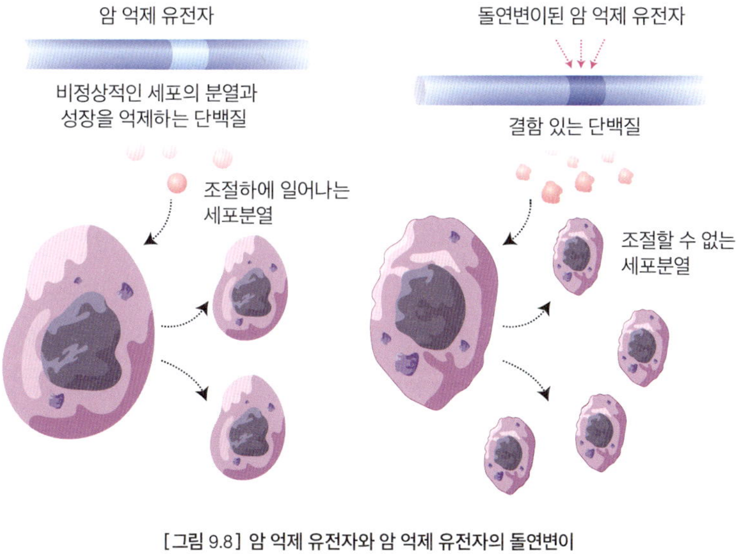

[그림 9.8] 암 억제 유전자와 암 억제 유전자의 돌연변이

그 숫자는 더 많아질 것으로 예상된다.

ras 원암유전자

인간의 종양에서 가장 흔히 변이되는 유전자 중 일부는 ras 유전자 패밀리(ras gene family)에 속하는 것들이다. 이러한 유전자는 인간의 암 중 30% 이상에서 변이를 일으킨다. ras 유전자 패밀리는 세포막과 관련한 신호전달 분자를 암호화하며, 성장과 분열을 조절한다. Ras 단백질은 정상적으로는 외부의 성장 신호에 반응하여 세포가 분열하도록 촉진하는 신호를 막에서 핵으로 전달한다. Ras 단백질은 구아노신 이인산Guanosine Diphosphate, GDP이나 구아노신 삼인산Guanosine Triphosphate, GTP의 결합에 따라 불활성(꺼짐) 형태와 활성(켜짐) 형태가 교체된다. 원암유전자 ras가 암유전자로 돌연변이되면 Ras 단백질은 GTP를 GDP로 가수분해하지 못하며, 따라서 Ras 단백질이 '켜진' 형태로 고정되어 지속적으로 세포가 분열하도록 촉진한다.

p53 종양 억제 유전자

인간의 암에서 가장 흔하게 변이되며, 모든 암의 50% 이상에서 발생하는 유전자는 p53 유전자이다. 이 유전자는 50개 이상의 유전자에 대해 전사를 억제하거나 촉진하는 핵 내 전사 인자를 암호화한다. 정상적으로, p53 단백질은 지속적으로 합성되지만 빠르게 분해되고 따라서 세포 내에는 아주 낮은 수준으로만 존재한다. 여러 가지 형태의 스트레스가 핵 내 활성형 p53 단백질 수준을 빠르게 증가시킨다. DNA의 화학적 손상, 이온화 방사선에 의한 DNA에서의 이중가닥 절단, 자외선에 대한 노출로 생긴 DNA 수리 중간체의 형성 등이 이를 촉발한다.

p53 단백질은 DNA 손상에 반응하여 세포 주기 정지 후 DNA 수리와 DNA가 수리되지 못할 때의 아폽토시스를 포함한 여러 반응을 개시하도록 한다. 이런 반응은 p53이 각 반응에 관여하는 유전자의 발현을 촉진하거나 억제하는 전사 인자로 작용하기 때문에 발생한다.

정상적인 세포에서 p53은 G_1/S와 G_2/M 검문점에서 세포 주기를 중지시킬 수 있으며, S기를 통한 세포 진행 역시 늦출 수 있다. 이것은 cyclin/CDK 복합체를 방해하고 세포 주기의 이 시기에 관여하는 다른 유전자들의 전사를 조절함으로써 이루어진다. p53 단백질은 또한 손상된 세포가 아폽토시스를 통해 자살하도록 할 수도 있다. 이것은 이 과정을 통제하는 유전자들의 전사를 활성화함으로써 가능하다. p53이 충분히 존재하지 않는 암세포에서는 이런 유전자 산물이 합성되지 않으며, 아폽토시스가 일어나지 않을 수도 있다.

기능적인 p53이 부족한 세포들은 세포 주기 검문점에서의 정지가 불가능하기도 하고, DNA 손상에 대한 반응으로 아폽토시스로 진입하는 것도 불가능하다. 결과적으로, 그들은 세포의 DNA 상태와 관계없이 검사되지 않은 채 세포 주기를 통과한다. p53이 결핍된 세포는 돌연변이율이 높으며 암으로 이끄는 여러 형태의 돌연변이를 축적시킨다. 유전체의 온전함에 미치는 p53 유전자의 중요성 때문에 이것을 종종 "유전체의 수호신"이라고 부른다.

RB1 종양 억제 유전자

RB1retinoblastoma 1 종양 억제 유전자의 돌연변이나 소실은 유방암, 골암, 폐암, 방광암 등을 포함하여 많은 형태의 암을 발생시키는 데 기여한다. RB1 유전자는 원래 망막아종retinoblastoma을 연구하면서 그 결과로 밝혀진 것이다. 망막아종은 어릴 때 눈에서 종양이 발생하는 유전병으로, 발생 빈도는 대략 1만 5천 명 중 1명꼴이다. 가족성 망막아종에서는 RB1 유전자의 대립유전자 하나가 돌연변이된 것을 물려받으며, 85%의 확률로 망막아종을 발달시킬 뿐 아니라 다른 암의 발생 가능성도 증가시킨다. 유전성 망막아종 환자의 모든 체세포는 RB1 유전자 중 하나의 대립유전자가 돌연변이되어 있다. 그러나 어떤 망막세포에서 RB1의 나머지 정상 대립유전자가 소실되었거나 돌연변이되었을 때에만 망막아종이 발생한다. 유전성 조건을 갖지 않은 사람들에서는 망막아종이 매우 드문데, 그 이유는 RB1 유전자의 두 사본을 모두 불활성화하기 위해서는 체세포성 돌연변이가 독립적으로 두 번 필요하기 때문이다.

망막아종 단백질(pRB)은 G_1/S 세포 주기 검문점을 조절하는 종양 억제 단백질이다. pRB는 세포 주기의 모든 단계에 있는 모든 세포의 핵에서 발견된다. 그러나 세포 주기에서의 활성은 인산화 상태에 따라 다르다. 세포가 G_0기에 있으면 pRB는 인산화되지 않으며 E2F 같은 전사 인자들과 결합하여 이들을 불활성화한다. 세포가 성장 인자에 의해 자극을 받으면 세포는 G_1기로 들어가 S기로 접근한다. G_1기를 거치는 동안 pRB 단백질은 CDK4/cyclinD1 복합체에 의해 인산화된다. 인산화된 pRB는 불활성화되어 결합하고 있던 조절성 단백질을 방출한다. E2F와 다른 조절자들이 pRB로부터 방출되면, 이들은 G_1기에서 S기로의 이동에 필요한 30여 개 유전자의 발현을 자유롭게 유도할 수 있다.

세포가 S, G_2, M기를 지난 후에 pRB는 비인산화 형태로 전환되고, E2F 등 조절 단백질과 다시 결합하여 다음 세포 주기에 이들이 필요할 때까지 잡고 있는다. 정상적으로 잠잠한 상태의 세포에서 pRB 단백질은 활성화 상태로 S기의 통과를 방해한다. 망막아종을 포함한 많은 암세포에서는 RB1 유전자의 두 사본에 모두 결함이 있거나, 불활성형이거나, 혹은 아예 없어서 세포 주기의 진행이 조절되지 않는다.

다른 조직으로의 전이

통제되지 않는 성장 자체만으로는 악성 암이나 생명을 위협하는 암이 생기기 힘들다. 암세포가 혈액이나 림프계로 들어가 주변 조직으로 침투하고 2차 종양을 발달시키기 위해서는 원래의 종양 부위로부터 탈출하는 능력을 획득하여 악성 상태가 되어야만 한다. 1차 종양 부위를 떠나 다른 조직으로 침범하기 위해서는 종양세포들이 1차 종양으로부터 분리되어야만 하고, 정상적으로 체조직을 둘러싸 분리시키는 세포외 기질extracellular matrix 및 기저막basal lamina 성분을 분해하는 단백질 분해효소를 분비해야 한다. 세포외 기질과 기저막은 단백질과 탄수화물로 구성된다. 이들은 체조직을 둘러싸 분리시키고, 조직의 성장을 위한 뼈대를 형성하며, 정상적으로는 세포의 이동을 저해한다.

세포외 기질을 침범할 수 있는 능력은 일부 정상적인 세포 형태의 특징이기도 하다. 예를 들어, 임신 중에 자궁 내벽에 배아가 착상하기 위해서는 세포외 기질을 가로지르는 세포 이동이 필요하다. 그리고 백혈구세포는 감염 부위로 도달하기 위해 모세혈관 벽을 관통한다. 침범의 기작은 아마도 정상세포나 암세포나 비슷할 것으로 생각된다. 차이가 있다면 정상세포의 경우 침범 능력이 엄격하게 조절되는 반면, 종양세포에서는 이러한 조절이 상실된다는 점이다.

일단 암세포가 1차 종양으로부터 나와 조직 장벽을 통과하게 되면 혈액이나 림프계로 들어와 다른 조직의 미세혈관에 머물게 된다. 이 지점에서 해당 세포들은 두 번째 침입 사건을 일으켜 새로운 조직으로 들어가 새로운 종양으로 자란다(전이). 순환하는 암세포 중 아주 일부인 약 0.01%만이 생존하여 전이성 종양을 만든다. 전이성 세포의 다른 중요한

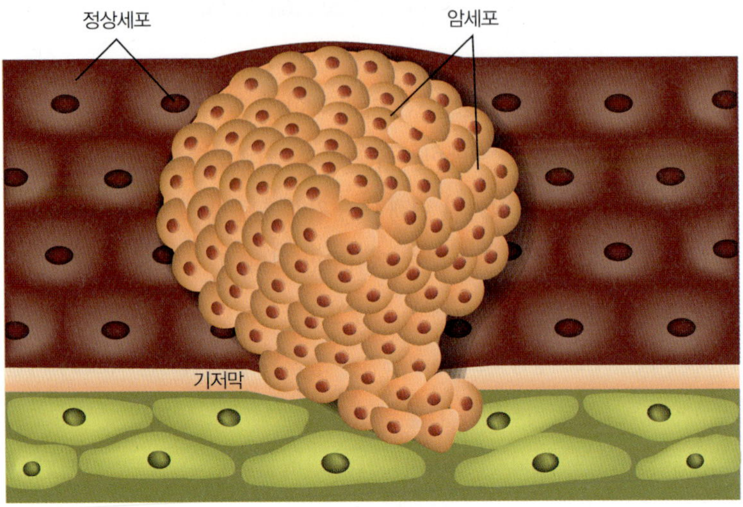

[그림 9.9] 암세포의 전이

특징은 세포 이동성이 증가하고, 새로운 혈관 형성을 촉진하며, 숙주의 면역체계에 의한 추적을 따돌리는 능력이 있다는 것이다.

전이는 세포 부착 분자, 세포골격 조절자, 단백질 분해효소를 포함하는 많은 유전자 산물에 의해 조절된다. 예를 들어, 상피세포 종양은 정상보다 낮은 수준의 E-카드헤린 당단백질E-cadherin glycoprotein을 갖는데, 이것은 정상적인 조직에서 세포-세포 부착을 담당하는 단백질이다. 그리고 많은 수의 고도 악성 종양에서는 메탈로프로티네이즈metalloproteinase와 같은 단백질 분해효소가 정상보다 높은 수준으로 존재한다. 예를 들어, 뼈로 전이한 유방암 세포는 메탈로프로티네이즈 유전자 MMP1의 발현이 비정상적이다. 폐로 퍼진 것들은 MMP1과 MMP2 유전자를 과발현한다.

종양의 공격성 정도는 그 종양에 의해 발현되는 단백질 분해효소의 수준과 비례하는 것으로 보인다. 그리고 악성 세포는 메탈로프로티네이즈의 조직 억제물질Tissue Inhibitors of Metalloproteinases, TIMPs 같은 조절성 물질에 의한 정상적 조절에도 반응하지 않는다.

유전이 될 수도 있는 암

비록 대다수의 인간 암이 산발성sporadic이지만, 약 5%에 달하는 일부는 유전적이거나 가족성 요소를 갖는다. 대부분의 유전성 암 감수성 유전자는 멘델식 우성 양식으로 유전되지만, 그 자체만으로는 암을 발달시키기에 충분하지 않다. 유전자의 다른 사본에서 생기는 체세포성 돌연변이가 적어도 하나 더 있어야 세포를 악성 종양으로 진행시킬 수 있다. 그리고 완전히 암 표현형을 나타내기 위해서는 보통 다른 유전자에서의 돌연변이도 필요하다.

앞에 언급한 바와 같이, RB1 유전자상의 유전된 돌연변이는 개인이 다양한 암을 발달시킬 소인predisposition을 제공한다. 환자들의 정상 체세포가 RB1 유전자의 돌연변이에 대해 이형접합성이라고 해도 종양 내 세포는 이 유전자의 두 사본에서 모두 돌연변이를 갖는다. 종양에서 두 번째로 생기는 야생형 대립유전자의 돌연변이화 현상은 이형접합성 소실loss of heterozygosity로 알려져 있다. 이형접합성 소실이 이 유전성 암의 발현에 필요한 첫 단계이긴 하지만, 종양세포가 완전한 악성으로 변화하기 위해서는 다른 원암유전자와 종양 억제 유전자, 그리고 염색질 변형 유전자에서의 돌연변이가 더 필요하다.

대장암의 대부분은 산발적이지만, 약 1% 정도는 가족성 선종 폴립증Familial Adenomatous Polyposis, FAP이라고 알려진, 암에 대한 유전적 소인 때문에 생긴다. FAP에서 개인은 5번 염색체의 장완long arm에 위치하는 APCadenomatous polyposis coli 유전자에서 하나의 돌연변이 대립유전자를 물려받는다. 돌연변이로는 결실, 틀이동, 점돌연변이가 나타난다. APC 유전자의 정상적인 기능은 성장과 분화를 조절하는 종양 억제 유전자로 행동하는 것이다.

이형접합성 APC 돌연변이의 존재는 장의 상피세포가 부분적으로 세포 주기 조절을 탈출하여 세포분열을 하도록 허용함으로써 폴립polyp 혹은 용종adenoma이라고 불리는 작은 세포 덩어리를 만들게 한다. 이러한 조건에 이형접합성인 사람들은 젊은 나이에 장과 직장에 수백에서 수천 개의 폴립이 생긴다. 폴립에서 이 시기에 두 번째 돌연변이가 꼭 일어나야 하는 것은 아니지만, 대부분의 사례에서는 두 번째 APC 대립유전자가 암 발달 후기에 돌연변이를 일으킨다.

암 발생에 기여하는 바이러스와 환경 요인

전 세계적으로 인간의 암 중 약 15%는 바이러스와 관련되어 있으며, 바이러스 감염은 흡연 다음으로 암의 주요 위험 인자로 작용한다. 특정 암에 대한 유전적 소인을 포함하여 암의 다른 위험 인자들과 마찬가지로, 바이러스 감염 단독으로는 암을 일으키기에 부족하다. 다른 요인, 이를테면 DNA 손상, 혹은 하나 이상의 원암유전자나 종양 억제 유전자에 축적된 돌연변이가 암을 향한 다단계 경로로 세포를 움직이게 한다. 바이러스 외에 환경 인자 역시 암 발생에 기여한다. DNA를 손상시키는 물질이나 사건은 암유발성일 가능성이 있다.

우리 환경은 자연적인 것이든 인공적인 것이든, 많은 발암원을 포함한다. 여기에는 화학물질, 방사능, 만성 감염 등이 포함된다. 아마도 우리 환경에서 가장 중요한 발암원은 담배 연기일 텐데, 이것은 DNA와 상호작용하여 돌연변이를 일으키는 적어도 60가지의 화학물질을 포함한다. 역학자들에 따르면 암 사망 사례의 약 30%는 흡연과 관련되어 있다고 한다. 흡연자들은 20배나 높은 폐암 발병 위험률을 가지는데, 전 세계적으로 1년에 100만 명 이상의 사람들이 폐암으로 사망한다.

음식도 자주 암 발달과 연관된다. 적색육과 동물성 지방의 소비는 대장암, 전립샘암, 유방암 등 일부 암과 관련이 있다. 이런 식재료가 발암 과정에 기여하는 기작은 요리 과정 중에 발암성 화학물질이 생기거나 호르몬을 통해 세포분열이 촉진되는 것과 연관이 있다. 알코올은 간 염증을 유발하고 간암 발생에 기여할 수 있다.

비록 대부분의 사람들이 인공적이고 산업적인 환경이 암 발달에 중요한 기여 인자라고 인식하지만, 이것은 전체 암 가운데 일부에 관한 것으로서 특수한 상황에만 적용된다. 돌연변이 유발성이 가장 큰 물질 중 일부, 따라서 발암성이 가장 크다고 할 수 있는 것은 자연적인 물질과 자연적인 과정에 의한 것이다. 예를 들어, 땅콩에서 자라는 곰팡이 성분인 아플라톡신aflatoxin은 가장 강력한 발암성 화학물질 중 하나로 알려져 있다. 니트로사민nitrosamine 같은 대부분의 화학 발암원은 합성된 물질의 성분이다. 그러나 많은 것이 자연적으로 존재한다. 예를 들어, 식물에서 발견되는 자연 살충제와 항생제는 암을 유발할 수 있으며, 사람의 신체 자체도 장의 산성 환경에서 알킬화제를 만든다. 그럼에도 불구하고 합성 살

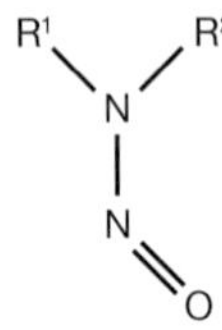

[그림 9.10] 대표적인 발암 물질인 니트로사민의 화학구조

충제나 석면 등 인간이 만든 발암원에 노출되는 특정 집단의 사람에서는 암 발생 위험률이 훨씬 더 증가한다.

자연적인 방사(엑스선, 자외선), 음식물, 외부 환경의 물질에 의해 생기는 DNA 손상이 암을 일으키는 환경 유발성 돌연변이의 대부분을 차지한다. 그리고 정상적인 대사 과정이 산화적 최종 산물을 만들고 이것이 DNA나 단백질, 지질 등에 손상을 유발할 수 있다. 인간의 신체는 활성 산소에 의해 하루에 약 1만 번의 DNA 손상을 경험하는 것으로 알려져 있다. DNA 수리 효소는 이러한 손상에 성공적으로 대처한다. 그러나 일부 손상은 영구적 돌연변이로 남을 수 있다. DNA 복제 과정 자체도 돌연변이성이다. 그러므로 세포분열을 촉진하는 성장 인자나 호르몬은 궁극적으로 돌연변이성이며 아마도 암을 유발하는 것일 수 있다. 감염에 의한 만성 염증 역시 조직 수리와 세포분열을 촉진함으로써, 결과적으로 복제 중에 DNA 손상을 누적시킬 수 있다. 이러한 돌연변이는 지속될 수 있으며, 특히 p53, RB1 같은 종양 억제 유전자의 불활성화나 돌연변이에 의해 세포 주기 검문점이 손상되었을 때는 그럴 가능성이 더욱 커진다.

항암제

항암제는 1세대 세포독성 화학항암제, 2세대 표적항암제, 3세대 면역항암제로 구분한다. 1세대 세포독성항암제는 암세포를 공격하여 항암 효과를 나타내는 항암제이다. 대표적인 세포독성항암제로는 항대사물질, 백금제제, 알킬화제, 국소이성화효소$_{\text{topoisomerase}}$ 억제제, 탁산$_{\text{taxane}}$ 제제 등으로 굉장히 다양한 메커니즘과 암세포의 특성을 이용한다. 이러한 1세대 항암제의 공통적인 장점은 우선 편리하다는 점이다. 2세대나 3세대 항암제와는 달리 암 종류에 관계없이 투여하여 효과를 볼 수 있는 항암제가 많고, 특히 1세대 항암제는 고형 종양$_{\text{solid tumor}}$에도 효과적이다.

2세대 표적항암제는 1세대 세포독성항암제의 단점인 일반세포에 대

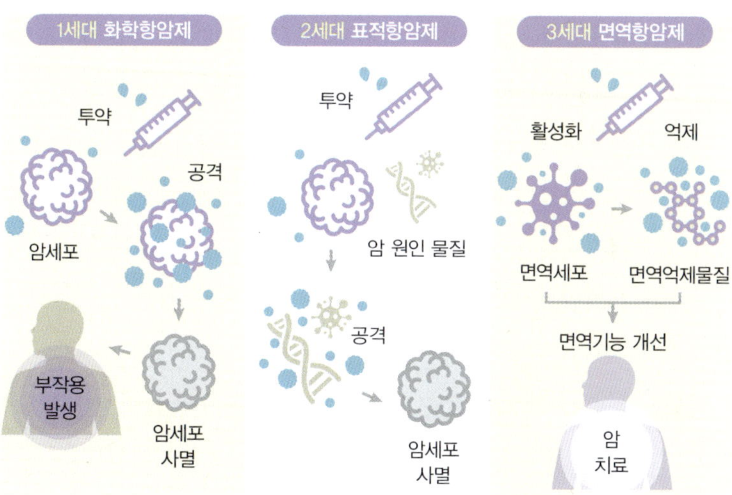

[그림 9.11] 세대별 항암제의 작용 원리

[표 9.1] 2세대 항암제 종류

표적항원	항암제 성분명(상품명)
BCR/ABL, c-KIT	이매티닙(imatinib, 글리벡)
HER2	트라스투주맙(trastuzumab, 허셉틴), 라파티닙(lapatinib, 타이커브), 트라스투주맙 엠탄신(trastuzumab emtansine, 캐싸일라), 퍼투주맙(pertuzumab, 퍼제타)
EGFR	제피티닙(gefitinib, 이레사), 엘로티닙(erlotinib, 타쎄바), 세툭시맙(cetuximab, 얼비툭스), 오시머티닙(osimertinib, 타그리소)
CD20	리툭시맙(rituximab, 맙테라)
ALK	크리조티닙(crizotinib, 잴코리), 세리티닙(ceritinib, 자이카디아)
PARP	올라파립(olaparib, 린파자), 탈라조파립(talazoparib, 탈제나)
CDK4/6	아베마시클립(abemaciclib, 버제니오), 팔보시클립(palbociclib, 입랜스), 리보시클립(ribociclib, 키스칼리)
VEGFR	베바시주맙(bevacizumab, 아바스틴), 소라페닙(sorafenib, 넥사바)
PI3K/mTOR	에베로리무스(everolimus, 아피니토), 알펠리십(alpelisib, 피크레이)

한 독성을 극복하기 위해 개발된 항암제이다. 암세포에만 특이적으로 과발현되는 단백질이나 항원antigen을 표적으로 하여 암세포에 대한 특이성을 증가시킨 것이 특징이다. 암세포의 종류마다 과발현되는 단백질이나 항원의 종류가 다르기 때문에 2세대 표적항암제 역시 굉장히 다양한 종류가 있다. [표 9.1]에 대표적인 2세대 표적항암제의 종류가 나와 있다. 이 외에도 유방암, 전립샘암 등 호르몬과 관련된 암의 경우 호르몬 수용체가 과발현되어 이를 억제하는 항암제가 있다.

2세대 표적항암제의 장점은 암 초기 단계에 특히 효과적이며, 1세대 항암제에 비해 일반 조직에 대한 부작용이 적다는 것이다. 단점은 환자의 암에 과발현된 단백질 및 항원 정보가 필요한 표적항암제의 특성상 환자의 종양 특성 파악을 위해 조직검사나 수술로 종양 조직을 떼어내 분석하는 과정이 필요하다는 점이다. 또한 2세대 표적항암제 역시 반복 투여

[표 9.2] 3세대 항암제 종류

작용 기전	항암제 성분명(상품명)
CTLA4 inhibitor	이필리무맙(ipilimumab, 여보이)
PD-1 inhibitor	펨브롤리주맙(pembrolizumab, 키트루다), 니볼루맙(nivolumab, 옵디보)
PD-L1 inhibitor	아테졸리주맙(atezolizumab, 티쎈트릭), 두르발루맙(durvalumab, 임핀지), 아벨루맙(avelumab, 바벤시오)

시 면역 저항이 나타날 수 있다. 대표적으로 허셉틴Herceptin의 경우 심부전을 유발할 수 있으며, 1세대 항암제의 부작용과 같이 오심, 구토, 탈모 등의 부작용이 발생할 수 있다. 이러한 단점을 극복하기 위해 1세대 세포독성항암제와 복합적으로 투여되기도 하며, 단독 투여로 효과를 보이기도 한다.

최근 가장 각광받는 3세대 항암제는 면역항암제이다. 이 계열의 항암제는 기존의 약물이 암세포를 공격하는 데서 나아가 우리 몸의 면역체계를 이용하는 항암제이다. 악성 종양이 커질수록 우리 몸의 면역세포들이 암 조직 내부로 침투하기 어려운 환경이 형성되고, 면역세포가 암세포를 인식하지 못하게끔 하는 항원이 발현되기도 한다. 이를 극복하기 위해 3세대 면역항암제는 면역체계를 활성화시켜 면역세포가 암세포를 죽일 수 있도록 돕는다.

대표적인 3세대 면역항암요법으로는 적응세포치료adoptive cell therapy, 면역관문억제치료immune checkpoint blockade therapy, 암백신치료cancer vaccine therapy 등이 있다. 이 중 면역관문억제치료에 사용되는 면역관문억제제immune checkpoint inhibitor가 항암제로서 투여되며 작용 기전에 따라 [표 9.2]와 같은 종류가 존재한다.

3세대 면역항암제의 가장 큰 장점은 면역체계를 활성화시켜 전이 암

[표 9.3] 세대별 항암제의 특징

구분	세부 내용
1세대 항암제 (세포독성항암제)	• 원리: 정상세포에 비해 빠르게 분화하는 암세포를 직접 공격하여 항암 효과를 나타낸다. • 장점: 대부분의 세포독성항암제는 세포 내 DNA에 직접 결합하거나 DNA 합성에 필요한 효소를 저해하는 작용 기전을 가지고 있다. • 단점: 암세포 외에도 골수, 모근, 상피세포 등 분화세포가 빠른 정상세포를 공격해 호중구감소증, 탈모, 구내염, 설사 등을 일으키고 심한 구역·구토를 유발한다.
2세대 항암제 (표적항암제)	• 원리: 암세포의 특정 물질을 표적 삼아 암세포만 선택적으로 공격하는 약물로, 암세포 성장에 필요한 신호 전달이나 단백질 조절 과정에 연관된 세포 표면의 특정 부분 또는 세포 내부의 특정 신호 전달 과정을 차단하여 암세포의 증식이나 생존을 억제한다. • 장점: 암세포만 선택적으로 치료할 수 있어 1세대 세포독성항암제에 비해 상대적으로 부작용이 덜하다. • 단점: 사용하고자 하는 약제가 표적으로 하는 특정 유전자 변형이나 단백질 등이 확인된 환자에게만 사용할 수 있고, 오래 사용 시 약에 대한 내성이 생긴다.
3세대 항암제 (면역항암제)	• 원리: 암세포와 면역세포 사이의 신호 경로에 작용해 암세포가 인체의 면역체계를 회피하지 못하도록 하거나 면역세포가 암세포를 더 잘 인식하여 공격할 수 있게 한다. • 장점: 일반적으로 1, 2세대 항암제보다 부작용이 덜하다. • 단점: 효과가 나타나기까지 오래 걸리고, 특정 단백질이 충분히 발현되지 않으면 효과가 낮을 수 있다. 면역기능이 활성화되어 자가면역질환과 유사한 부작용을 일으킬 수 있다.

출처: 안전한 약품사용 가이드 면역항암제 교육자료 (재)병원약학교육연구원, 2020 수정

에도 효과적abscopal effect이며, 장기적으로 면역 기억immune memory이 생겨 투여를 멈추어도 장기적으로 항암 효과를 보인다는 점이다. 하지만 단점도 있는데 투여 환자 중 치료 효과를 보이는 환자의 수가 2~30%로 굉장히 적으며, 면역체계 관련 부작용이 나타난다. 기존 항암제와 비슷한 피로감, 설사, 발진 등의 부작용은 물론 면역 관련 부작용으로서 갑상샘기

능저하증, 폐렴, 장염, 간염, 뇌하수체염 등이 나타나기도 한다.

최근 급부상하고 있는 4세대 항암제는 '대사항암제'이다. 대사항암제는 암세포가 기본 대사과정인 성장, 노화, 사멸을 거친다는 점을 고려해 암의 대사과정이 일어나지 않도록 대사물질을 차단하여 암세포를 굶겨 죽이는 치료제이다. 몸속에 있는 암세포가 성장하고 생존하는 데 필요한 에너지원을 차단해 근원적 소멸을 유도하는 것이다. 특히 암세포 대사량을 50% 이상 낮추고, 암세포 성장을 억제하는 과정에서 정상세포에 대한 피해가 거의 없으며, 대부분의 암종에서 치료 효과를 볼 수 있는 것이 장점이다. 이에 대사항암제는 전 세계 연구자와 제약회사들의 뜨거운 관심을 받고 있다. 일각에서는 '암 정복을 향한 마지막 여정'이 될 것이라는 희망 섞인 기대도 나온다.

BIOTECHNOLOGY

1. 합성생물학의 개념과 등장 배경
2. 합성생물학의 핵심 기술
3. 주요 응용 분야
4. 윤리적·사회적 쟁점

10

합성생물학

합성생물학

합성생물학은 생명체를 구성하는 유전정보와 대사과정을 공학적으로 설계하고 조립함으로써, 기존에 자연에 존재하지 않았던 새로운 생명 시스템을 창조하는 첨단 융합 과학이다. 이 분야는 전통적인 생명공학을 뛰어넘어, 생명체를 마치 기계처럼 설계 가능한 대상으로 바라보며, 의학, 에너지, 환경, 소재 산업 등 다양한 영역에서 혁신적인 응용 가능성을 열어가고 있다. 이 장에서는 합성생물학의 개념과 발전 배경, 핵심 기술과 실제 적용 사례를 중심으로 이 분야가 지닌 과학적·산업적 의미를 살펴보고, 동시에 윤리적 쟁점과 미래 전망에 대해서도 함께 고찰하고자 한다.

합성생물학의 개념과 등장 배경

합성생물학synthetic biology은 생명체의 구성요소를 공학적으로 재설계하거나, 아예 새로운 생명 시스템을 인공적으로 조립하여 원하는 기능을 수

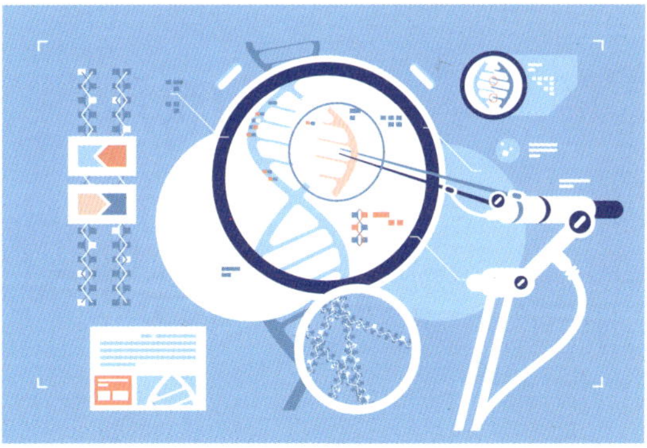

[그림 10.1] 유전자 조합 기술과 미래

행하도록 만드는 융합 학문이다. 생명과학, 유전공학, 시스템생물학, 정보과학, 나노기술 등이 결합된 이 분야는 기존 생명공학보다 더 높은 수준의 정밀성과 설계성을 지향한다. 전통적인 생명공학은 자연에서 존재하는 유전자나 단백질을 추출하고, 이를 변형하거나 조합해 사용하는 방식이었다. 반면에 합성생물학은 생명체의 구성요소를 '모듈'로 보고, 이를 표준화하고 조립해 새로운 생물 시스템을 디자인한다. 이는 마치 전자공학에서 회로를 설계하듯, 세포를 원하는 기능을 수행하는 '생물 기계'로 만들겠다는 개념이다.

2008년, 크레이그 벤터Craig Venter는 '최소 세포minimal cell'를 만들기 위한 연구를 시작했고, 2010년에는 세계 최초로 인공적으로 합성한 박테리아 유전체(Mycoplasma mycoides JCVI-syn1.0)를 실제 세포에 삽입해 살아 움직이게 하는 데 성공했다. 이는 '자연에서 존재하지 않는 유전체'를 실험실에서 설계하고 구현한 첫 사례로서 생명 시스템을 인간이 디자인할 수 있다는 가능성을 보여 준 획기적인 사건이었다.

[그림 10.2] 유전자 편집 도구 CRISPR-Cas9

합성생물학의 핵심 기술

합성생물학은 다양한 기술적 기반 위에 존재한다. 이 기술들이 조합되어 생명체의 디자인과 구현이 가능해진다.

유전체 합성 및 조립

유전체genome 합성은 원하는 유전자 서열을 인공적으로 합성해 전체 DNA를 구성하는 기술이다. 현재는 수십만 염기쌍의 유전체도 화학적으로 합성이 가능하며, 효모, 박테리아 같은 단순 생물의 전체 유전체를 인공적으로 설계해 조립할 수 있다.

DNA 편집과 클러스터링

CRISPR-Cas9과 같은 유전자 편집 도구는 특정 유전자를 빠르고 정확하게 조작할 수 있게 해 주며, 여러 유전자를 동시에 제어하는 회로를 설계할 수 있게 한다. 이는 복잡한 생명 시스템을 모사하거나 새롭게 조립하는 데 필수적인 기술이다.

표준화된 생물 부품

합성생물학의 가장 독특한 개념 중 하나는 생물학적 구성요소를 '표준화' 한다는 것이다. 바이오브릭BioBrick이라는 개념은 특정 유전자 서열이 특정 기능(예: 항생제 내성, 특정 단백질 분비 등)을 갖도록 설계되어, 마치 레고 블록처럼 서로 조립 가능한 형태로 개발되는 생물학적 모듈이다.

주요 응용 분야

합성생물학은 생명과학의 거의 모든 영역에 적용될 수 있으며, 특히 산업적·의료적·환경적 응용이 활발히 이루어지고 있다.

바이오연료 및 생물 기반 화학물질 생산

미생물을 활용하여 에탄올, 부탄올, 바이오디젤, 플라스틱 전구체 등을 생산하는 기술이 활발히 연구되고 있다. 기존의 화석연료 기반 공정보다 환경 친화적이며 지속가능한 생산 방식이다. 미국의 바이오기업 아밀린은 합성생물학 기술을 활용하여 효모의 유전체를 편집하고, 이를 통해 파네솔, 제라니올과 같은 천연향료를 대량 생산하는 데 성공했다. 같은 방

[그림 10.3] 친환경 에너지 생산

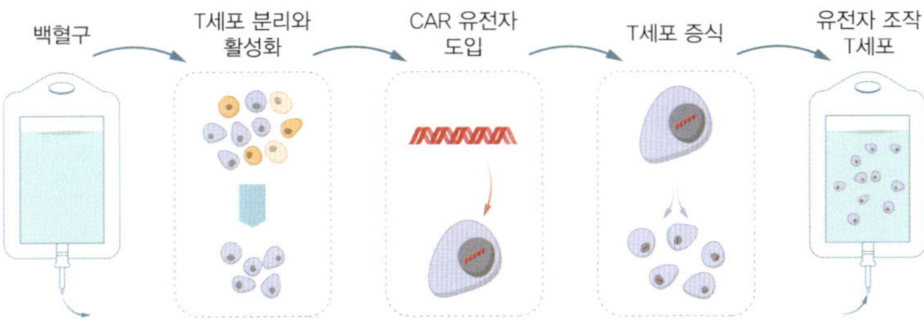

[그림 10.4] CAR-T 세포 치료 과정

식으로 항말라리아 성분인 아르테미시닌artemisinin도 미생물을 통해 합성함으로써 공급의 안정성과 원가를 크게 개선했다.

질병 진단과 치료용 세포 개발

합성세포는 특정 환경(예: 암세포의 미세환경)에 반응해 약물을 분비하거나, 자기파괴하는 유전자 회로를 포함하는 '스마트 치료 시스템'으로 응용될 수 있다. CAR-T 세포 치료는 환자의 면역세포에 암세포 인식 수용체를 넣어 되돌려주는 면역 치료법이다. 최근에는 합성생물학을 통해 CAR 수용체의 발현을 세포 상태에 따라 정밀하게 조절하거나, 복합적인 항원 인식 회로를 설계해 부작용을 줄이고 효율을 높이는 연구가 활발히 진행되고 있다.

환경 정화 및 생태 복원

합성생물학은 오염 물질을 분해하는 미생물을 설계하거나, 기후변화 대응을 위한 이산화탄소 고정 미생물 개발에도 활용되고 있다. 2010년 딥워터 호라이즌Deepwater Horizon 기름 유출 사고 이후, 유전자 편집 기술을 통해 기름 성분을 빠르게 분해하는 박테리아가 개발되어 해양 환경 복원에 사용된 바 있다. 이는 자연계에는 존재하지 않는 기능을 가진 미생물을 설계함으로써 환경 복원의 새로운 패러다임을 열었다.

윤리적·사회적 쟁점

합성생물학은 기술 발전 속도만큼이나 윤리적 논란도 동반하고 있다.

생명체의 정의에 대한 질문

완전히 인공적인 유전체로 살아 움직이는 세포를 만든다는 것은 '생명'이 무엇인가에 대한 철학적 질문을 던진다. 과연 인간이 설계한 생명도 자연 생명과 동일한 가치를 가질 수 있을까? 여러분은 어떻게 생각하는가?

생물안전성과 생물보안

유전자 조작 생물체가 자연 환경에 유출되었을 때 생태계를 어떻게 교란할 수 있는지, 인공 생명체가 생물테러에 악용될 가능성은 없는지 등에 대한 우려가 존재한다. 실제로 미국 국방부는 합성생물학을 생물무기의 잠재적 원천으로 보고 규제 프레임을 강화하고 있다.

합성생물학의 미래와 한국의 역할

합성생물학은 기존 생명공학이 가지지 못했던 새로운 생명체의 설계 가능성과 이들을 이용한 산업적 확장성을 갖춘 분야로서 향후 산업과 의학, 환경 분야에서 핵심 기술로 자리 잡을 것으로 예상된다. 우리나라에서도

KAIST, 서울대, POSTECH, UNIST 등에서 합성생물학 연구센터가 설립되고 있으며, 바이오스타트업들은 합성 미생물 기반 바이오소재 생산, 진단 시스템 개발, 유전자 회로 설계 등에서 두각을 나타내고 있다.

합성생물학은 단순히 생명체를 모방하는 수준을 넘어, 자연에 존재하지 않았던 기능을 생명체에 부여하고, 그 결과로 새로운 산업과 질병 치료법을 창출하는 기술이다. 그러나 동시에 생명윤리, 생물안전성, 기술의 규제 등 우리가 함께 고민해야 할 과제도 안고 있다. 그럼에도 불구하고, 인간이 생명을 이해하고 설계할 수 있다는 이 획기적인 도전은 생명과학과 생명공학의 접점에서 새로운 가능성을 열어 가고 있다.

BIOTECHNOLOGY

1. 특허의 개념
2. 생명공학의 특성: 혁신의 속도와 투자 위험
3. 기술 모방 방지를 위한 법적 보호
4. 공개를 통한 지식 축적과 후속 연구 촉진
5. 글로벌 경쟁력 확보를 위한 전략적 수단
6. 기술이전과 라이선싱을 통한 사업화
7. 창업과 투자 유치의 기반
8. 규제 대응 및 품질 인증의 증거 활용
9. 법적 분쟁에서의 방어 및 공격 수단
10. 미래 기술 경쟁에서의 선점 효과

11

생명공학과 특허

생명공학과 특허

생명공학은 인간의 생명과 건강, 환경, 식량 문제를 해결할 수 있는 핵심 기술로 주목받고 있으며, 그 기술적 성과는 대부분 고도의 연구와 막대한 투자를 통해 이루어진다. 이러한 기술을 보호하고 활용하기 위해서는 특허 제도에 대한 이해가 필수적이다. 이번 장에서는 생명공학 분야에서 특허가 왜 중요한지에 대해 실제 사례와 함께 기술의 보호와 활용, 산업적 경쟁력 확보라는 관점에서 특허의 역할을 살펴볼 것이다.

특허의 개념

특허patent는 새로운 발명을 한 사람이 일정한 요건을 충족하는 기술이나 아이디어를 국가에 신청해 등록함으로써, 일정 기간 동안 해당 발명을 독점적으로 사용할 수 있는 권리를 부여받는 제도이다. 이 제도는 사회적으로는 기술 정보를 공개해 산업 전반의 발전을 도모하고, 개인이나 기업에게는 발명에 대한 경제적 보상을 제공함으로써 연구개발의 동기를 부여한다. 생명공학 분야에서는 발명의 대상이 주로 유전자, 단백질, 세포주, 백신, 효소, 진단기술, 생산공정 등과 같은 생물학적 물질이나 그 활용 방법으로 구성되어 있다. 예를 들어, 특정 암세포만을 타깃으로 하는 항체 치료제를 개발한 경우, 이 항체의 아미노산 서열, 작용 메커니즘, 제조 방법 등을 명확히 기술해 특허를 출원할 수 있다. 특허가 등록이 되면 일정 기간 동안 다른 기업은 해당 기술을 허가 없이 사용할 수 없으며, 개발자(사)는 이를 통해 독점적 지위와 수익을 보장받게 된다.

특허를 받기 위해서는 몇 가지 핵심 요건을 충족해야 한다.

첫째, 신규성이 있어야 한다. 이는 발명이 기존에 알려지지 않은 것이어야 함을 의미한다. 이미 논문이나 학회에서 공개된 내용은 특허가 될 수 없다.

둘째, 진보성이 요구된다. 이는 단순한 개선이나 변형이 아닌, 기존 기술자 입장에서 쉽게 생각해 낼 수 없는 수준의 창의적 차별성이 있어야 함을 뜻한다.

셋째, 산업상 이용 가능성이 있어야 하며, 이는 해당 발명이 실제 제품화나 산업적 응용이 가능한지를 의미한다.

마지막으로, 특허 명세서에 기술 내용을 명확히 설명할 수 있어야 하며, 이는 다른 전문가가 해당 기술을 재현할 수 있을 정도로 구체적이어야 한다. 예를 들어, 한국의 한 바이오 스타트업이 폐암 환자의 혈액에서 극소량의 DNA 조각을 분석해 암의 유무를 조기에 진단하는 기술을 개발했다고 가정해 보자. 이 기술이 아직 기존에 알려지지 않았고, 기존 방식보다 민감도와 정확도가 획기적으로 개선되었으며, 실제로 병원에서 사용할 수 있는 진단 키트 형태로 구현이 가능하다면, 이 기술은 특허 요건을 충족할 가능성이 높다. 개발자(사)는 해당 진단 알고리즘, 사용되는 바이오마커, 분석 플랫폼 등을 특허로 보호받을 수 있고, 이를 바탕으로 기술이전이나 투자 유치, 제품 출시 등의 다음 단계를 추진할 수 있다.

이처럼 특허는 생명공학 기술을 보호하고, 기술의 경제적 가치를 실현할 수 있도록 돕는 핵심 제도이다. 단순히 기술을 '신청하는' 것을 넘어, 기술의 범위와 방향을 전략적으로 설정하고, 이를 통해 산업적 성공으로 연결하는 수단이라는 점에서 특허의 의미는 매우 크다.

생명공학의 특성: 혁신의 속도와 투자 위험

생명공학은 유전자, 단백질, 세포, 효소, 미생물 등 생명체의 구성요소를 분석하고 조작함으로써 새로운 의약품, 진단기기, 치료법, 농업기술 등을 개발하는 분야이다. 이 과정에서 수많은 실험, 검증, 임상시험 등이 필요하며 개발 기간은 수년에서 수십 년에 이르고, 투자비용도 수백억에서 수천억 원에 달한다. 예를 들어, 항체 치료제 허셉틴은 유방암 환자의 생존율을 획기적으로 높인 약물이지만, 이 단일 기술이 완성되기까지 약 15년의 연구와 수천억 원의 투자가 필요했다. 이처럼 막대한 비용과 시간이 소요되는 기술 개발이 보호받지 못한다면, 아무도 생명공학 연구에 쉽게 뛰어들 수 없을 것이다. 따라서 특허는 이러한 연구 투자를 보호하고 회수할 수 있는 제도적 기반이다.

기술 모방 방지를 위한 법적 보호

생명공학 기술은 형태가 명확하지 않은 무형 지식으로 이루어져 있어 다른 산업보다 모방이 쉬운 편이다. 예를 들어, 특정 단백질을 대량 생산하는 유전자 서열이나 세포주는 논문을 통해 공개되면 타인이 실험실에서 동일하게 재현할 수 있다. 이때 특허가 없다면 원개발자의 기술은 쉽게 도용될 수 있다. 실제 사례로, 미국의 바이오기업 암젠Amgen은 EPO에리스로포이에틴라는 적혈구 생성을 촉진하는 단백질 치료제를 개발해 막대한 수익을 거뒀다. 그러나 이 기술을 둘러싸고 수년간 제약사 간의 특허 분쟁이 벌어졌다. 암젠은 특허를 통해 기술의 범위를 법적으로 확립하고,

경쟁사인 트랜스키젠 등과의 소송에서 자신들의 권리를 지켜냈다.

공개를 통한 지식 축적과 후속 연구 촉진

특허는 일정 기간 기술을 독점하게 하지만, 동시에 기술 내용을 상세히 공개해야 한다. 이를 통해 다른 연구자들은 기존 기술을 바탕으로 새로운 연구를 설계할 수 있다. 이는 생명과학 지식의 축적과 확산에 기여하며, 결과적으로 과학의 발전을 가속화하는 역할을 한다.

예를 들어, 인간 게놈 프로젝트 이후 수많은 유전자 서열이 공개되었고, 이들 중 상업적 활용이 가능한 유전자에 대해서는 각국 연구기관이나 기업들이 특허 출원을 진행했다. 이 과정에서 나타난 'BRCA1, BRCA2 유전자' 특허 사건은 대표적인 사례다. 미국 기업 미리어드 제네틱스 Myriad Genetics는 이 유전자 서열에 대해 특허를 취득하고 유방암 유전자

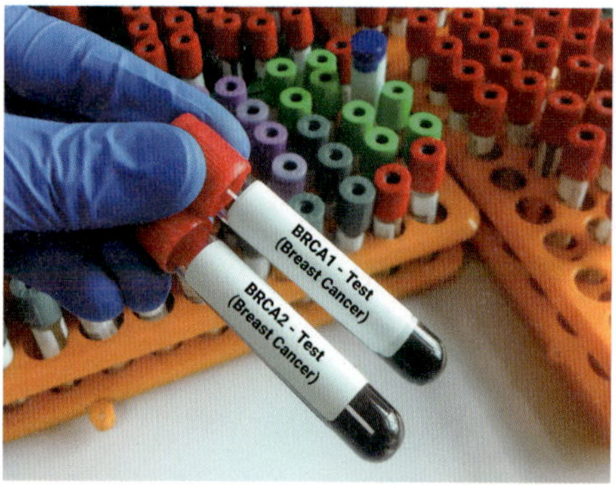

[그림 11.1] BRCA1, BRCA2 유전자 검사

검사 서비스를 독점했다. 하지만 이후 공공기관과의 법적 다툼 끝에 미국 대법원은 "자연적으로 존재하는 유전자 서열은 특허 대상이 아니다."라는 판결을 내렸다. 이 사건은 생명공학 특허의 경계를 명확히 설정하는 계기가 되었으며, 기술 공개와 독점 사이의 균형 문제를 사회적으로 환기시는 계기가 되었다.

글로벌 경쟁력 확보를 위한 전략적 수단

생명공학은 국가 경쟁력이 직결되는 첨단 산업이다. 미국, 유럽, 일본 등의 기업들은 자국뿐 아니라 전 세계에서 특허를 확보해 시장을 선점하고, 후발주자의 진입을 차단하는 전략을 구사한다. 우리나라 기업들도 글로벌 시장 진출을 위해서는 각국에 맞는 특허 전략을 구체적으로 세워야 한다. 대표적인 사례는 삼성바이오에피스가 개발한 바이오시밀러 제품을 들 수 있다. 이 회사는 오리지널 제품의 특허 만료 시점을 정확히 파악하

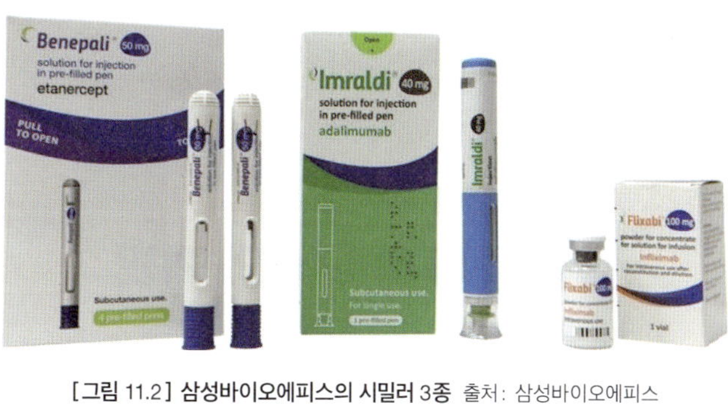

[그림 11.2] 삼성바이오에피스의 시밀러 3종 출처: 삼성바이오에피스

고, 바이오시밀러 제품에 대해 별도의 특허를 출원함으로써 유럽, 미국 등지에서 제품 출시를 성공적으로 수행했다. 이는 특허 정보를 분석하고, 글로벌 전략을 수립하여 시장 진입 시점을 조절한 결과이며, 생명공학 특허 전략이 기술 개발 못지않게 중요하다는 것을 보여 준다.

기술이전과 라이선싱을 통한 사업화

대학이나 국책연구기관 또는 정부출연연구소에서 개발된 생명공학 기술은 직접 생산과 판매로 이어지기보다 기업에 기술이전licensing되어 상업화되는 경우가 많다. 이때 해당 기술이 특허로 명확히 보호되어 있어야만 수요자인 기업이 안심하고 기술을 도입할 수 있다. 특허는 기술거래에서 신뢰성과 정당성을 확보하는 도구이다. 예를 들어, 최근 서울대 연구팀이 개발한 알츠하이머 조기진단 기술은 초기 연구 결과를 바탕으로 특허를 출원한 후 이를 국내 바이오 스타트업에 기술이전하여 상용화를 추진했다. 이 스타트업은 특허 기반 기술을 활용해 임상시험을 준비 중이며 이후 해외 진출까지 모색하고 있다. 특허가 없었다면 이 기술은 정당한 가치 평가를 받기 어려웠고 투자자 설득도 힘들었을 것이다.

창업과 투자 유치의 기반

생명공학 스타트업의 상당수는 대학 연구실 또는 공공기관에서 파생된 기술 기반 창업이다. 이들이 초기 투자자(VC, 엔젤 등)로부터 자금을 유치

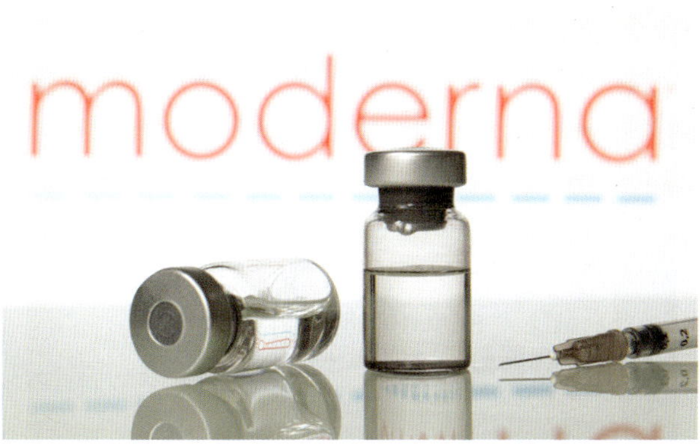

[그림 11.3] 모더나의 백신 기술 출처: © pcruciatti / Shutterstock.com

하기 위해서는 기술의 독창성과 권리 보유 여부가 명확해야 한다. 특허는 기업의 핵심 자산이자, 미래 가치의 근거로 작용한다. 바이오 스타트업으로 성장한 미국의 모더나Moderna는 mRNA 백신 기술에 대한 특허 포트폴리오를 기반으로 수십억 달러의 투자를 유치했다. 코로나19 팬데믹 상황에서 이 회사가 단기간 내에 백신을 개발하고 상업화할 수 있었던 배경에는 특허로 보호된 원천 기술이 존재했기 때문이다. 또한 이러한 특허들은 이후 다양한 mRNA 치료제 파이프라인으로 확장되며 회사의 기업가치를 높이는 데 결정적 역할을 했다.

규제 대응 및 품질 인증의 증거 활용

생명공학 제품은 보건복지부, 식약처, FDA 등 여러 규제기관의 승인 절

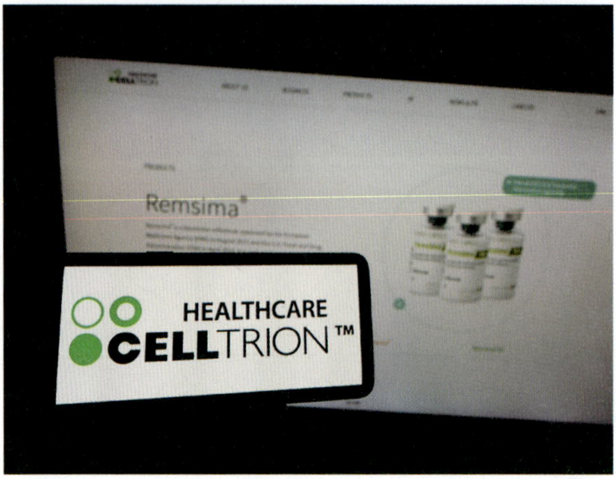

[그림 11.4] 셀트리온과 램시마 출처: T. Schneider/Shutterstock.com

차를 거쳐야 한다. 이 과정에서 기술의 고유성과 차별성이 입증되어야 하며, 특허는 이러한 고유성을 객관적으로 보여 주는 자료로 활용된다. 특히 복제약과 바이오시밀러의 경우, 오리지널 제품과의 차이를 특허 기술로 설명함으로써 규제 승인 가능성을 높일 수 있다. 셀트리온은 바이오시밀러 제품 '램시마'를 출시할 당시, 오리지널 의약품 '레미케이드'와의 차별성을 입증하기 위해 자사만의 세포 배양 기술, 제형화 기술 등에 대해 특허를 출원하고 이를 품질 인증 및 허가 심사에서 근거 자료로 활용했다. 이는 특허가 단순한 법적 권리를 넘어 과학적 신뢰성과 기술적 정당성을 입증하는 수단임을 보여 주는 사례이다.

법적 분쟁에서의 방어 및 공격 수단

생명공학 기술은 복잡하고 유사성이 높은 경우가 많아 특허 분쟁이 자주 발생한다. 이런 상황에서 특허는 자신을 보호하는 방패이자 상대를 견제하는 무기가 된다. 무효심판, 소송, 라이선스 협상 등 다양한 형태의 법적 전략에서 특허는 핵심 근거이다. 일본의 바이오기업 츠쿠바호크는 자사의 유전자 편집 기술이 미국의 크리스퍼CRISPR 기술과 유사하다는 이유로 특허 분쟁에 휘말렸지만, 특허 명세서에 명확히 기술한 자체 편집 기술의 차별성을 인정받아 침해가 아님을 입증할 수 있었다. 이처럼 생명공학 특허는 기술의 생존권을 좌우하는 핵심 방어수단이다.

미래 기술 경쟁에서의 선점 효과

유전자 편집, 합성생물학, 바이오칩, 인공세포 등 차세대 생명공학 분야는 이제 막 연구가 활발해지고 있는 만큼, 지금 확보하는 특허가 미래의 표준 기술로 이어질 가능성이 높다. 특허는 단순한 보호를 넘어, 산업 규칙을 설정하는 선도권의 상징이 될 수 있다. 대표 사례로 CRISPR 유전자 편집 기술을 둘러싼 특허 전쟁이 있다. 미국의 UC버클리와 브로드연구소는 누구의 기술이 원천인지 수년간 다툼을 벌였고, 결국 적용 범위에 따라 일부 분리된 특허가 인정되었지만, 브로드연구소는 조기 출원과 전략적 청구항 설정을 통해 상업적 우위를 점했다. 이는 "기술을 언제, 어떻게 특허화하느냐"가 미래 산업의 주도권을 결정할 수 있음을 보여 준다.

생명공학에서 특허는 기술 그 자체이다. 생명공학은 기술이 곧 사업이고, 기술을 보호하고 활용할 수 있도록 하는 제도적 장치가 바로 특허이다. 특허는 단순한 법률 문서가 아니라, 기업과 연구자에게는 경쟁력의 원천이며, 투자자에게는 신뢰의 지표이고, 사회 전체에는 지식의 공유 메커니즘이 된다. 생명공학을 공부하고 연구하거나, 산업 현장에서 일하고자 하는 모든 이들에게 특허는 반드시 이해하고 다루어야 할 핵심 요소이다.

의약품허가특허연계제도

신약 개발에 투입된 막대한 비용과 시간을 보호하고, 동시에 복제약(제네릭)의 조기 진입을 합리적으로 조율하기 위해 마련된 제도이다. 이 제도는 신약의 특허권을 보호하는 동시에 복제약 제조업체가 합법적으로 특허에 도전할 수 있는 절차를 제공한다. 우리나라에서는 2015년 3월 15일부터 본격 시행되고 있다. 이 제도는 크게 세 가지 장치로 구성되어 있다.

- 특허정보등록제도: 신약을 허가받은 제약회사는 관련 특허 정보를 식품의약품안전처에 등록해야 하며, 이 정보는 특허목록에 등재된다.
- 허가신청사전통지제도(통지제도): 복제약을 개발하는 제약회사가 해당 신약의 특허에 영향을 미칠 수 있는 허가신청을 할 경우, 그 내용을 특허권자에게 사전에 통지해야 한다.
- 우선판매품목허가제도: 복제약 제조업체가 신약의 특허에 도전하여 소송에서 승소하거나 무효 판결을 받아낸 경우, 일정 기간(최대 9개월) 동안 복제약을 독점적으로 판매할 수 있는 권리를 부여받는다.

의약품허가특허연계제도와 관련한 대표적인 사례는 길리어드사의 B형간염 치료제 '비리어드Viread'를 들 수 있다. 미국 제약회사 길리어드는 B형간염 치료제 비리어드(성분명: 테노포비르 디소프록실 푸마르산염)에 대한 물질특허를 보유하고 있었다. 국내 제약회사들은 이 약물의 특허 만료일 이전에 복제약을 출시하고자 특허에 도전했다. 한 국내 제약사는 비리어드의 제형 특허에 대해 무효 소송을 제기했고, 법원에서 승소함으로써 우선판매품목허가를 받아 복제약을 시장에 독점적으로 판매할 수 있었다.

이 사례는 특허연계제도가 단순히 특허권 보호만을 위한 것이 아니라, 정당한 절차를 통해 복제약 시장 진입을 가능하게 하여 환자의 접근성을 높이고 약가 인하를 유도할 수 있음을 보여 준다. 이처럼 의약품허가특허연계제도는 특허권자와 복제약 제조사 간의 균형 있는 경쟁을 유도하고, 국민의 건강권과 제약산업의 혁신을 함께 추구하는 제도로 평가받고 있다.

BIOTECHNOLOGY

1. 생명공학 산업의 규제 개념
2. 주요 분야별 규제 내용
3. 최근의 국내외 규제 이슈
4. 국제 규제 동향
5. 과제와 제도적 개선 방향

12

생명공학 산업의 규제

생명공학 산업의 규제

생명공학 산업은 인간의 건강과 삶의 질을 향상시키는 동시에 국가 경제의 중요한 축으로 성장하고 있는 분야이다. 하지만 생명체를 조작하거나 새롭게 설계하는 기술이 늘어날수록, 이 기술이 인간과 환경에 미칠 영향에 대한 우려와 함께 다양한 규제와 제도적 대응이 필요해졌다. 유전자 편집, 합성생물학, 재조합 DNA, 줄기세포, 바이오의약품 등 생명공학 기술이 확산되면서 국내외에서는 그에 맞는 법·제도적 프레임워크를 구축하고자 하는 논의가 활발히 이루어지고 있다. 이 장에서는 생명공학 산업과 관련한 규제의 기본 개념부터 주요 분야별 규제 내용, 최근 이슈, 그리고 앞으로의 과제까지 폭넓게 살펴보고자 한다.

생명공학 산업의 규제 개념

생명공학 규제는 인간과 자연환경의 안전을 확보하고, 기술의 책임 있는 발전을 유도하기 위한 제도적 장치이다. 기술 혁신이 빠르게 진행되는 가운데 무분별한 기술의 사용은 생명 윤리, 생물 다양성, 개인정보 침해, 생물무기화 등의 문제를 야기할 수 있다. 이에 따라 생명공학 기술이 사회적으로 수용 가능하고 과학적으로 안전하다는 것을 입증하는 과정이 필요하며, 이를 위한 정책과 법적 기준이 마련된다. 규제는 단지 제한을 뜻하는 것이 아니라, 기술을 사회적으로 수용 가능하게 하여 지속가능한 혁신을 가능하게 하는 역할을 한다.

주요 분야별 규제 내용

유전자 편집 기술의 규제

유전자 편집 기술은 특정 유전자 영역을 절단하거나 삽입, 교정함으로써 생물의 유전 형질을 인위적으로 바꾸는 기술이다. 대표적인 예로는 CRISPR-Cas9 기술이 있으며, 질병 치료, 농산물 개량, 멸종 위기 종 복원 등 다양한 분야에 활용되고 있다.

우리나라에서는 사람을 대상으로 하는 유전자 편집 연구는 「생명윤리 및 안전에 관한 법률」에 따라 엄격히 제한되며, 수정란 및 배아에 대한 편집은 연구 목적 외 금지되어 있다. 동물과 식물에 대한 유전자 편집은 농림축산검역본부, 국립농업과학원 등에서 관련 가이드라인에 따라 관리된다. 2018년 중국에서 유전자 편집 아기(He Jiankui 사건)가 태어난 이후, 전 세계적으로 인간 유전자 편집에 대한 규제는 강화되고 있으며, 우리나라도 배아 연구에 대한 기관생명윤리위원회의 심의를 의무화하고 있다.

합성생물학 규제

합성생물학은 자연에 존재하지 않는 유전 회로나 세포를 설계 및 제작하여 새로운 기능을 부여하는 기술이다. 바이오 연료, 생물 기반 화학물질, 생체센서 등의 응용 가능성이 크지만, 예측 불가능한 결과와 생태계에 미치는 영향에 대한 우려로 규제의 필요성이 강조되고 있다.

우리나라에서는 「유전자변형생물체의 국가간 이동 등에 관한 법률(LMO법)」을 통해 일부 합성생물학 산물을 관리하고 있지만, 전체 합성생물학 기술을 포괄적으로 규제할 수 있는 법적 체계는 아직 부족한 상태이다. 특히, 자연계에 존재하지 않는 인공 유전자가 환경으로 방출되었을

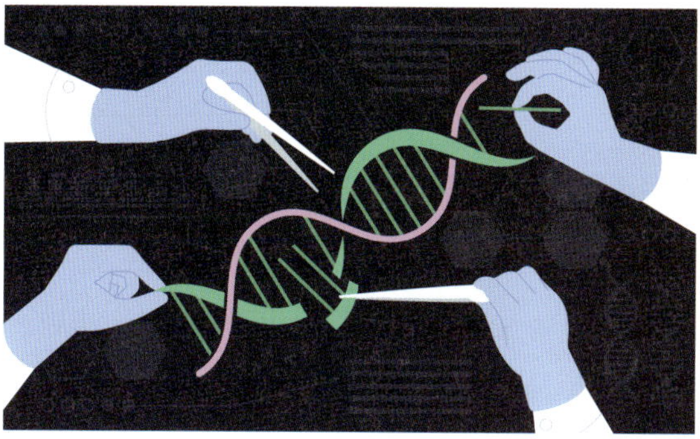

[그림 12.1] 유전자 편집 기술과 윤리

때의 리스크에 대한 평가 및 사후 관리 체계가 미흡하다는 지적이 있다. 미국 DARPA는 생물학적 안전 스위치biological containment switch를 내장한 생명체만 실험실 밖으로 반출 가능하도록 권고하고 있으며, EU는 환경 방출 전 사전 생태위해성 평가를 법적으로 의무화하고 있다.

바이오의약품과 의료기기 규제

바이오의약품은 생물체에서 유래한 물질을 활용한 의약품으로, 백신, 단백질 치료제, 세포치료제, 유전자치료제 등이 이에 속한다. 사람의 건강에 직접적으로 영향을 미치는 제품이기 때문에 개발, 허가, 생산, 시판 후 관리까지 엄격한 규제가 적용된다.

우리나라에서는 식품의약품안전처MFDS가 관련 규제기관이며, ICH, WHO 등의 국제 기준에 부합하도록 제도를 정비하고 있다. 세포 및 유전자치료제는 고위험 제품으로 분류되어 임상시험 단계부터 독성, 장기 안전성, 유효성 등을 정밀하게 평가한다. 2020년 국내에서 첫 승인된 유전자 치료제 '인보사'는 성분 허위 표시 논란으로 허가가 취소되었으며, 이후 생물학적 제제의 세포 출처에 대한 규제가 대폭 강화되었다.

줄기세포 연구의 규제

줄기세포는 자가 재생 능력과 분화 능력을 가진 세포로, 난치병 치료와 조직 재생 분야에서 중요한 기술이다. 하지만 배아줄기세포 연구는 윤리적 논란이 크기 때문에 연구 목적, 세포 획득 방식 등에 대해 엄격한 규제가 필요하다. 배아줄기세포 연구는 정부의 승인을 받은 연구기관에 한해 가능하며, 「생명윤리 및 안전에 관한 법률」에 따라 연구계획서 승인 및 결과 보고 의무가 있다. 성체줄기세포나 유도만능줄기세포iPSC는 상대적으로 규제가 완화되어 있으나 이식치료로 이어지는 경우 임상시험 승인이 필요하다.

최근 국내외 규제 이슈

인공지능AI과 생명공학 융합에 따른 규제

AI는 생명공학의 다양한 영역에서 활용되며 신약 타깃 예측, 단백질 구조 예측, 유전체 분석 등에서 새로운 가능성을 열고 있다. 그러나 AI의 판단 과정이 블랙박스로 남아 있어, 의사결정에 대한 책임소재가 불명확하다는 점이 규제의 쟁점이 되고 있다. 우리나라에서는 AI 기반 의료기기에 대해 사전·사후 심사체계를 강화하고 있으며, AI 학습에 사용되는 유전 정보나 의료 데이터의 보호와 관련된 「개인정보 보호법」과 「신의료기술평가 제도」 개정이 논의되고 있다.

유전 정보의 개인정보 보호 문제

개인의 유전자 정보는 의료뿐 아니라 보험, 고용 등 다양한 영역에서 민감한 영향을 미칠 수 있다. 유전체 분석 서비스를 제공하는 민간 기업이 늘어나면서 개인정보 유출과 악용에 대한 우려도 커지고 있다. DTC Direct-to-Consumer 유전자 검사 서비스가 확산되며, 한국에서는 검사 항목을 건강관리 목적에 제한하고 있으며, 의료적 해석은 의사만이 가능하도록 규제하고 있다. 또한, 유전자 정보의 제3자 제공, 해외 이전 등에 대해서는 정보주체의 명확한 동의가 필요하다.

합성생물학 기술에 대한 법적 정의 미비

합성생물학 기술이 빠르게 발전함에도 불구하고, 현행 생명공학 관련 법령은 이를 포괄하지 못하고 있는 상황이다. 인공유전체, 바이오회로, 생체재료 등은 GMO와 달리 새로운 법적 분류가 필요하며, 기술적 정의와 법적 책임소재를 명확히 할 수 있는 기준이 필요하다.

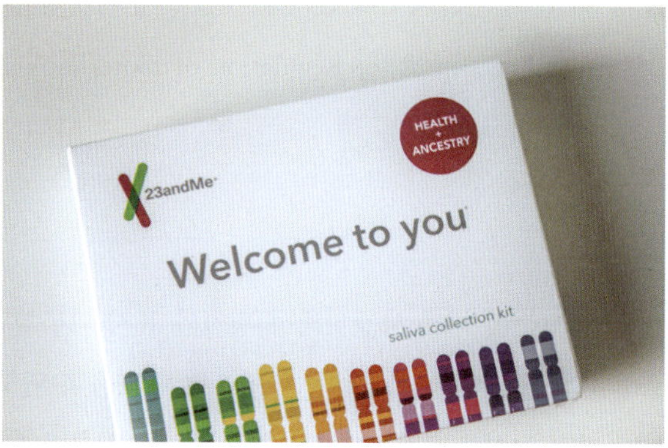

[그림 12.2] 23andMe의 유전자 검사 키트 출처: Lets Design Studio / Shutterstock.com

[그림 12.3] 합성생물학 기술과 미래

국제 규제 동향

미국

미국은 생명공학 제품의 규제에 대해 농무부USDA, 환경보호청EPA, 식품의약국FDA 등 각 분야별로 나누어 관리하고 있으며, 합성생물학에 대해서는 'Coordinated Framework for Regulation of Biotechnology'에 따라 통합적 접근을 시도하고 있다.

유럽연합(EU)

EU는 생명공학 제품에 대해 사전위해성 평가와 표시 의무를 강화하고 있으며, 소비자의 알 권리를 강조하는 방향으로 정책을 수립하고 있다. 특히, 유전자 편집 농산물도 GMO에 포함시키는 유럽사법재판소ECJ의 판결 이후, 전반적으로 규제가 강화되는 추세이다.

중국

중국은 유전자 편집 아기 사건 이후 관련 윤리 및 법적 기준을 급속히 강화하고 있으며, 유전 정보의 국가 관리, 생명윤리 위원회의 사전 심의 의무화 등을 법제화하고 있다. 또한 합성생물학에 대한 국가 표준 가이드라인 제정을 추진 중이다.

과제와 제도적 개선 방향

우리나라는 생명공학 기술력에서는 세계 상위권을 유지하고 있으나, 규제 체계는 국제 기준에 비해 다소 미비하거나 불균형하다는 평가가 있다. 특히 다음과 같은 과제가 존재한다.

- 합성생물학 등 신기술에 대한 정의와 규제 체계 정비
- 기술 발전 속도에 발맞춘 윤리 기준 및 안전 기준의 유연성 확보
- 개인정보 보호와 활용 간 균형 있는 법제화
- 산업계와 시민사회의 의견이 반영되는 정책 거버넌스 구축

결론적으로, 생명공학 산업의 규제는 기술의 혁신과 공공의 안전 사이의 균형을 잡는 중요한 역할을 한다. 우리나라가 생명공학 강국으로 도약하기 위해서는 과학적 근거에 기반한 규제, 국제 기준에 부합하는 법제도 정비, 시민사회와의 소통이 동시에 이루어져야 할 것이다.

임상시험이란?

임상시험clinical trial은 새로운 의약품, 치료법, 백신, 의료기기 등이 사람에게 안전하고 효과적인지를 확인하기 위해 수행되는 연구이다. 임상시험은 의학의 발전과 환자의 치료 선택지를 넓히는 데 중요한 역할을 한다. 단순히 신약을 개발하기 위한 절차가 아니라, 실제 사람에게 사용될 수 있도록 과학적·윤리적 검증을 거치는 과정이다.

예를 들어, 코로나19 백신 개발 당시 화이자Pfizer와 모더나Moderna는 백신의 안전성과 면역 효과를 입증하기 위해 수만 명을 대상으로 임상시험을 수행했고, 이 결과에 따라 긴급사용 승인을 받을 수 있었다.

임상시험의 단계

임상시험은 일반적으로 1상에서 3상까지의 단계로 구분되며, 경우에 따라 4상까지 진행된다.

- 1상 임상시험은 소수의 건강한 사람을 대상으로 약물의 안전성과 약동학적 특성을 확인한다. 예를 들어, 어떤 신약이 간에서 얼마나 빨리 대사되는지, 독성이 있는지 등을 이 단계에서 평가한다.
- 2상 임상시험에서는 실제 환자들을 대상으로 적절한 용량, 투여 방법, 초기 효능을 평가한다. 만약 항암제가 개발 중이라면 이 단계에서 암 환자들을 모집하여 종양 크기의 변화, 부작용 발생률 등을 관찰한다.
- 3상 임상시험은 수천 명 이상의 환자를 대상으로 기존 치료법과 비교하여 신약의 유효성과 안전성을 최종 검증하는 단계다. 이 결과는 허가 신청의 근거가 된다. 예를 들어, 당뇨병 치료제인 '포시가(Farxiga)'는 3상 임상시험을 통해 기존 약물보다 심부전 예방 효과가 뛰어남을 입증하여 시장 출시 승인을 받았다.
- 4상 임상시험은 약물이 시판된 후, 실제 임상 환경에서 장기적인 효과나 드물게 발생하는 부작용을 추적 관찰하기 위한 연구다. 시판 후에도 약물의 모니터링은 지속되며, 예기치 못한 문제가 발견될 경우 사용이 제한되거나 중단되기도 한다.

임상시험의 윤리적 고려

임상시험은 사람을 대상으로 하기 때문에 윤리적 원칙이 무엇보다 중요하다. 대표적인 국제 기준은 헬싱키 선언이며, 국내에서는 생명윤리 및 안전에 관한 법률과 의약품 임상시험 관리기준Good Clinical Practice, GCP을 따른다. 모든 임상시험 참여자는 충분한 설명을 들은 후 자발적으로 동의해야 하며, 이를 '연구 참여 동의서informed consent'라고 한다. 예를 들어, 한 제약회사가 고혈압 치료제 임상을 진행할 때, 참여자는 예상되는 이득과 위험, 대안적 치료법, 언제든지 중단할 수 있는 권리 등을 충분히 설명받고 동의해야 한다.

임상시험 참여자의 권리와 보호

임상시험 참여자는 실험 대상이 아니라, 존엄성을 지닌 연구 참여자이다. 이를 보호하기 위해 독립된 기관생명윤리위원회IRB가 연구의 윤리성과 참여자의 안전을 사전에 심의하고, 연구 진행 중에도 감독한다. 예를 들어, 어떤 백신 임상시험에서 중대한 부작용이 발생하면, 해당 IRB는 즉시 임상시험의 일시 중단을 권고할 수 있으며, 이 결정은 환자의 안전을 최우선으로 한 것이다.

임상시험의 실제 사례

면역항암제 키트루다Keytruda는 폐암, 피부암, 위암 등 다양한 암에서 효과를 입증하며 암 치료의 패러다임을 바꾼 약물이다. 이 약물은 초기 임상시험에서 종양이 사라진 환자의 사례가 보고되며 주목받았고, 3상 임상에서 기존 항암제보다 생존률이 높다는 것이 입증되자 급속히 승인되었다. 또한 유한양행은 폐암 치료제 레이저티닙Lazertinib의 임상시험을 통해 글로벌 제약사인 얀센과 기술이전 계약을 체결했으며, 이는 한국 제약 산업의 글로벌 진출 가능성을 보여 주는 사례이다.

임상시험의 도전과 미래

임상시험은 신약 개발의 필수 단계이지만, 여전히 여러 가지 도전과제에 직면해 있다. 첫째, 임상시험의 높은 비용과 긴 시간은 제약회사의 가장 큰 부담 중 하나이다. 하나의 신약이 시장에 출시되기까지 평균적으로 10년 이상이 걸리며, 비용은 수천억 원에 달한다. 특히 3상 임상시험은 대규모 인력과 환자 모집이 필요하므로 시간과 비용이 집중된다. 둘째, 환자 모집의 어려움도 임상시험 성공률을 낮추는 요인이다. 특히 희귀질환이나 특정 유전형을 가진 환자군의 경우 모집 자체가 어렵고, 다양한 윤리적 고려 사항 때문에 참여자가 쉽게 모이지 않는다. 예를 들어, 유전자 치료제의 임상시험에서는 자발적인 동의와 장기 추적조사가 필수적이기 때문에 더 까다로운 설계가 필요하다. 셋째, 임상시험의 윤리성 확보는 지속적인 과제다. 일부 개발도상국에서는 경제적 보상을 이유로 피험자를 모집하는 사례가 문제가 되며, 이에 따라 공정성과 안전성을 보장하기 위한 국제 기준인 GCP의 준수가 필수적으로 요구된다. 넷째, 실제 진료 환경과의 괴리도 중요한 문제다. 임상시험은 엄격하게 통제된 환경에서 수행되므로, 시판 후 실제 환자군에서 동일한 효과를 보장하기 어렵다. 이로 인해 시판 후에도 4상 임상시험이나 실사용증거Real-World Evidence, RWE를 통한 지속적인 평가가 요구된다.

그럼에도 불구하고, 임상시험은 디지털 기술의 발전과 함께 새로운 혁신의 기로에 서 있다. 예를 들어, 가상 임상시험virtual clinical trials은 원격 진료, 모바일 헬스 기술, 전자 동의서 등을 활용하여 환자가 병원에 직접 방문하지 않아도 시험에 참여할 수 있게 한다. 이는 비용 절감은 물론, 다양한 지역에서 피험자 모집을 가능하게 하여 임상시험의 접근성과 다양성을 크게 높일 수 있다. 또한 정밀의료precision medicine의 발전은 임상시험을 더 세분화하고 맞춤화된 방식으로 변화시키고 있다. 과거에는 다양한 환자에게 동일한 약을 투여하고 평균적인 효과를 측정했지만, 이제는 특정 유전자형이나 바이오마커에 따라 약물의 반응을 예측하고 이를 임상시험 설계에 반영한다. 이로 인해 효과적인 약물 개발이 더 빠르고 정확하게 이루어질 수 있다. 미래에는 인공지능AI을 활용한 임상시험 설계 자동화, 피험자 선별 알고리즘, 이상반응 예측 모델 등이 도입되어, 임상시험의 효율성과 안전성이 획기적으로 개선될 것으로 기대된다. 실제로 일부 제약사는 이미 AI 기반 임상시험 분석 플랫폼을 도입해 임상 실패율을 낮추는 데 성과를 보이고 있다.

결론적으로, 임상시험은 여전히 높은 비용, 윤리성, 환자 모집 등 복합적인 문제를 안고 있지만, 기술 혁신과 맞춤의료의 발전을 통해 더 정밀하고 접근성 높은 시스템으로 진화하고 있다. 이러한 변화는 궁극적으로 환자에게 더 빠르고 안전한 치료법을 제공하는 데 기여하게 될 것이다.

참고문헌

리핀코트의 그림으로 보는 생화학(제6판), 백형환 역, 2015, ㈜바이오사이언스출판

바이오테크 시대, 전영택·전병기 공역, 2020, 민음사

병태생리학(제6판), 민선식 외 공역, 2009, ㈜바이오사이언스출판

분자 세포 생물학(제5판), 이한웅 외 공역, 2006, 월드사이언스

생명공학의 세계(제4판), 방원기 역, 2018, ㈜라이프사이언스

생명공학의 최전선, 전방욱 역, 2024, 이상북스

생명과학과 생명공학, 강호정 외 공역, 2007, ㈜라이프사이언스

생물의약품학, 미생물·면역분과위원회, 2011, 도서출판 신일북스

세포분자면역학(제6판), 세포분자면역학 교재연구회 역, 2008, 이퍼블릭

식물생명공학, 김선형 외, 2023, ㈜라이프사이언스

암유전자, 백문기·홍경만 공역, 2000, 월드사이언스

암의 생물학, 이한웅 외 공역, 2012, 월드사이언스

약물유전체학, 임성빈 외 공역, 2004, 월드사이언스

임상 분자 진단학, 박기호 외 공역, 2009, 퍼시픽북스

종양생물학의 원리, 서영준·나혜경 공역, 2008, ㈜라이프사이언스

질병 유전체 분석법, 이종극 외, 2006, 월드사이언스

최신 생명공학의 이해(제4판), 이진성 외 공역, 2020, ㈜바이오사이언스출판

21세기 생명공학으로의 초대, 한재용 외, 2024, ㈜라이프사이언스

Mader 인체생명과학(제17판), 김근일 외 공역, 2024, 교문사

Raven 생명과학(제12판), 유시욱 외 공역, 2020, 교문사

Smith 생명공학(제5판), 오계현 외 공역, 2010, 월드사이언스

이 책을 통해 학습한 내용을 점검해 보세요. 문제 중 이 책에 없는 내용은 인터넷, 관련 서적 등을 통해 자기주도 학습을 해 보기 바랍니다.

1 생명공학 산업을 세 가지 색으로 구분할 때 3개의 색으로 적절하지 않은 것은?

① 화이트(white) ② 레드(red)

③ 옐로(yellow) ④ 그린(green)

2 레드바이오의 특징으로 보기 어려운 것은?

① 레드는 혈액의 색을 뜻한다.

② 생명공학 산업 중 가장 큰 규모를 가진다.

③ 디지털을 기반으로 하는 기술도 포함한다.

④ 서비스업이 주요 비중을 차지한다.

3 화이트바이오의 특징으로 보기 어려운 것은?

① 탄소 기반의 화학 제품을 대체하는 에너지, 소재 관련 분야이다.

② 옥수수, 유채와 같은 작물재배기술도 대상이 된다.

③ 연평균 성장률은 10% 이내의 지속적 성장산업이다.

④ 바이오플라스틱은 화이트바이오산업 범위에 포함된다.

4 그린바이오의 특징으로 보기 어려운 것은?

① 농업, 수산업, 축산업 등 1차 산업을 포함한다.

② 유전자 재조합 기술을 적용하지 않는다.

③ 건강기능식품, 사료 첨가제도 해당되는 산업 범위를 가진다.

④ 식량위기 극복에 중요한 산업이다.

5 바이오산업의 분류에 대한 설명으로 틀린 것은?

① 1994년부터 바이오산업을 8개로 분류하기 시작했다.

② 2004년 처음으로 바이오산업 분류 체계가 마련되었다.

③ 2008년 바이오산업 분류코드가 제정되었다.

④ 국가표준 KS J1009의 제정은 과학기술정보통신부가 하였다.

6 바이오산업의 분류를 명확히 하기 위한 분석 기반 마련에 필요한 것으로 보기 어려운 것은?

① 경제 구조 ② 산업 구조

③ 인구 구조 ④ 타 산업과의 관계

7 바이오의약산업에 포함되지 않는 것은?

① 항생제 ② 항암제

③ 아미노산 ④ 동물약품

8 DNA 칩, 바이오센서가 포함되는 바이오산업은?

① 생물전자 ② 바이오환경

③ 바이오식품 ④ 생물화학

9 해충에 강한 유전자변형생물(GMO)은 어떤 바이오산업으로 분류되어야 하는가?

① 생물화학 ② 바이오의약

③ 바이오에너지 및 자원 ④ 생물환경

10 임신 여부를 신속히 확인하기 위한 임신 진단키트는 바이오산업 대분류 중 어디에 해당되는가?

① 생물화학 ② 바이오의약
③ 바이오에너지 및 자원 ④ 생물환경

11 세포설에 대한 설명으로 틀린 것은?

① 모든 생물은 하나 이상의 세포로 구성되어 있다.
② 세포는 작은 방과 닮았다.
③ 세포는 모든 생물의 구조적·기능적 단위이다.
④ 모든 세포는 전부터 존재해 왔던 세포로부터 유래한다.

12 원핵세포의 특징으로 보기 어려운 것은?

① 대부분 다세포이다.
② 핵막이 존재하지 않는다.
③ 무성생식 또는 이분법에 의한 세포분열을 한다.
④ 남조류는 원핵세포이다.

13 진핵세포의 특징으로 틀린 것은?

① 세포소기관을 가지고 있다.
② 인트론이 존재한다.
③ 70S 리보솜을 가지고 있다.
④ 원생생물은 진핵세포로 구성된다.

14 핵과 관련된 용어로 보기 어려운 것은?

① 핵막 ② 핵공
③ 염색체 ④ 일막

15 핵 이외에 DNA를 가지고 있는 세포소기관끼리 바르게 묶인 것은?

① 엽록체-소포체 ② 골지체-미토콘드리아
③ 엽록체-미토콘드리아 ④ 액포-리소좀

16 생물에 대한 설명으로 틀린 것은?

① 유기체라고도 불린다.
② 동물, 식물, 미생물, 바이러스를 포함한다.
③ 공통 조상에서 유래한다.
④ 유전자의 변이를 통해 생물의 다양성이 나타난다.

17 생물의 공통적인 특징이 아닌 것은?

① 조직화되어 있다.
② 물질대사를 한다.
③ 항상성 조절 기전을 가진다.
④ 각각의 생물은 개별적으로 서로 다른 조상에서 유래한다.

18 휘태커의 생물분류에 포함되지 않는 것은?

① 균계 ② 동물계
③ 고세균계 ④ 원핵생물계

19 사람에 대한 학명으로 옳은 것은?

① Homo sapiens ② Homo sapiens
③ Homo s. ④ H. sapiens

20 고세균에 대한 설명으로 틀린 것은?

① 핵막이 있다.
② 인트론이 있다.
③ 진핵성 메티오닌 코돈을 가진다.
④ 메탄생성균은 고세균에 포함된다.

21 원소 주기율표에 대한 설명으로 틀린 것은?

① 원소를 구분하기 쉽게 성질에 따라 배열한 표를 말한다.
② 원자번호순으로 배열되어 있다.
③ 주기마다 같은 성질의 원소가 반복적으로 나타난다.
④ 가로행을 족이라 하며, 세로줄은 주기라 한다.

22 유기화합물의 작용기와 같은 의미로 보기 어려운 것은?

① 관능기 ② 기능기
③ 표현기 ④ 기능원자단

23 생체고분자에 속하지 않는 것은?

① 비타민 ② 핵산
③ 단백질 ④ 지질

24 가수분해 반응의 역반응을 무엇이라고 하는가?

① 탈수중합 반응 ② 카르복실 반응

③ 촉매 반응 ④ 에스테르 반응

25 탄수화물에 대한 설명으로 틀린 것은?

① $C_n(H_2O)_m$ 구조를 가진다.

② 주요 구성 원소는 탄소, 수소, 질소이다.

③ 생물체의 구성 성분과 에너지원으로 사용된다.

④ 단당류, 이당류, 다당류 등이 포함된다.

26 이당류끼리 바르게 묶인 것은?

① 젖당-포도당 ② 과당-엿당

③ 설탕-젖당 ④ 포도당-과당

27 스테로이드에 대한 설명으로 틀린 것은?

① 주로 탄소로 이루어진 고리 형태의 지질이다.

② 콜레스테롤이 대표적이다.

③ 성호르몬의 기본 물질이다.

④ 인공적으로 합성이 불가능하다.

28 다음 중 인공적으로 만들어진 지방은?

① 포화지방 ② 트랜스지방

③ 트리글리세리드 ④ 불포화지방

29 아미노산의 구성 요소로 보기 어려운 것은?

① 아미노기 ② 펩타이드결합
③ 카르복실기 ④ R기

30 단백질의 기능으로 보기에 가장 거리가 먼 것은?

① 수송 ② 방어
③ 효소 ④ 저장

31 핵산에 대한 설명으로 틀린 것은?

① 염기성을 띤다.
② 세대에서 세대로 유전되는 물질이다.
③ 뉴클레오타이드가 수없이 결합된 화합물이다.
④ DNA와 RNA는 핵산의 일종이다.

32 RNA를 구성하는 뉴클레오타이드가 아닌 것은?

① 구아닌 ② 티민
③ 우라실 ④ 아데닌

33 이중가닥 DNA의 상보적 염기쌍이 바르게 묶인 것은?

① A-G ② T-U
③ C-T ④ G-C

34 DNA의 구조를 발견한 공로로 노벨생리의학상을 수상한 과학자가 아닌 사람은?

① 왓슨 ② 프랭클린
③ 윌킨스 ④ 크릭

35 rRNA에 대한 설명으로 옳은 것은?

① 세포 내 단백질을 합성하는 세포소기관을 구성하는 RNA이다.
② 핵 DNA의 복사체로 단백질 합성에 대한 정보를 가진다.
③ 단백질 합성과정에서 아미노산을 운반한다.
④ 전달 RNA라고도 불린다.

36 RNA가 DNA보다 불안정한 이유에 대한 설명으로 옳은 것은?

① 염기 조성이 다르기 때문이다.
② 구성하는 당의 특성이 다르기 때문이다.
③ 단일 가닥이기 때문이다.
④ DNA의 사본(복사체)이기 때문이다.

37 생명의 중심원리 중 가장 최근에 도입된 내용은 무엇인가?

① 복제 ② 전사
③ 해독 ④ 역전사

38 HIV 바이러스에 관한 설명으로 옳은 것은?

① 독성 T 세포를 감염시킨다.

② DNA형 바이러스이다.

③ 자신의 유전정보를 역전사할 수 있는 효소를 가지고 있다.

④ 선천적 면역결핍증후군을 유발한다.

39 DNA의 염기쌍 형성 시 수소결합 1개를 -로 표기할 경우, 염기 간 수소결합으로 옳은 것은?

① T-U
② G-C
③ A=U
④ A=T

40 DNA를 가지고 있는 세포소기관이 아닌 것은?

① 핵
② 리보솜
③ 미토콘드리아
④ 엽록체

41 아래 빈칸에 공통적으로 들어갈 말은?

DNA 중에서 단백질 또는 리보솜을 구성하는 RNA처럼 기능을 가진 RNA를 암호화하는 DNA 조각을 (　　　　)(이)라고 한다. 1개의 염색체에는 수백에서 수천 개에 달하는 (　　　　)(이)가 존재한다.

① 핵산
② 유전자
③ tRNA
④ 돌연변이

42 다음 중 전사 과정과 관련성이 가장 먼 것은?

① RNA 중합효소가 필요하다.

② 주형 DNA가 필요하다.

③ 세포질에서 진행된다.

④ 주형 DNA가 필요하다.

43 전사의 과정을 3단계로 구분할 때 순서대로 바르게 연결된 것은?

① 촉진-종결-신장 ② 신장-개시-종결

③ 종결-개시-시장 ④ 개시-신장-종결

44 리보솜의 일부 구성 요소로서 단백질 합성 과정에 참여하는 RNA는?

① mRNA ② rRNA

③ tRNA ④ antisense RNA

45 mRNA와 아미노산 그리고 코돈과의 관계에 대한 설명으로 틀린 것은?

① 총 20종의 아미노산의 정보가 mRNA에 저장되어 있다.

③ mRNA의 뉴클레오타이드 3개가 하나의 아미노산을 암호화한다.

③ 개시코돈은 AUG로 메티오닌을 지정한다.

④ 총 64개의 코돈 조합 중 종결코돈은 1개이다.

46 tRNA의 구조와 기능에 대한 설명으로 틀린 것은?

① 부분적으로 단일 결합을 하고 있는 이중가닥의 RNA이다.

② mRNA의 코돈과 상보적으로 결합하는 안티코돈을 가진다.

③ mRNA 코돈을 인식하고 해당 코돈이 지정하는 아미노산을 부착한다.

④ 전사과정에는 참여하지 않고 해독과정에 참여한다.

47 돌연변이 대한 설명으로 틀린 것은?

① DNA의 염기서열이 변화한 것이다.

② 적외선은 돌연변이원의 하나이다.

③ 단지 하나의 염기서열에서의 변화를 점 돌연변이라고 한다.

④ 점 돌연변이는 보다 더 세분화된다.

48 보기 중 아래 빈칸에 들어갈 말은?

해독은 개시 코돈에서부터 3개의 염기씩 읽히기 때문에 삽입이나 결실과 같은 돌연변이가 발생하면 그 뒷부분의 모든 코돈이 영향을 받게 된다. 이처럼 '읽는 틀'이 바뀌는 돌연변이를 (   )돌연변이라고 한다.

① 삽입　　② 결실

③ 치환　　④ 번역틀이동

49 보기 중 아래 빈칸에 들어갈 말은?

> 여러 가지 코돈이 동일한 아미노산을 암호화하므로 염기 치환이 발생해도 해당 유전자에 의해 정해지는 아미노산이 변경되지 않을 수 있다. 이 경우 단백질 기능에는 영향이 없으므로 이를 ( )돌연변이라 한다.

① 삽입　② 결실
③ 치환　④ 침묵

50 낫세포적혈구빈혈증은 헤모글로빈 단백질의 6번째 아미노산이 글루탐산에서 어떤 아미노산으로 변화되면서 발생하는가?

① 프롤린　② 발린
③ 글리신　④ 히스티딘

51 세포 주기의 순서로 옳은 것은?

① $G_1 > G_2 > S > M$　② $S > G_1 > G_2 > M$
③ $G_1 > S > G_2 > M$　④ $M > G_2 > S > G_1$

52 염색체가 세포의 중앙(적도면)에 위치하는 시기는 언제인가?

① 전기　② 중기
③ 말기　④ 후기

53 세포분열의 조절 요소로서 보기 어려운 것은?

① 성장 인자　② 세포 밀도
③ 텔로미어　④ 동원체

54 유성 생식과 관련이 가장 적은 것은?

① 출아 ② 정자

③ 방추사 ④ 감수분열

55 세포분열 중 교차가 일어나는 시기는?

① 세포질 분열 ② 유사분열

③ 제1 감수분열 ④ 제2 감수분열

56 감수분열과 관련성이 가장 적은?

① 염색체 이상을 초래할 수 있다.

② 유전적 다양성을 제공한다.

③ 정자와 난자를 제공한다.

④ 모든 세포에서 일어나는 분열 중 하나이다.

57 정자이 핵형이 N이고, 난자의 핵형이 N+1일 때, 이들이 수정해서 생기는 접합자(수정란)의 핵형은 무엇인가?

① N ② 2N ③ 2N+1 ④ 1

58 NIFTY 검사와 관련성이 가장 적은 것은?

① 비침습적 검사 방법이다.

② 적혈구 세포를 검사하는 방법이다.

③ DNA 분석을 통해 삼염색체성 유전 질환을 검사하는 방법이다.

④ 임신 10주 이전에 가능한 검사 방법이다.

59 암세포의 특징으로 보기 어려운 것은?

① 모양의 불규칙성

② 불완전한 세포 골격

③ 이당류에 친화적인 대사 이용

④ 활성이 강한 텔로머라제 보유

60 암 발생을 줄이기 위한 식품으로 보기 어려운 것은?

재조합 DNA는 특정 (　　　　　)(이)나 DNA 단편을 인공적으로 합성하거나 특정 생물체로부터 분리하고, 적절한 유전자 운반체인 벡터와 연결시킨 DNA이다.

① 과일　　② 가공식품

③ 채소　　④ 통곡물

61 다음은 재조합 DNA의 정의를 설명한 것이다. 빈칸에 들어갈 말은?

① 유전자　　② 단백질

③ 벡터　　④ RNA

62 세균이 바이러스의 침입에 대응하는 기전은?

① 제한-특정 기전　　② 변형-수식 기전

③ 제한-변형 기전　　④ 변형-합성 기전

63 재조합 DNA를 만들기 위해 필요한 제한효소는 어떤 유형을 사용해야 하는가?

① I형 ② II형
③ III형 ④ 유형은 상관이 없다.

64 AGCT를 인식하는 제한효소 인식 부위는 통계적으로 몇 개의 염기마다 존재하는가?

① 4개 ② 256개
③ 1,024개 ④ 4,096개

65 5'-GAATTC-3'의 서열로 구성된 DNA 염기서열의 회문서열은?

① 5'-GAATTC-3' ② 3'-GAATTC-5'
③ 5'-GAAGAA-3' ④ 3'-TCCTTC-5'

66 항생제내성 유전자를 가진 플라스미드는?

① R 플라스미드 ② Col 플라스미드
③ F 플라스미드 ④ V 플라스미드

67 플라스미드 벡터가 가져야 할 특징으로 보기 어려운 것은?

① 최소 크기의 DNA여야 한다.
② 숙주 세포에서 가능한 한 많이 복제될 수 있는 시스템을 가져야 한다.
③ 재조합된 클론을 쉽게 선별할 수 있는 시스템을 가져야 한다.
④ 가능한 제한효소 인식 부위가 적어야 한다.

68 DNA 연결효소는 두 분자의 DNA의 어떤 결합의 형성을 촉매하는가?

① 수소결합 ② 공유 결합

③ 포스토다이에스터 결합 ④ 이황화 결합

69 무딘 말단을 형성하는 제한효소는?

① EcoRI ② HindIII

③ XmaI ④ SmaI

70 재조합 DNA를 만들 때 필요한 것으로 보기 어려운 것은?

① 목적 DNA ② 벡터

③ 숙주 세포 ④ 제한효소

71 DNA 클로닝에 관한 설명으로 틀린 것은?

① 동일한 DNA를 풍부하게 사용할 수 있다.

② DNA 은행을 제조할 수 있다.

③ 재조합 단백질을 만들 수 있다.

④ 숙주는 필요하지 않다.

72 자신의 것이 아닌 DNA를 받아들여 형질전환이 일어난 세포를 무엇이라고 하는가?

① 형질전환체 ② 전달체

③ 수용체 ④ 전이체

73 열 충격을 통해 대장균을 형질전환할 경우, 열 충격에 요구되는 온도는?

① 24℃ ② 28℃
③ 37℃ ④ 2℃

74 형질전환법 중 전기천공법에 관한 설명으로 틀린 것은?

① 고전압이 필요하다.
② 세포의 구성을 만든다.
③ 특별한 장비가 필요하다.
④ 열 충격법에 비해 형질전환 효율이 낮다.

75 형질전환 방법을 선택할 때 고려해야 할 사항으로 틀린 것은?

① 수용성 세포의 준비 방법
③ 장비의 보유 여부
③ 5'-GAAGAA-3'
④ 플라스미드를 제외한 타깃 DNA의 크기

76 재조합 DNA를 형질전환할 경우, 적절한 재조합 DNA의 구성은?

① 타깃 DNA + 플라스미드
② 타깃 DNA 자가 연결체
③ 플라스미드 자가 연결체
④ 플라스미드

77 형질전환 후 플라스미드를 가지지 않은 수용성 세포를 제거하는 데 가장 적절한 방안은?

① 열충격을 해 준다.

② 전기천공을 한다.

③ 항생제 저항성 유전자를 활용한다.

④ 제한효소를 처리한다.

78 LacZ 유전자를 이용해서 타깃 DNA를 가진 형질전환체를 선별하는 원리는?

① 항생제 활용법 ② 삽입적 불활성화

③ 제한효소법 ④ 연결효소법

79 LacZ는 어떤 단백질과 관련된 유전자인가?

① 인슐린 ② 글루카곤

③ 베타-갈락토시데이즈 ④ 헤모글로빈

80 베타-갈락토시데이즈 효소 단백질에 의해 분해가 되면 파란색의 불용성 침전물을 형성하는 것은?

① X-gal ② IPTG

③ 갈락토스 ④ 락토스

81 숙주 세포의 특징이라고 볼 수 없는 것은?

① 목표하는 유전자를 단백질(항체, 치료용 단백질, 백신 등)로 해독하는 데 사용된다.

② 최적화는 어렵지만, 목적 단백질의 기능을 변형시키지 않는 안정성이 우수하다.

③ 형질전환이 용이하고, 세포 배양 시 제어가 용이하다.

④ 일반적으로 대장균, 효모, 동물세포 등이 주로 사용된다.

82 숙주 세포로서 대장균의 특징이 아닌 것은?

① 가장 많이 사용된다.

② 재조합 DNA의 설계가 용이하다.

③ 번역 후 수식이 필요한 경우에 사용된다.

④ 가용성 단백질 생산에 유용하다.

83 미생물의 배양 단계 중 대수기와 관련이 없는 것은?

① 미생물이 최고 속도로 분열하는 시기이다.

② 세포의 화학적·생리적 특징이 균일한 단계이다.

③ 영양분의 농도가 높을수록 성장 속도가 증가한다.

④ 세포의 성장과 사멸이 균형을 이루는 시기이다.

84 미생물의 배양 단계에 포함되지 않는 것은?

① 지체기 ② 활성기

③ 정체기 ④ 사멸기

85 미생물 배지의 주요 성분 중 탄소원에 해당되는 것은?

① 비타민 ② 무기인산염
③ 포도당 ④ 아미노산

86 미생물 배양의 영향 인자로서 저온균, 중온균, 고온균과 가장 밀접하게 관련된 것은?

① 배지의 안정성 ② pH
③ 온도 ④ 산소 요구성

87 1/10의 희석 배수로 하여 10^{-4}의 희석 배수에서 100개의 집락이 나왔다면 원래 시료 속 미생물 개수는?

① 100,000개 ② 1,000,000개
③ 10,000,000개 ④ 100,000,000개

88 세포 배양기의 구조 중에서 산소 공급과 관련된 것은?

① 교반장치 ② 온도 조절 장치
③ 거품 제거 장치 ④ 멸균 장치

89 세포 배양 방법 중에서 배양액 부피 변화가 없는 것끼리 바르게 연결된 것은?

① 회분식 배양-연속식 배양 ② 연속식 배양-유가식 배양
③ 유가식 배양-배지교환식 배양 ④ 배지교환식 배양-회분식 배양

90 세포 배양기 중에서 구조가 가장 복잡하고, 가장 고가인 것은?

① 회분식 배양기 ② 유가식 배양기
③ 연속식 배양기 ④ 배지교환식 배양기

91 PCR 기술 발명으로 노벨화학상을 수상한 과학자는?

① 캐리 멀리스 ② 제임스 왓슨
③ 프랜시스 크릭 ④ 로잘린 플랭클린

92 DNA를 증폭하는 데 있어 PCR의 장점이라고 보기 어려운 것은?

① DNA 합성 과정이 편리하다.
② DNA를 다량으로 합성할 수 있다.
③ 세포에서 쉽게 이용할 수 있다.
④ 다양한 분야에 응용이 가능하다.

93 PCR의 기본적인 3단계를 순서대로 바르게 나열한 것은?

① 변성 > 합성 > 결합
② 합성 > 변성 > 결합
③ 결합 > 변성 > 합성
④ 변성 > 결합 > 합성

94 PCR의 변성 단계에 대한 설명으로 틀린 것은?

① 이중가닥 DNA를 단일가닥으로 분리하는 단계이다.

② 반응 혼합물을 약 55℃로 가열한다.

③ 변성 단계를 통해 이중가닥 DNA의 수소결합이 끊어지게 된다.

④ 변성 단계 이후 과정은 결합 단계이다.

95 PCR을 통해 최초 1개의 표적 DNA는 20회가 지나면 몇 개가 되는가?

① 20개　　② 약 1,000개

③ 약 100만 개　　④ 약 340억 개

96 온도를 너무 높이거나 최적 시간을 지나치게 늘리면 내열성 DNA 중합효소가 활성을 잃게 되는 PCR의 단계는?

① 변성　　② 결합

③ 신장　　④ 합성

97 대장균 유래의 DNA 중합효소를 가지고 PCR을 수행할 때 어떤 단계에 이 효소를 넣지 않으면 되는가?

① 변성　　② 결합

③ 신장　　④ 합성

98 PCR 반응에 영향을 미치는 요인으로 가장 거리가 먼 것은?

① 반응의 회수소　　② 주형 DNA

③ dNTP　　④ PCR 장치

99 PCR 반응에 Mg^{2+} 농도가 관여하지 않는 것은?

① 효소 활성
② 프라이머의 결합
③ DNA의 길이
④ 프라이머들 간의 결합체 형성

100 프라이머를 설계할 때 고려사항이 아닌 것은?

① 프라이머의 최적 길이
② 프라이머 내의 3차 구조 형성 여부
③ 프라이머 간의 상보성 여부
④ 사용 농도

교재 외의 내용이 포함되어 있습니다. 인터넷, 관련 서적, ChatGPT 등을 활용해 자기주도 학습으로 문제를 풀어 보기 바랍니다.

1 다음 중 원핵세포에 대한 설명으로 옳은 것은?

① 다세포로 구성된다.

② 핵막이 있다.

③ 세포벽을 가지고 있지 않다.

④ 유전물질은 DNA이다.

⑤ 핵 외 염색체는 존재하지 않는다.

2 발효에 관한 설명 중 틀린 것은?

① 발효(fermentation)는 넓은 의미로는 미생물이나 균류 등을 이용해 부가가치를 높이는 식품 등에 활용된다.

② 좁은 의미로는 산소 없이 당을 분해해서 에너지를 얻는 대사 과정을 말한다.

③ 발효는 NAD^+가 내인성 유기 전자수용체와 반응하는 과정을 포함한다.

④ 발효는 효모와 세균에서 일어나고, 또한 젖산 발효의 경우처럼 산소가 결핍된 근육세포에서도 일어나기도 한다.

⑤ 발효 산물은 화학 에너지를 가지고 있지만 산소를 사용하지 않고서는 더 이상 대사될 수 없기 때문에 노폐물로 간주된다.

3 다음 중 일반적인 PCR(polymerase chain reaction) 반응의 원리나 구성 요소에 대한 설명으로 틀린 것은?

① PCR은 열에 안정한 DNA 중합효소를 사용하여 반복적인 온도 변화를 통해 DNA를 증폭하는 기술이다.
② 각 프라이머를 통해 DNA 합성은 프라이머의 3′ 말단에서 시작되며, 3′ → 5′ 방향으로 진행된다.
③ PCR 반응에는 일반적으로 DNA 주형, 프라이머, dNTPs, *Taq* 중합효소, 버퍼가 필요하다.
④ 프라이머의 특이성과 결합 온도는 PCR의 증폭 정확도에 큰 영향을 준다.
⑤ PCR 산물의 길이는 두 프라이머 사이의 염기서열 길이에 의해 결정된다.

4 세포분열에 대한 설명으로 옳은 것은?

① 원핵생물에서의 세포분열은 진핵생물의 세포분열보다 훨씬 더 복잡하다.
② 염색체 수의 감소 여부에 따라 진핵생물의 세포 분열은 체세포분열과 감수분열로 분류된다.
③ 감수분열에서는 간기의 S기 때 복제되어 2개의 자매 염색분체를 가지는 염색체는 적도면에 배열된 뒤 각 자매 염색분체가 나뉘어 딸세포로 나뉘어 들어간다.
④ 감수분열에서는 감수 2분열 때 상동 염색체 쌍이 짝 지어진 뒤 딸세포로 나뉘어 들어간다.
⑤ 사람과 다른 많은 생명체들은 체세포분열을 통해 배우체를 생성한다.

5 동물세포를 배양할 때 고려해야 사항으로 옳지 않은 것은?

① 대부분의 동물세포는 표면에 부착하여 생장한다.

② 현탁 배양 시에는 동물세포가 전단력(shring force)에 강하기 때문에 산소 공급을 위한 심한 교반을 주의해야 한다.

③ 동물세포는 미생물보다 크고 복잡한 세포로서 생장속도가 미생물에 비하여 매우 느리기 때문에 생산성이 낮고 배양 도중 미생물에의 오염 가능성이 높다.

④ 배양에 필요한 배지의 조성이 완전하게 알려져 있지 않고, 혈청(serum)과 같은 값비싼 배지성분이 요구된다.

⑤ 단클론항체(monoclonal antibody)를 생산하는 경우에는 하이브리도마(hybridoma) 세포를 이용한다.

6 미생물 분류학의 속성이라고 보기 어려운 것은?

① 과학적이다.

② 예측 가능성을 제공한다.

③ 논리적 체계를 가진다.

④ 정확한 명명법을 제공한다.

⑤ 새로운 종은 발견자의 의견을 통해 명명된다.

7 미생물의 성장곡선 중 대수증식기의 주요 특성으로 옳지 않은 것은?

① 특정 배양 조건하에서 자랄 수 있는 최대 세포 수를 나타낸다.

② 집단 내에서 모든 세포의 생리, 화학적 특성이 균일하다.

③ 영양물질의 농도에 따라 성장 속도가 증가한다.

④ 이 단계의 세포는 물질대사에 필요한 효소를 합성하고 손상된 부분을 복구할 수 있다.

⑤ 더블링 시간은 주어진 생육 조건에서의 세포의 성장 능력을 나타낸다.

8 다음 보기는 미생물을 배양하는 과정에서 배지 성분의 추가와 관련된 설명이다. 괄호 안에 들어갈 말을 순서대로 옳게 나열한 것은?

<보기>
미리 준비한 종균 배양액의 접종 후 (   )시간마다 시료를 취해서 OD(   )nm 값을 측정하고 기록해 미생물의 성장 곡선을 작성한다.

① 1, 600　　② 2, 600　　③ 1, 260

④ 2, 260　　⑤ 3, 280

9 플라스미드 벡터가 가져야 할 기본적인 요건으로 보기 어려운 것은?

① 숙주세포 안에서 복제될 수 있는 복제 개시점(replicon)을 가져야 한다.

② DNA 절편을 클로닝하기 위한 다양한 제한효소 부위(multiple cloning site)를 갖추고 있어야 한다.

③ 분리 및 정제과정에서 분해되지 않도록 충분히 큰 사이즈여야 한다.

④ 벡터의 삽입 DNA가 숙주세포 내로 제대로 도입되었는지 알려 주는 선별용 마커를 가지고 있어야 한다.

⑤ 형질전환이 용이한 숙주 시스템이 있어야 한다.

10 다음 보기는 DNA의 구조에 관한 설명이다. 괄호 안에 들어갈 말이 순서대로 나열된 것은?

> DNA의 구조를 유지하는 핵심 요인은 염기 간의 (　　)이다. 한 가닥의 염기 A는 다른 가닥의 염기 T와 (　　)하고, 염기 G는 다른 가닥의 염기 C와 각각 (　　) 하고 있으며 구조적으로 두 가닥은 서로 반대 방향으로 놓여 있다.

① 수소결합, 수소결합, 공유결합
② 공유결합, 공유결합, 수소결합
③ 수소결합, 수소결합, 수소결합
④ 공유결합, 공유결합, 공유결합
⑤ 이온결합, 수소결합, 공유결합

11 효소중합연쇄반응(PCR) 시, 개시자의 디자인 과정에 고려할 사항으로 틀린 것은?

① 앞쪽 안티센스 개시자와 뒤쪽 센스 개시자의 Tm 값은 비슷할수록 좋다.
② 주형 DNA의 특이성이 높을수록(즉, 중복성이 적을수록) 좋으며 반복서열에 해당하는 부분은 배제한다.
③ 스스로 2차 구조를 형성하지 않아야 하며, 두 개시자(primer) 간에도 수소결합을 하지 않아야 한다.
④ 18~25개의 뉴클레이티드 길이가 적당하다.
⑤ A+T의 함량이 40~60%인 것이 적당하다.

12 레드(red) 바이오 산업 혹은 기술과 관련성이 가장 먼 것은?

① 합성 면역
② 친환경 고분자 생산 미생물
③ 단일세포 교정기술
④ 동반진단
⑤ 항체공학

13 국내 바이오산업 분류체계에서 각 산업과 해당 산업 혹은 제품이 옳게 연결된 것은?

① 바이오의약산업 - 백신, 바이오고분자, 세포기반 치료제, 유전자의약품
② 바이오화학에너지산업 - 산업용 효소, 시약류, 생활화학 제품, 생물고정화 소재
③ 바이오식품산업 - 건강기능식품, 사료첨가제, 식품첨가물, 식품용 효소
④ 바이오환경 - 환경처리 시스템, 환경오염측정기구, 환경오염진단, 연구실험용 효소
⑤ 바이오서비스산업 - 바이오위탁생산, 바이오분석서비스, 임상연구개발서비스, 바이오진단의약품

14 단백질의 1차 구조에 대한 설명으로 틀린 것은?

① 1차 구조는 아미노산이 펩타이드 결합으로 연결된 선형 서열을 의미한다.
② 1차 구조의 정확한 서열은 단백질의 최종 입체구조 형성과 기능에 결정적 역할을 한다.
③ 단백질의 1차 구조가 변형되면 기능 변화 없이 2차, 3차 구조는 그대로 유지된다.
④ 1차 구조 분석에는 에드만 분해법이나 질량 분석법이 사용된다.
⑤ 돌연변이에 의한 아미노산 치환은 단백질 안정성 및 기능에 중대한 영향을 줄 수 있다.

15 다음 보기는 mRNA 백신에 관한 설명이다. 괄호 안에 들어갈 말을 순서대로 묶은 것은?

mRNA 백신은 다양한 (　　　) 조합이 가능하여 체액성과 세포성 면역반응을 모두 유도할 수 있고, 사멸/생약독화 바이러스 백신에 비교해 비감염성이며, (　　　) 백신에 비교해 비삽입성 약품 유형(drug modality)으로 게놈 DNA 삽입에 의한 돌연변이 유발의 잠재적 위험이 적은 특징을 가진다.

① 항원, DNA
② 항체, DNA
③ 단백질, RNA
④ mRNA, RNA
⑤ 핵산, 재조합

16 PCR에 관한 설명 중 틀린 것은?

① DNA 절편을 대량으로 합성할 수 있는 기술이다.
② PCR 반응은 일반적으로 긴 시간이 필요하다.
③ 실험실 조건에서의 DNA 복제 과정이다.
④ 열에 강한 DNA 중합효소가 사용된다.
⑤ 변성, 접합, 신장(extension)의 세 단계로 구성된다.

17 기존의 백신과 비교할 때, mRNA 백신의 특성이라고 보기 어려운 것은?

① 제조에 걸리는 시간이 짧다.
② 비증식성이며 비삽입성이기 때문에 안전성이 낮다.
③ 플랫폼 유연성이 높다.
④ 생산성이 높다.
⑤ 면역원성 및 방어효능이 높다.

18 세계 최초의 유전자 재조합기술을 통해 만들어진 의약품에 관한 설명으로 틀린 것은?

① 바이러스벡터가 아닌 플라스미드벡터를 사용했다.

② 치료의약품은 혈전 치료제이다.

③ 대장균에서 대량으로 만들어졌다.

④ 제네텍이라는 회사에 의해 개발되었다.

⑤ 의약품의 상품명은 휴물린이었다.

19 세계 최초의 유전자 재조합기술을 통해 만들어진 의약품에 관한 설명으로 틀린 것은?

① 바이러스벡터가 아닌 플라스미드벡터를 사용했다.

② 혈전 치료제이다.

③ 대장균에서 대량으로 만들어졌다.

④ 제넨네텍이라는 회사에 의해 개발되었다.

⑤ 의약품의 상품명은 휴물린이었다.

20 의약품이 반드시 확보해야 할 특성으로 옳게 묶인 것은?

① 유효성-특이성-안전성

② 안전성-안정성-특이성

③ 특이성-안전성-선택성

④ 안정성-안전성-유효성

⑤ 선택성-유효성-특이성

21 희귀의약품은 국내 환자 수, 즉 유병인구의 어느 범위에서 식약처장이 지정하여 고시하는 의약품인가?

① 1만 명 이하 ② 2만 명 이하
③ 5만 명 이하 ④ 10만 명 이하
⑤ 50만 명 이하

22 생명공학적 연구개발을 위한 미생물의 장점으로 보기 어려운 것은?

① 비교적 단순한 배지에서 빨리 생육하므로 실험실 내에서 연구가 용이하고 빠른 시간 내에 결과를 얻을 수 있다.
② 독성 및 병원성이 없어 안전하다.
③ 모든 세포는 유사한 생화학 반응경로에 의해 아미노산으로부터 단백질을 생합성할 수 있다.
④ 모든 세포는 유사한 과정을 통해 DNA를 복제할 수 있다.
⑤ 모두 유사한 대사경로를 통해 유기화합물을 분해하여 에너지를 획득할 수 있다.

23 생물을 분류하는 기준과 그 특징에 대한 설명으로 옳지 않은 것은?

① 화학영양생물은 에너지와 탄소를 모두 살아 있는 유기화합물에서 얻는다.
② 종속영양생물은 외부의 유기물을 통해 탄소를 얻는다.
③ 호기성 생물과 혐기성 생물은 전자전달계의 최종 전자수용체에 따라 구분된다.
④ 광독립영양생물은 빛 에너지를 이용해 이산화탄소와 같은 무기 탄소원으로부터 유기물을 합성한다.
⑤ 그람 염색은 세균의 세포벽 구조 차이를 이용해 그람양성균과 그람음성균으로 구분한다.

24 사람의 이명법 기준 학명 표기로 옳게 표기한 것은?

① Homo sapiens ② *Homo sapiens*

③ *Homo* sapiens ④ H. *sapiens*

⑤ *sapiens Homo*

25 아래의 보기는 미생물 배지 중 탄소원에 대한 설명이다. 괄호 안에 들어갈 말이 순서대로 묶인 것은?

<보기>

미생물 배양에서 가장 일반적으로 사용되는 고순도의 탄소원은 포도당과 같이 (　　　)이/가 높은 것을 사용한다. 그러나 산업적 생산 규모에서는 원료 가격, 목적 산물의 (　　　), 기질의 보관성, 공급의 안정성, 발효 후 폐기물 처리, 발효기 운전 안정성 등을 종합적으로 고려하여 선택하여야 한다. 배지 중 서로 다른 탄소원이 혼합되어 있는 경우, 각 탄소원은 순차적으로 이용되므로 미생물 세포 증식 및 (　　　)의 양식이 복잡하게 된다. 다양한 전분류 및 덱스트린, 설탕이 함유된 당밀 등이 많이 사용된다.

① 순도-생산성-대사 ② 밀도-유용성-호흡

③ 특이성-이용성-효소 활성 ④ 점도-생산성-분해 활성

⑤ 활성-농도-세포분열

26 미생물을 회분식으로 배양할 경우, 주의사항으로 보기 어려운 것은?

① 회분식 배양에서는 배양액 중 미생물 세포의 농도가 낮아서 수확한 배양액 중 목적 생산물의 농도가 매우 낮기 때문에 정제 과정은 오히려 매우 어려워질 수도 있다.

② 배양 기간과 배지의 조성 및 농도를 미생물 세포 성장 단계와 일치시켜야 한다.

③ 미생물 세포의 성장 패턴과 생산 단백질의 생합성 시기는 서로 다를 수도 있다.

④ 배지를 첨가하는 동안 영양소의 농도가 과도하게 높아지게 되면 포도당이 젖산으로 전환될 수 있는데 이에 대한 대응 노력이 필요하게 된다.

⑤ 필요한 영양소가 처음부터 모두 들어 있는 배지가 필요하며, 결과적으로 당의 농도는 일반적인 배양 방식보다 훨씬 높아야 한다.

27 효소의 분류에 관한 설명으로 옳지 않은 것은?

① 국제생화학연합(International Union of Biochemistry, IUB)의 효소위원회(International Enzyme Commission, EC)에서 제창한 분류법에 따라 분류한다.

② 효소는 기본적으로 효소가 작용하는 기질 또는 효소가 촉매하는 반응의 형태를 기준으로 분류한다.

③ 효소는 크게 6개로 분류할 수 있다.

④ 일반적으로 효소의 명칭은 각각의 반응 형태 또는 기질의 명칭 뒤에 ~ase라는 어미를 붙여 사용한다.

⑤ 분류법이 결정되기 전부터 사용되어 온 효소의 관용명은 병행하여 사용할 수 없다.

28 단백질의 변성에 가장 큰 영향을 끼치는 것끼리 옳게 묶인 것은?

① pH - 효소 활성

② 온도 - 효소 활성

③ pH-온도

④ 완충액의 농도 - 단백질의 3차 구조

⑤ 단백질의 농도 - 효소 활성

29 재조합 DNA를 제조하기 위해서 반드시 필요한 것이 아닌 것은?

① DNA 연결효소(ligase)

② 제한효소(restriction enzyme)

③ 타깃 DNA 혹은 유전자

④ DNA 중합효소(polymerase)

⑤ 벡터 DNA

30 제한효소 중에서 무딘 말단을 만드는 것끼리 옳게 묶인 것은?

① *Eco*RI-*Bam*HI

② *Hind*III-*Bgl*II

③ *Pvu*II-*Hae*III

④ *Alu*I-*Sfi*I

⑤ *Not*I-*Hinf*I

31 DNA 전기영동 기술에 관한 설명으로 옳지 않은 것은?

① DNA의 이동 매질로는 아가로스가 가장 많이 사용된다.

② 전기장에서 DNA는 음극에서 양극으로 이동한다.

③ 아가로스 젤은 바로 사용할 수 없기 때문에 미리 만들어 두어야 한다.

④ DNA를 가시화하기 위해서는 EtBr과 같은 염색제를 사용할 수 있다.

⑤ 매질의 농도가 높을수록 DNA 이동 속도는 더 빨라진다.

32 다음은 공통적으로 어떤 바이오의약품과 관련된 것인가?

• 백신	• 항독소	• 혈액분획제제

① 항체의약품
② 유전자재조합의약품
③ 세포배양의약품
④ 세포치료제
⑤ 생물학적제제

33 백신의 생산방식에 따라 유정란 생산방식과 세포배양 생산방식으로 나눈다. 이에 대한 설명이 맞지 않은 것은?

① 유정란 생산방식은 계란을 사용하는 것이므로 고비용이고 긴 준비시간이 필요하다.
② 유정란 사용으로 조류 인플루엔자 등의 발생이 있을 경우 공급이 불가하다.
③ 유정란 생산방식은 알러지 등 제약조건으로 투여대상을 선별하여 투여하여야 한다.
④ 세포배양 생산방식은 유사시 대응이 빠르고 대량생산이 가능하다.
⑤ 세포배양 생산방식은 계란 알러지 등에 무방하여 선별투여하지 않아도 된다.

34 3세대 바이오의약품으로 분류되는 것끼리 옳게 묶인 것은?

① 백신-생물학적제제
② 항체의약품-재조합의약품
③ 치료용항체-호르몬
④ 단백질의약품-사이토카인
⑤ 세포치료제-유전자치료제

35 림프종, 만성 림프구성 백혈병, 류마티스 관절염, 베게너 육아종증 및 현미경적 다발혈관염을 적응증으로 국내 승인을 받은 항체의약품은?

① Abciximab
② Adalimumab
③ Bevacizumab
④ Cetuximab
⑤ Rituximab

36 면역반응 중에서 세포성 면역반응과 관련된 세포로 적절하지 않은 것은?

① Cytotoxic T cell
② B cell
③ NK cell
④ Helper T cell
⑤ Macrophage

37 다음 보기의 장점과 단점을 가진 바이러스 운반체는?

<보기>

- 장점 : 신경 친환성, 크기가 큰 유전자의 삽입이 가능하다.
- 단점 : 유전자 조작이 상대적으로 어렵다.

① Herpes virus
② Adeno-Associated Virus
③ Lentivirus
④ Retrovirus
⑤ Adenovirus

38 현장검사(POCT)의 장점이라고 볼 수 없는 것은?

① 적은 양의 검체로 손쉽게 검사가 가능하다.

② 신속한 검사 결과를 볼 수 있다.

③ 환자의 편의성이 높다.

④ 검사 소요시간이 짧다.

⑤ 정밀도와 정확도가 높다.

39 배양 중 미생물의 특징적인 성장곡선에서 지체기에 대한 설명으로 옳지 않은 것은?

① 세포가 환경 조건에 적응하기 위해 준비하는 단계

② 물질대사에 필요한 효소를 합성하는 단계

③ 세포의 성장과 사멸이 평형을 이루는 단계

④ 세포의 손상된 부분을 복구하는 단계

⑤ 세포의 급속한 성장을 위한 물질을 생합성하는 단계

40 효소 반응의 특징에 관한 설명 중 옳지 않은 것은?

① 효소는 특정 기질에 대해서만 반응한다.

② 자체는 변하지 않는 생체촉매이다.

③ 효소활성은 온도와 pH에 매우 민감하다.

④ 기질농도가 계속 증가하면 효소반응 속도도 계속적으로 증가한다.

⑤ 효소는 단백질로 구성되어 있다.

41 형질전환 시 아래 보기의 특성을 가진 숙주세포는?

셀룰레이즈(cellulase)의 처리에 의해 세포벽을 제거하여 원형질체(protoplast)로 만든 후, 유전자를 도입시키게 되며 세포 증식을 위해 성장호르몬인 옥신(auxin) 및 사이토키닌(cytokinin)을 배지에 공급하여 배양한다.

① 고초균 ② 효모
③ 대장균 ④ 동물세포
⑤ 식물세포

42 유전자 재조합의 숙주세포로서 동물세포가 갖는 특징으로 옳은 것은?

① 재조합 유전자의 설계가 용이하다.
② 동물세포 발현 시스템은 구조적, 기능적으로 가장 자연형에 가깝다.
③ 서로 엉켜 자연 상태가 아닌 응집성 형태의 봉입체를 형성한다.
④ 효모 시스템보다 단백질 발현율이 높다.
⑤ 높은 단백질 발현율에 비해 영양요구성은 크지 않아 산업적 측면에서 유리하다.

43 플라스미드처럼 세포외 유전체가 아닌 핵 유전체 DNA로 분리하기 위한 방법으로 옳은 것은?

① 세포 내 존재하는 DNA 분해효소 활성을 촉진시킨다.
② 제한효소 또는 연결효소가 반드시 첨가되어야 한다.
③ 타깃 세포가 가지고 있는 DNA 분해효소를 활성화시켜야 한다.
④ 세포 내 잔존하는 탄수화물, 단백질, 세포잔유물은 제거할 필요가 없다.
⑤ 핵 유전체 DNA가 분해되거나 파편화되지 않도록 물리적 충격을 주지 않아야 한다.

44 배지 교환식 배양(perfusion culture)에 관한 설명으로 옳은 것은?

① 초기에 배지를 준비하여 배양이 종료될 때까지 별도의 배지를 공급하지 않는다.

② 대부분의 상업적인 생산에 널리 사용된다.

③ 배양이 시작되면 외부와 폐쇄되어 오염의 확률이 상대적으로 낮다.

④ 필요한 영양소가 비교적 단기간에 소모되어 세포의 최대 농도가 낮고 배양 기간이 짧다.

⑤ 비교적 작은 규모에서도 세포 농도와 목적 단백질 농도를 높일 수 있다.

45 DNA에 관한 설명 중 옳지 않은 것은?

① 뉴클레오티드는 5탄당의 1번 탄소에 인산이, 5번 탄소에 염기가 결합되어 있다.

② DNA의 복제에는 주형 DNA와 이와 상보적인 primer가 필수적이다.

③ DNA의 복제는 반드시 5′에서 3′ 방향으로 진행된다.

④ 새로 합성되는 가닥의 마지막 뉴클레오티드에 위치한 당의 3번 탄소에 OH기가 있어야 한다.

⑤ DNA의 이중나선 구조가 단일 가닥으로 전환되는 것을 변성이라 한다.

46 바이오의약품의 세대별 분류이다. 맞게 연결된 것은?

세대				
1세대 바이오의약품	1 •	• A	항체의약품	단클론항체
2세대 바이오의약품	2 •	• B	단백질의약품	백신, 인슐린
3세대 바이오의약품	3 •	• C	세포치료제, 유전자치료제	세포배양의약품

① 1-A, 2-B, 3-C
② 1-B, 2-C, 3-A
③ 1-C, 2-A, 3-B
④ 1-B, 2-A, 3-C
⑤ 1-A, 2-C, 3-B

47 다음 보기의 내용은 무엇에 관한 설명인가?

- Cytotoxic T cell, macrophage, NK cell 등의 면역세포들이 주축이 되는 과정으로서, 일단 항원을 인식하게 되면 T 림프구가 다양한 cytokine을 만드는 대식세포, NK 세포 등을 활성화시킴으로써 암세포 또는 바이러스들을 파괴할 수 있게 된다.
- 죽이거나 약화시킨 병원체를 치료의 목적으로 인체에 주입해 주면 이로부터 자극을 받은 면역계가 항체를 만들고 동시에 그 항원을 기억하게 된다.

① 체액성 면역반응
② 세포성 면역반응
③ 하이브리도마
④ 항원항체 반응
⑤ 인간화 항체

48 면역세포치료제에 대한 설명으로 옳지 않은 것은?

① T세포와 같은 면역세포를 치료에 직접 사용하여 환자의 면역체계를 활성화한다.
② 암세포에 특이적으로 작용하여 암세포만 공격하고 정상세포는 공격하지 않는다.
③ 면역세포에 도입하는 유전자 부위는 표적에 따라 변형 가능하여 이론적으로 다양한 암치료가 가능하다.
④ CAR-T 치료제는 부작용이 최소화되어 있어 면역세포치료제의 중심이 되고 있다.
⑤ 현재 면역세포 연구는 T세포, NK세포 등을 중심으로 전개되고 있다.

49 다음 지문 중 괄호 안에 들어갈 말로 가장 적합한 것은?

차세대 유전자치료제로서 각광받고 있는 antisense drug는 질병의 치료를 위해 RNA나 Aptamer, Ribozyme 등을 투여하여, 이들이 mRNA와 결합함으로써 (　　　)을 저해하도록 하는 것이다.

① 항원항체 반응
② 유전자조작 반응
③ 세포분화 반응
④ 단백질 합성
⑤ 메틸레이션

50 분자진단은 분자생물학적 기술을 적용하여 박테리아, 바이러스 등의 DNA 또는 RNA를 직접 분석 및 검출하는 진단검사 방법이다. 다음의 분자진단 수행 과정에서 괄호 안에 들어갈 말로 가장 적합한 것은?

샘플 채취 → 핵산 추출 → 진단키트 혼합 → (　　　) → 분석

① 신호 증폭
② 탐침 증폭
③ 핵산 증폭
④ 형광 분석
⑤ 핵산 분석

51 다음 중 플라스미드(plasmid)에 관한 설명으로 옳은 것은?

① 환형(circular)의 단일 나선 DNA이다.
② 염색체의 일부로서 존재한다.
③ 세균이나 효모의 성장에 필수적이다.
④ 세균이나 효모의 핵 DNA 외에 별도로 존재하는 DNA를 말한다.
⑤ 실제로는 자가 복제가 거의 어렵다.

52 다음 중 세포배양 배지 성분 중 성장인자(growth factor)에 관한 설명으로 옳은 것은?

① 미생물 생장에 필수적인 물질이다.

② 스스로 생합성하여 이용한다.

③ 동일한 세포는 배양환경과 무관하게 그 요구 범위가 일정하다.

④ 일반적으로 대량으로 필요한 탄수화물이나 단백질류 등이 성장인자로 작용한다.

⑤ 배지 중 $[H^+]$ 농도를 증가시켜 배지의 pH가 낮아진다.

53 유전자 재조합의 숙주세포로서 세균의 장점에 해당하는 것은?

① 재조합 유전자의 설계가 용이하다.

② 복잡한 번역 후 수식이 필요한 단백질 발현에 유용하다.

③ 대부분의 재조합 단백질들은 가용성 형태로 발현된다.

④ 봉입체(inclusion body)의 형성 가능성이 낮다.

⑤ 재조합 단백질의 잘못 접힘(mis-folding) 가능성이 낮다.

54 동물세포의 마스터 세포은행(MCB)에 관한 설명 중 옳지 않은 것은?

① 세균, 진균 등의 오염 여부를 확인할 것

② 바이러스가 없음을 확인할 것

③ 보관기간 중 세포주의 안정성을 확인할 것

④ 한 번의 급속 동결로만 해서 보관할 것

⑤ 비상시를 위해 일부는 또 다른 액체질소에 보관할 것

55 바이오시밀러에 관한 설명 중 옳은 것은?

① 개발 방법은 오리지널 생물의약품과 거의 동일하다.

② 주성분의 분자량이 500 이하인 제제가 현재 대부분을 차지한다.

③ 오리지널 생물의약품과 구조가 똑같다.

④ 생물학적 동등성시험에 의해 비교 동등성이 입증된 생물의약품을 말한다.

⑤ 국내 바이오의약품 수출의 대부분을 차지한다.

56 유전자 재조합 백신에 대하여 설명한 것으로 옳은 것은?

① 유전자 조작된 대장균을 배양하여 생산된 polypeptide를 화학적으로 연결하여 만든다.

② 인체성장호르몬 유전자서열 앞에 세균의 단백질분비 유전자를 삽입하여 대장균을 숙주로 이용하여 제조한다.

③ 유전공학적으로 세균의 표면단백질을 대량생산한 후 인체에 주사하여 효과를 얻는다.

④ 유전자 재조합 백신으로 소마토트로핀이 있다.

⑤ 병원균을 이용하여 인체에서 항원을 생산하게 하는 방법이다.

57 단클론 항체의 장점에 관한 설명으로 옳은 것은?

① 다양한 항원결정기에 반응하여 이것이 질병을 치료한다.

② 반복적으로 생산 시 배치(batch) 간에 차이가 많다.

③ 단클론 항체 생산 시 항원이 필수적이다.

④ 항체의 특이성과 화학약물을 조합하여 만든 신개념 치료제이다.

⑤ 외래의 항원에 따라 각각 특이적으로 반응하는 항체이다.

58 줄기세포치료제에 관한 설명으로 옳은 것은?

① 배아 줄기세포는 상처나 사고로 손상된 조직과 세포를 복구할 수 있다.
② 성체 줄기세포는 배반포에 존재하는 내부세포괴에서 추출한 줄기세포이다.
③ 성체 줄기세포치료제가 전 세계 세포치료제의 거의 대부분을 차지하고 있다.
④ 배아 줄기세포는 분화조절의 어려움이 있으나 생명윤리 문제는 적다.
⑤ 역분화 줄기세포의 단점은 면역거부반응이 강하다는 것이다.

59 유전자치료제를 설명한 것 중 옳은 것은?

① 유전자의 전달 효율성을 위해 별도의 운반체를 사용하지 않는다.
② RNA 형태로 유전물질을 전달한다.
③ 바이러스 벡터를 이용하여 유전자를 환자 세포 내로 전달한다.
④ 유럽에서 선진국 최초로 승인받은 것은 글리베라이다.
⑤ 유전자치료제 치료방식은 체내(*in vivo*) 치료 방식이다.

60 다음 중 백신이 개발되어 있지 않은 대표적 질환은?

① 결핵
② 일본뇌염
③ 말라리아
④ 인플루엔자
⑤ 로타바이러스 감염증

정답과 해설

[복습문제]

1 ③ 생명공학 산업은 화이트, 레드, 그린의 세 가지 색으로 구분한다.

2 ④ 레드바이오는 주로 제조, 연구개발업이 주요 비중을 차지한다.

3 ③ 화이트바이오의 연평균 성장률은 약 18% 이상으로 고성장 산업 중 하나이다.

4 ④ 핵은 단일막이 아닌 이중막으로 둘러싸여 있다.

5 ④ 국가표준 KS J1009의 제정은 국가기술표준원이 하였다.

6 ③ 바이오산업의 분류를 명확히 하기 위해서는 경제 구조, 산업 구조, 타 산업과의 관계 등에 대한 분석이 요구된다.

7 ③ 아미노산은 산업 분류 중 바이오 식품에 해당한다.

8 ① DNA 칩, 바이오센서는 생물전자산업에 해당한다.

9 ③ 해충에 강한 유전자변형식물(GMO)은 바이오산업 분류의 대분류인 바이오 에너지 및 자원에 해당된다.

10 ② 임신 진단키트는 바이오산업 대분류 중 바이오의약에 해당된다.

11 ② ②번은 로버트 훅이 세포라는 용어를 명명할 때 세포를 표현한 말이다.

12 ① 원핵세포는 대부분이 단세포이다.

13 ③ 진핵세포의 리보솜은 80S의 리보솜을 가지고 있다.

14 ④ 핵은 단일막이 아닌 이중막으로 둘러싸여 있다.

15 ① 자체적인 DNA를 보유한 세포소기관은 미토콘드리아와 엽록체이다.

16 ② 바이러스는 생물에 포함되지 않는다.

17 ① 모든 생물은 공통 조상으로부터 유래되었다.

18 ③ 고세균계는 워스의 분류체계에 해당된다.

19 ① 고세균도 세균처럼 핵막이 없다.

20 ④ 인간에 대한 학명은 다음과 같이 표기할 수 있다: Homo sapiens, *Homo sapiens*, *H. sapiens*.

21 ④ 주기율표의 가로행을 주기라 하며, 세로줄은 족이라고 한다.

22 ③ 작용기와 같은 의미로 사용되는 것은 관능기, 기능기, 기능원자단이다.

23 ① 비타민은 생체고분자에 해당되지 않는다.

24 ① 탈수 축합반응의 역반응은 가수분해 반응이다.

25 ② 탄수화물을 구성하는 주요 원소는 탄소, 수소, 산소이다.

26 ③ 이당류에는 젖당, 엿당, 설탕이 해당된다.

27 ④ 스테로이드는 인공적으로 합성이 가능하다.

28 ② 트랜스지방은 인공적으로 제조된 지방의 일종이다.

29 ② 펩타이드는 아미노산끼리의 결합을 말한다.

30 ④ 보기에 나온 단백질의 기능 중 저장 기능이 가장 거리가 멀다.

31 ① 핵산은 핵 속의 산성을 띤 물질을 의미하는 것으로 염기성이 아닌 산성 물질이다.

32 ② RNA를 구성하는 염기는 A, G, C, U이다.

33 ④ DNA 이중가닥에서 A는 T와, G는 C와

염기쌍을 형성한다. U는 RNA 염기이기 때문에 DNA 이중가닥 안에서 DNA 염기와는 염기쌍을 형성하지 않는다.

34 ② X선 회절 분석을 통해 DNA의 구조 발견에 공헌한 프랭클린은 노벨상 수상 당시에 생존하지 못해 그 상을 받지 못했다.

35 ① ② 번은 mRNA에 대한 설명이다. ③ 번은 tRNA에 설명이며, ④ 번은 전달 RNA가 아니고 리보솜 RNA라고 한다.

36 ② 리보오스의 2번 탄소의 OH가 가수분해 시 상대적으로 활성화에너지가 낮아 DNA보다 불안정하다.

37 ④ HIV가 가진 역전사효소의 발견으로 최근 생명의 중심 원리에 역전사가 도입되었다.

38 ③ ① 번은 도움 T세포이며, ② 번은 RNA형 바이러스이다. ④ 번은 선천적이 아니고 후천적이라고 해야 정답이다.

39 ④ DNA 이중가닥 내 염기 간 상보적 수소결합은 G와 C는 삼중결합, A와 T는 이중결합을 한다. U는 RNA 가닥에서 부분적으로 혹은 해독 단계에서 A와 이중결합을 한다.

40 ② DNA를 가진 세포소기관은 핵, 미토콘드리아, 엽록체이다. 리보솜은 단백질 합성에 관여하지만 DNA를 갖고 있지 않다.

41 ② 빈칸에 들어갈 말은 유전자이다.

42 ③ 전사는 핵에서 일어난다.

43 ④ 전사과정은 세부적으로 개시, 신장, 종결의 순으로 진행된다.

44 ② rRNA는 리보솜의 일부 구성요소로서 단백질 합성 과정에 참여한다.

45 ④ 총 64개의 코돈조합 중 종결코돈은 3개(UAA, UAG, UGA)가 존재한다.

46 ① 부분적으로 이중 결합을 하고 있는 단일가닥 RNA이다.

47 ② 적외선은 돌연변이원에 해당되지 않는다.

48 ④ 박스 안의 내용은 번역틀이동 돌연변이를 설명한 것이다.

49 ① 박스 안의 내용은 침묵 돌연변이를 설명한 것이다.

50 ④ 낫세포적혈구빈혈증은 헤모글로빈 단백질의 6번째 아미노산인 글루탐산이 발린으로 변화되면서 발생하는 질병이다.

51 ③ 세포 주기는 G_1 > S > G_2 > M의 순서로 진행된다.

52 ② 세포분열 과정 중 중기의 가장 큰 특징은 염색체가 적도면에 위치하는 것이다.

53 ④ 동원체는 세포분열 과정 중 방추사가 결합하는 부위로서 조절 요소가 아니다.

54 ① 출아는 무성 생식의 한 방법이다.

55 ③ 교차가 일어나는 시기는 제1 감수분열(전기)이다.

56 ④ 감수분열이 일어나는 장소는 생식소(정소, 난소)이다.

57 ③ 문제의 핵형을 가진 정자와 난자가 수정하면 2N+1의 수정란(접합자)이 만들어진다.

58 ④ NIFTY 검사법은 임신 10주 이상이 되어도 검사가 가능하다.

59 ③ 암세포는 여러 당 중에서 포도당에 대한 선호성이 강한 세포이다.

60 ② 가공식품의 제조, 조리 또는 섭취 과정 중에 발암 물질이 포함, 생성될 수 있다.

61 ① 재조합 DNA는 특정 유전자 혹은 DNA 단편들이 대상이다.

62 ② 바이러스 DNA의 침입에 대응하기 위해 세균이 보유하고 있는 방어 기전은 제한-변형이다.

63 ② 재조합 DNA를 만들 때 사용되는 제한효소는 인식 부위와 절단 부위가 동일한 유형 II이다.

64 ② 4개의 염기를 인식하는 제한효소 인식 부위는 확률적으로 256 염기마다 존재한다.

65 ① 5'-GAATTC-3'의 서열로 구성된 DNA 염기서열의 회문서열은 5'-GAATTC-3'이다.

66 ① R 플라스미드는 항생제 내성 유전자를 가지고 있다.

67 ④ 플라스미드 벡터가 가져야 할 특징 중 하나는 가능한 한 많은 제한효소 인식 부위를 가지고 있어야 한다는 것이다.

68 ③ DNA 연결효소는 포스포다이에스터 결합을 촉매한다.

69 ④ 보기 중 SmaI만이 무딘 말단을 만든다.

70 ③ 숙주 세포는 클로닝 과정에서 필요하다.

71 ④ DNA 클로닝에는 대장균, 효모 등의 숙주가 필요하다.

72 ① 자신의 DNA가 아닌 DNA를 수용하는 세포를 형질전환체라고 한다.

73 ③ 대장균의 열 충격 온도는 42℃이다.

74 ④ 전기충격법은 열 충격보다 형질전환 효율이 더 높다.

75 ④ 타깃 DNA의 크기와 플라스미드의 크기를 고려해서 형질전환 방법을 선택해야 한다.

76 ① 재조합 DNA는 목적 DNA인 타깃 DNA와 플라스미드가 연결된 것을 말한다.

77 ③ 플라스미드를 가진 형질전환체는 특정 항생제에 대한 내성을 갖지 못한다.

78 ② lacZ 유전자를 이용해 목표하는 형질전환체를 선별하는 것은 삽입적 불활성화 원리를 이용하는 것이다.

79 ③ lacZ 유전자는 베타-갈락토시데이즈 효소 유전자를 암호화한다.

80 ① 베타-갈락토시데이즈 효소 단백질이 X-gal을 분해하면 불용성의 파란색 침전물이 만들어진다.

81 ② 숙주 세포의 특징 중 하나는 최적화가 가능해야 한다는 것이다.

82 ③ 대장균은 원핵세포로서 번역 후 수식 기능이 없다.

83 ④ 세포의 성장과 사멸이 균형을 이루는 단계는 정체기이다.

84 ④ 미생물의 배양 단계로는 지체기, 대수기, 정체기, 사멸기가 있다.

85 ③ 보기 중에 탄소원은 포도당이다.

86 ① 저온균, 중온균, 고온균과 직접적으로 관련된 미생물 배양의 영향 인자는 온도이다.

87 ② 100개의 집락 희석 배수를 곱하면 1,000,000개가 시료 속에 있다고 계산된다.

88 ① 교반장치는 배양액 내에 산소의 용존을 높여 주는 장치이다.

89 ① 회분식 배양과 연속식 배양은 미생물 배지의 부피 변화가 다른 배양과 비교할 때 거의 없다.

90 ④ 배지교환식 배양기는 배지의 유입과 유출 구조 이외에 미생물을 회수하고 공급

하는 장치를 갖추고 있어 구조가 복잡하고 가격도 고가이다.

91 ① 캐리 멀리스는 PCR 기술을 발명한 공로로 1993년에 노벨화학상을 수상했다.

92 ③ PCR은 세포가 아닌 시험관 안에서 DNA를 증폭하는 기술이다.

93 ④ PCR은 변성 > 결합 > 합성(신장)의 순서로 DNA 증폭한다.

94 ② 변성은 PCR 반응 혼합물을 약 90℃ 이상에서 가열하는 단계이다.

95 ③ PCR은 최초의 DNA를 220으로 증폭한다. 따라서 최초 1개의 DNA 분자는 20회의 PCR을 통해 산술적으로 약 100만 개 이상으로 증폭된다.

96 ① 변성은 90℃ 이상의 고열이기 때문에 효소 단백질이 오랜 시간 동안 노출되면 활성을 잃게 된다.

97 ② 대장균 유래 DNA 중합효소는 변성 단계를 제외한 결합, 신장 또는 합성 중 어느 단계에서 첨가해도 문제가 없다.

98 ④ PCR 장치는 PCR 반응에 영향을 미치는 요인으로 보기 어렵다.

99 ③ 마그네슘 이온의 농도와 DNA 길이는 무관하다.

100 ② 프라이머의 최적 설계에 프라이머 내의 2차 구조 형성 여부는 중요한 고려 요인이다.

[심화문제]

1 ④ 나머지 ①, ②, ③, ⑤는 진핵세포의 특징이며, ③은 진핵세포 중 식물세포와 곰팡이 및 진균이 가진 특징이다.

2 ③ 발효는 NADH가 내인성 유기 전자수용체와 반응하는 과정을 포함한다. 이때 이 유기 전자수용체는 해당과정을 통해 당으로부터 생성되는 피루브산이다.

3 ② 프라이머의 3′ 말단부터 합성이 시작되어 상보적인 뉴클레오타이드가 5′→3′ 방향으로 첨가되기 때문에 DNA 합성은 3′→5′ 방향이 아니라 항상 5′→3′ 방향으로만 진행된다.

4 ② 진핵생물에서의 세포분열은 원핵생물의 세포분열보다 훨씬 더 복잡하다. 체세포분열에서는 간기의 S기 때 복제되어 2개의 자매 염색분체를 가지는 염색체는 적도면에 배열된 뒤 각 자매 염색분체가 딸세포로 나뉘어 들어간다. 감수분열에서는 제1감수분열 때 상동염색체 쌍이 짝 지어진 뒤 딸세포로 나뉘어 들어간다. 사람과 다른 많은 생명체들은 감수분열을 통해 배우체를 생성한다.

5 ② 현탁 배양 시에는 동물세포가 전단력에 매우 취약하기 때문에 산소 공급을 위한 심한 교반을 주의해야 한다.

6 ⑤ 새로운 종은 발견자의 의견을 통해 명명되는 것이 아니고 국제 학술지를 이용하여 충분한 논의를 거치게 된다.

7 ① 특정 배양 조건하에서 자랄 수 있는 최대 세포 수를 나타내는 미생물의 생육단계는 정체기의 특징을 말한다.

8 ② 일반적으로 미생물의 밀도는 접종 후 2시간마다 분광광도기를 통해 260 nm에서 측정한다.

9 ③ 플라스미드 벡터는 분리, 추출 및 정제 과정에서 잘 분해되지 않도록 가능한 한 크기가 작아야 한다.

10 ③ DNA의 구조를 유지하는 핵심 요인은 염기 간의 수소결합이다. 한 가닥의 염기 A는 다른 가닥의 염기 T와 수소결합하고, 염기 G는 다른 가닥의 염기 C와 각각 수

소결합하고 있으며 구조적으로 두 가닥은 서로 반대 방향으로 놓여 있다.

11 ⑤ PCR의 개시자 설계(디자인) 과정 시 A+T 함량은 주 고려사항이 아니고 G+C 함량이 주 고려사항이며 이들의 함량은 보통 40~60%가 적당하다.

12 ② 친환경 고분자 생산 미생물은 빅데이터 기반 생태 건강성 평가 기술 등과 함께 화이트 바이오 산업 혹은 기술에 포함된다. ①, ③, ④, ⑤는 레드 바이오산업 혹은 기술이다.

13 ③ 바이오고분자는 바이오화학에너지산업으로 분류된다. 생물고정화 소재는 바이오환경으로 분류된다. 연구실험용 효소는 바이오화학에너지산업으로 분류된다. 바이오진단의약품은 바이오의약산업으로 분류된다.

14 ③ 단백질의 1차 구조는 아미노산의 순서를 의미하며, 이 서열이 2차 구조(α-helix, β-sheet), 3차 구조(전체 접힘), 4차 구조(다중 소단위 조립) 형성에 기반이 된다. 아미노산의 치환 등 1차 구조의 변형은 단백질의 접힘(folding), 기능적 도메인 형성, 결합 능력 등에 중대한 영향을 미칠 수 있으며, 결과적으로 기능 상실 또는 겸상적 혈구빈혈증과 같은 질병의 원인이 되기도 한다.

15 ① mRNA 백신은 다양한 항원 조합이 가능하여 체액성과 세포성 면역반응을 모두 유도할 수 있고, 사멸/생약독화 바이러스 백신에 비교해 비감염성이며, DNA 백신에 비교해 비삽입성 약품 유형(drug modality)으로 게놈 DNA 삽입에 의한 돌연변이 유발의 잠재적 위험이 적은 특징을 가진다.

16 ② PCR(polymerase chain reaction)은 원하는 DNA 절편을 인위적으로, 짧은 시간에, 그리고 대량으로 합성하는 분자생물학적 기술이다.

17 ② mRNA 백신은 기존의 백신과 비교할 때, 비증식성이며, 비삽입성이기 때문에 안전성이 상대적으로 높다.

18 ② 최초의 재조합 단백질 의약품은 치료의약품이며, 혈전 치료제가 아니라 당뇨 치료제이다.

19 ② 혈전 치료제가 아니고 당뇨병 치료제였다.

20 ④ 의약품은 유효성, 안전성, 안정성을 반드시 확보해야 하기 때문에 불량이 생길 소지를 처음부터 막을 수 있도록 공정의 처음 단계부터 각종 점검, 검사 및 시험 절차를 마련해야 한다.

21 ② 희귀의약품은 국내 환자 수가 2만 명 이하이고 적절한 치료방법과 의약품이 개발되지 않은 질환에 사용하거나 기존의 대체 의약품보다 현저히 안전성 또는 유효성이 개선된 의약품 중에서 식약처장이 지정하여 고시하고 있다.

22 ② 적지 않은 미생물의 경우, 독성 및 병원성을 가지기 때문에 안전성을 확보해야 한다.

23 ① 화학영양생물(chemotroph)은 에너지를 화학물질로부터 얻는다. 탄소원을 유기물에서 얻는 경우는 화학종속영양생물(chemoheterotroph)이라고 하며, 모든 화학영양생물이 살아 있는 유기화합물을 에너지 및 탄소원으로 사용하는 것은 아니다.

24 ② 사람의 이명법 기준 학명은 *Homo sapiens*, Homo sapiens, *H. sapiens*로 표기할 수 있다.

25 ① 미생물 배양에서 가장 일반적으로 사용되는 고순도의 탄소원은 포도당과 같

이 (순도)이/가 높은 것을 사용한다. 그러나 산업적 생산 규모에서는 원료 가격, 목적 산물의 (생산성), 기질의 보관성, 공급의 안정성, 발효 후 폐기물 처리, 발효기 운전 안정성 등을 종합적으로 고려하여 선택하여야 한다. 배지 중 서로 다른 탄소원이 혼합되어 있는 경우 각 탄소원은 순차적으로 이용되므로 미생물 세포 증식 및 (대사)의 양식이 복잡하게 된다. 다양한 전분류 및 덱스트린, 설탕이 함유된 당밀 등이 많이 사용된다.

26 ④ 유가식 배양에 대한 주의사항 혹은 특징이다.

27 ⑤ 현재의 체계화된 효소분류법이 도입되기 전에 사용되던 효소의 관용명은 병행하여 사용할 수 있다.

28 ③ 최적 조건으로부터 pH가 급격히 변화하면 효소활성이 감소하게 되고 효소 자체가 손상을 받을 수도 있다. 효소는 최적의 온도 조건에서 최대의 활성을 나타내게 된다. 최적 조건으로부터 반응 온도가 급격히 증가하게 되면 효소의 생화학적 구조가 심각한 손상을 입게 되고 효소활성을 잃어버리게 되는데 이러한 현상을 변성(denaturation)이라 한다.

29 ④ DNA 중합효소(polymerase)는 만든 재조합 DNA를 형질전환시킨 후, 숙주시스템에서 대량으로 복제할 때 필요하다. ①, ②, ③, ⑤는 재조합 DNA를 만들기 위해 필요한 요소이다.

30 ③ 무딘 말단을 만드는 제한효소 : *Pvu*II, *Hae*III, *Alu*I / 접착 말단을 만드는 제한효소 : *Eco*RI, *Bam*HI, *Hind*III, *Bgl*II, *Sfi*I, *Not*I, *Hinf*I

31 ⑤ 매질의 농도와 DNA 이동 속도는 반비례 관계이다. 즉 매질의 농도가 높을수록 DNA의 이동 속도는 느려진다.

32 ⑤ 백신, 혈액분획제제 및 백신은 바이오의약품 중 생물학적제제에 속한다.

33 ① 유정란의 가격은 세포배양방식의 배지 가격보다 저렴하여 저비용으로 생산할 수 있다.

34 ⑤ 1세대 바이오의약품 : 백신, 인슐린. 인터페론, 생물학적제제. 2세대 바이오의약품 : 각종 항체의약품. 3세대 바이오의약품 : 세포치료제, 유전자치료제

35 ⑤ ① Abciximab : 경피적 관동맥 혈관확장술(PTCA) 시술 중 고위험환자들의 허혈성 심합병증 예방. ② Adalimumab : 류머티즘 관절염, 건선성 관절염, 축성 척추관절염, 다관절형 소아 특발성 관절염, 크론병, 건선, 궤양성대장염. ③ Bevacizumab : 결장직장암, 유방암, 비소세포폐암, 신세포암, 교모세포종, 난소암, 난관암, 복막암. ④ Cetuximab : 전이성 직결장암, 두경부 편평세포암

36 ② 세포성 면역반응에 관여하는 세포 : Cytotoxic T cell, NK cell, Helper T cell, Macrophage. 체액성 면역반응에 관여하는 세포 : B cell

37 ① 보기의 장점과 단점을 가진 바이러스는 herpes virus이다.

38 ⑤ 현장검사의 장점은 적은 양의 검체 사용. 신속한 결과, 높은 편의성, 짧은 검사시간을 들 수 있다. 반면에 정밀도와 정확도가 낮은 점, 상대적으로 높은 단가, 제한된 측정항목 등은 단점이다.

39 ③ 정체기에서 세포의 성장과 사멸이 평형을 이루고 있다.

40 ④ 세포 내 효소가 기질에 의해 포화되게 되면 기질 농도가 계속 증가하더라도 효소 반응 속도는 더 이상 증가를 계속하지 않는다.

41 ⑤ 보기는 식물세포의 특성이다.

42 ② ①과 ③은 대장균에 대한 설명이다. ④는 효모 시스템이 동물세포보다 단백질 발현율이 높다. ⑤는 효모에 대한 설명이다.

43 ⑤ 핵 유전체 DNA를 분리하는 방법은 다양한데 공통적으로 세포막, 세포벽을 파쇄한 후에 DNA 분해효소(DNase)의 활성을 제거한 후 핵 유전체 DNA를 다른 핵산물질, 단백질, 세포잔유물로부터 분리해 내는 과정을 거친다. 핵 유전체 DNA를 분리할 때 주의할 점은 기계적 충격에 의해 게놈 DNA가 조각날 수 있다는 점과 세포 내 DNA 분해효소(DNase)에 의해 분해될 수 있다는 점이다.

44 ⑤ ①, ③, ④는 회분식 배양에 대한 설명, ②는 유가식 배양에 대한 설명이다.

45 ① Nucleotide는 1번탄소에 염기, 5번탄소에 인산이 결합되어 있는 구조이다.

46 ④

구분	1세대 바이오의약품	2세대 바이오의약품	3세대 바이오의약품
종류	백신, 인슐린/인터페론, 생물학적제제	항체의약품	세포치료제 유전자치료제
기술	유전자재조합기술, 세포(세균, 동물세포)배양, 분리·정제기술	유전자재조합기술 단클론항체 (표적치료)	세포배양 및 조작 유전자조작기술

47 ② 보기는 세포성 면역반응을 설명한다. 체액성 면역반응은 항원과 특이적으로 결합할 수 있는 항체를 생산함으로써 항원을 중화하거나 제거하는 과정이다.

48 ④ CAR-T 치료제의 경우 사이토카인 신드롬(CRS) 22와 신경독성 23 등 생명을 위협하는 부작용을 일으킬 수 있다.

49 ④ 단백질 반응을 저해함으로써 표적 세포의 생장이 멈추게 하는 것이다.

50 ③ 핵산 증폭이 필요한 부분이다. 핵산 증폭에는 PCR을 많이 사용한다.

51 ④ 환형(circular) 이중나선 DNA이고, 염색체와 독립적으로 존재하며, 성장에 필수적이진 않으나 선택적 이점을 제공하는 유전자를 플라스미드 속에 갖고 있다. 세균이나 효모의 핵 외의 DNA로서, 자가 복제(self-replication)가 가능하다.

52 ① 미생물 생장에 필수적인 물질로서, 자체적으로는 생합성이 불가능하고, 같은 세포라도 배양환경에 따라 그 요구 범위가 다를 수 있다. 일반적으로 비타민이나 아미노산류 등이 성장인자로 작용한다. 배지 중 H^+ 농도를 증가시켜 배지의 pH가 낮아지게 하는 것은 배지 성분 중 질소원인 암모늄 이온 때문이다. 암모늄 이온은 NH_3 형태로 세포 내로 흡수되기 때문에 배지 중 H^+ 농도가 증가하게 된다.

53 ① 대장균(*E. coli*)은 재조합 유전자의 설계가 동물세포보다 용이하다. 그러나 봉입체(inclusion body)의 형성 가능성이 높고, 재조합 단백질의 잘못 접힘(misfolding) 가능성이 높다는 단점이 있다.

54 ④ 동물세포는 급속 동결에 취약하므로 초저온 냉동고에서 24시간 동안 동결시킨 후, 액체질소탱크로 옮겨 보관한다.

55 ⑤ 거대 분자량과 복잡한 구조의 바이오의약품은 생산세포주, 제조방법, 공정조건 등에 매우 민감하여 동일한 구조로 만들 수 없다. 바이오시밀러는 오리지널 생물의약품의 특허만료 후 비임상 및 임상시험에 의해 기존에 허가된 바이오의약품과 비교 동등성이 입증된 동등 생물의약품이다. 2018년의 경우 11.8억 달러로서, 국내 바이오의약품 수출(15.6억 달러)의 약 76%

를 점유하고 있다.

56 ③ ①은 인슐린을 만드는 과정, ②는 성장 호르몬을 만드는 과정이다. ④에서 소마토트로핀은 성장호르몬의 성분이다. ⑤는 항원을 만드는 것이 아니라 항체를 만드는 것이다.

57 ⑤ 다클론 항체는 유사한 여러 항원에 반응할 수 있고, 반복 생산이 어렵다. 단클론 항체 생산에는 항원이 필요하지 않다. ④는 항체-약물접합체의 설명이다.

58 ③ 배아 줄기세포는 배반포에 존재하는 내부세포괴에서 추출한 줄기세포이며, 생명윤리 문제와 분화조절의 어려움이 있다. 성체 줄기세포는 상처나 사고로 손상된 조직과 세포를 복구할 수 있다. 역분화 줄기세포는 면역거부반응의 우려가 없다.

59 ④ 유전자의 전달 효율성을 높이기 위해 별도의 운반체를 사용하며, DNA 또는 RNA 형태로 유전물질을 전달한다. 유전자 운반체는 바이러스성 벡터와 비바이러스성 벡터로 나뉜다. 유전자치료제 치료 방식은 체외치료(*ex vivo*)와 체내치료(*in vivo*) 등으로 나뉜다.

60 ③ 말라리아는 모기를 매개로 전파되는 말라리아 원충에 감염되어 발생하는 급성 열성 전염병으로서 말라리아 백신은 개발되어 있지 않으며 말라리아 치료제를 예방 목적으로도 사용하고 있다.

찾아보기

ㄹ

ㅁ

ㅇ

ㅈ

ㅎ

기타